Musigny Roumier | L'Extravagant de Doisy-Daëne | Les Sens du chenin, Patrick Baudouin | Screaming Eagle | Corton-Charlemagne | Champagne Krug | Harlan Estate | Ermitage Cathelin, Jean Louis | Penfold's Grange | Amarone, Quintarelli | Work, André Ostertag | Clos Windsbuhl, Olivier Humbrecht | Sassicaia | Impériale Château Mouton-Rothschild | Magnum Château Le Pin | Montrachet, Ramonet | Richebourg, Henri Jayer | La Mouline, Marcel Guigal | Trockenbeerenauslese, Egon Müller | Martha's Vineyard,Napa Valley | La Tâche | Magnum Château Lafleur | Magnum Château La Mission-Haut-Brion | Château Dassault | Barbaresco, Angelo Gaja | Hermitage La Chapelle, Jaboulet | Château l'Evangile | Château Lafite-Rothschild | Château Rayas | Grands Echezeaux, Leroy | Trockenbeer-enauslese, Joh.Jos. Prüm | Brunello di Montalcino, Biondi-Santi | Château Musar | Grasevina | Tokay de Hongrie Eszencia | Magnum Château Cheval Blanc | Magnum Château Lafleur | Château Trotanoy | Magnum Petrus | Château Haut-Brion | Magnum Château Mouton-Rothschild | Muscat de Massandra | Châteauneuf-du-Pape, Célestins, Henri Bonneau | Vega Sicilia Unico | Clos des Lambrays | La Grande Rue | Muscat de Massandra | Cagore de Massandra | Chambertin, Armand Rousseau | Quinta do Noval, Nacional | Château Latour à Pomerol | Salon blanc de blancs | Champagne Bollinger, V.V.F. | La Romanée | Muscat de Magaratch | Maury Mas Amiel | Château Ausone | Châteauneuf-du-pape, Domaine Roger Sabon | Romanée-Conti | Petrus | Armagnac Laberdolive | Tokay 6 puttonyos, Otto de Habsbourg | Magnum Château Margaux | Cognac Rémy Martin Louis XIII | Château Coutet | Château d'Arche | Château Suduiraut | Château Latour | Lacrima Christi, Massandra | Château-Chalon, Bourdy | Vin de paille du Jura, Bouvret | Armagnac, Lamaëstre | Red Port, Massandra | Massandra, The Honey of Altea Pastures | Klein Constantia | Cognac Dudognon | Château Feytit-Clinet | Grenache | Château Gruaud-Larose | Vin de Zucco, duc d'Aumale | Cognac Hine Louis-Philippe d'Orléans | Vinaigre balsamique, Leonardi | Syracuse | Château Bel-Air Marquis d'Aligre – Marquis de Pommereu – 1848 Vin de Louise | Muscat de Lunel | Porto King's Port | Château Palmer | Commanderia de Chypre | Pedro Ximénez, Toro Albala | Madére de Massandra | Madère Impérial, Nicolas | Marsala De Bartoli | Pommard Rugiens, Félix Clerget | Xérès, Nicolas | Château d'Yquem | Xérès de La Frontera, Trafalgar Cognac Napoléon, Grande Fine Champagne Réserve d'Austerlitz | Malaga de la Marie-Thérèse | Cognac | Porto Hunt's | Whisky MaCallan | Marie Brizard du Titanic | Bénédictine début XXᵉ siècle, collection Maurice Chevalier | Rhum Lameth | Calvados Huet | Chartreuse | Gouttes de Malte

Musigny Roumier | L'Extravagant de Doisy-Daëne | Les Sens du chenin Patrick Baudouin | Screaming Eagle | Corton-Charlemagne, Coche-Dury Champagne Krug | Harlan Estate | Ermitage Cathelin, Jean-Louis Chave Penfold's Grange | Amarone, Quintarelli | Work, André Ostertag | Jéroboam Clos Windsbuhl, Olivier Humbrecht | Sassicaia | Impériale Château Mouton-Rothschild | Magnum Château Le Pin | Montrachet, Ramonet | Richebourg, Henri Jayer | La Mouline, Marcel Guigal | Trockenbeerenauslese, Egon Müller | Martha's Vineyard,Napa Valley | La Tâche | Magnum Château Lafleur Magnum Château La Mission-Haut-Brion | Château Dassault | Barbaresco, Angelo Gaja | Hermitage La Chapelle, Jaboulet | Château l'Evangile | Château Lafite-Rothschild | Château Rayas | Grands Echezeaux, Leroy | Trockenbeer-enauslese, Joh.Jos. Prüm | Brunello di Montalcino, Biondi-Santi | Château Musar | Grasevina | Tokay de Hongrie Eszencia | Magnum Château Cheval Blanc | Magnum Château Lafleur | Château Trotanoy | Magnum Petrus Château Haut-Brion | Magnum Château Mouton-Rothschild | Muscat de Massandra | Châteauneuf-du-Pape, Célestins, Henri Bonneau | Vega Sicilia Unico | Clos des Lambrays | La Grande Rue | Muscat de Massandra | Cagore de Massandra | Chambertin, Armand Rousseau | Quinta do Noval, Nacional | Château Latour à Pomerol | Salon blanc de blancs | Champagne Bollinger, V.V.F. | La Romanée | Muscat de Magaratch | Maury Mas Amiel | Château Ausone | Châteauneuf-du-pape, Domaine Roger Sabon | Romanée-Conti Petrus | Armagnac Laberdolive | Tokay 6 puttonyos, Otto de Habsbourg | Magnum Château Margaux | Cognac Rémy Martin Louis XIII | Château Coutet | Château d'Arche | Château Suduiraut | Château Latour | Lacrima Christi, Massandra | Château-Chalon, Bourdy | Vin de paille du Jura, Bouvret | Armagnac, Lamaëstre | Red Port, Massandra | Massandra, The Honey of Altea Pastures | Klein Constantia | Cognac Dudognon | Château Feytit-Clinet | Grenache | Château Gruaud-Larose | Vin de Zucco, duc d'Aumale | Cognac Hine Louis-Philippe d'Orléans | Vinaigre balsamique, Leonardi | Syracuse Château Bel-Air Marquis d'Aligre – Marquis de Pommereu – 1848 Vin de Louise | Muscat de Lunel | Porto King's Port | Château Palmer | Commanderia de Chypre | Pedro Ximénez, Toro Albala | Madére de Massandra | Madère Impérial, Nicolas | Marsala De Bartoli | Pommard Rugiens, Félix Clerget | Xérès, Nicolas | Château d'Yquem | Xérès de La Frontera, Trafalgar Cognac Napoléon, Grande Fine Champagne Réserve d'Austerlitz | Malaga de la Marie-Thérèse | Cognac | Porto Hunt's | Whisky MaCallan | Marie-Brizard du Titanic | Bénédictine début XXe siècle, collection Maurice Chevalier | Rhum Lameth | Calvados Huet | Chartreuse | Gouttes de Malte

世界最珍贵的
100种绝世美酒

［法］米歇尔-雅克·卡瑟耶 著

王丝丝 译

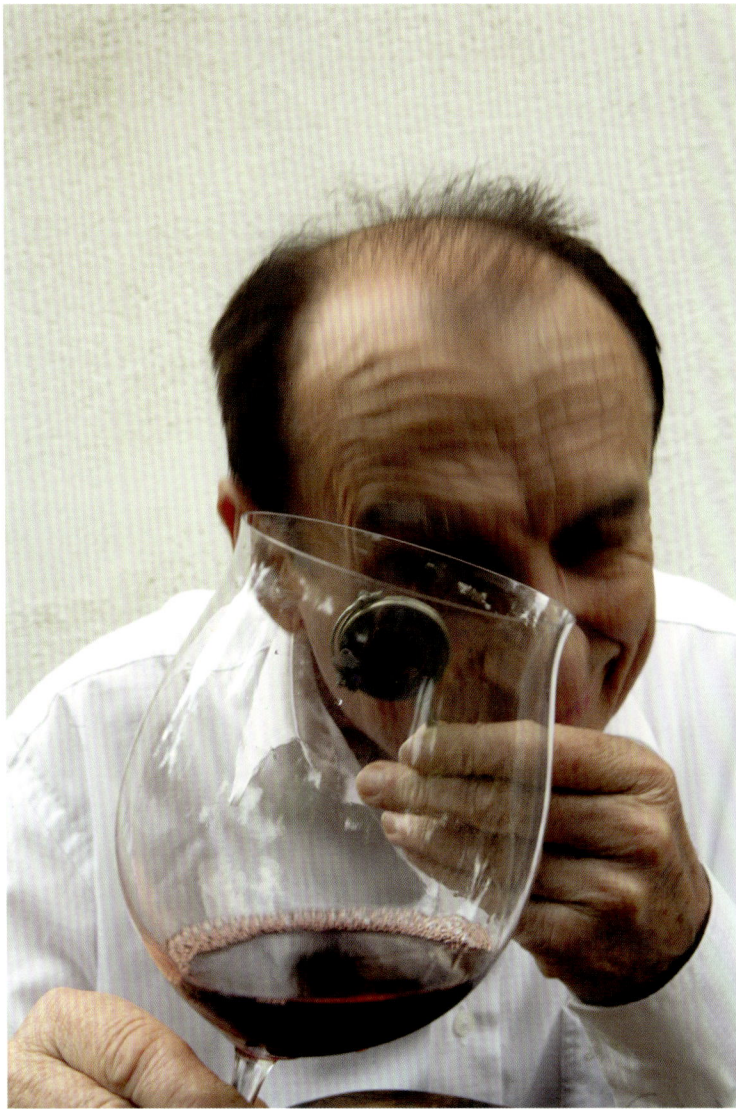

将此书献给我的父母，荷纳和伊海勒，真诚地感谢他们在经济上曾给予我的帮助，并且在适当的时候帮我接收邮寄来的葡萄酒。

将此书献给我的儿子，感谢他在这段让我骄傲的写作过程中给予我的支持。如今的他，用其精湛的才华和激情在列数于本书100个最优秀的酒庄之一的费迪克奈堡(Château Feytit-Clinet)中酿造葡萄酒。

更将此书献给全世界的葡萄酒农。

这个酒窖中囊括了全世界最超凡的、和在我参观的无数酒窖中最能给予我震撼的100种名庄葡萄酒，它们是这个世上独一无二的。在我的老友米歇尔－雅克·卡瑟耶(Michel-Jack Chasseuil)的酒窖中，就有如阿拉丁的岩洞一样的葡萄酒，这种美妙让人震撼、让人窒息。在我模糊的记忆中，我记得与他初次的相遇应该是在我的新书《大酒瓶—超级年份葡萄酒》问世之后，但对于他名气的了解，已经是很早的事情了。

　　我记得当我第一次进入到枫弗莱(Fonfolet)邸宅的时候，这里的窖藏已经可以称之为"宝藏"了。而此后的每一次参观，我都感觉自己置身于最神圣的殿堂之中，并且，其主人为了准备接纳更多新加入这个团队的葡萄酒而逐渐地扩大了整个酒窖的规模。

　　最值得强调的是，米歇尔－雅克·卡瑟耶是一个对稀有葡萄酒的狂热爱好者。这一点能够始终让他为自己的收藏而自豪。他的收藏拥有一种主人特有的、且永远也无人企及的"协调"。让我敬佩的是，热情的米歇尔－雅克·卡瑟耶愿意将他这份对神秘葡萄酒的热情用其特殊的方式传递给他的读者们。

　　我在这里，向米歇尔－雅克·卡瑟耶和所有本书中囊括的著名的葡萄酒制作者和葡萄酒爱好者们致以最深厚的敬意，并衷心地希望每一个人在未来漫长的路途中能够继续为这个世界孕育出更加精良的葡萄酒。

Michaël Broadbent
于伦敦克里斯蒂拍卖行

这个世界不缺少好酒，然而顶级好酒却是稀有的，在这其中如果想找到口味上具有优势的就更是难上加难了。能否给予饮者梦境一般的感觉才是区分这些顶级美酒的重要标准。我们可以想象一下，事实上收藏是一个漫长的过程，米歇尔－雅克·卡瑟耶首先要思考于这些顶级美酒的名字和标签，然后将这些世界上最著名的稀世美酒中最罕见的年份酒收集在他的酒窖中。

　　我与米歇尔相识已经有25年之久了。我曾经是一位年轻葡萄酒品鉴教授，任教于坐落在巴黎的、由Steven Spurrier所创建的葡萄酒学院。记忆中，在一个温怡舒适的俱乐部里，我组织了自己所有的学生参加本人生平第一堂课的庆祝会。在之后的日子里，我们延续了我们第一堂课的传统习俗，经常会拿出自己认为最棒的葡萄酒参加定期举办的小范围品鉴会。当时，米歇尔－雅克·卡瑟耶是一个任职于法国达索飞机制造公司(Dassault)的工程师。这样一个职业，很难让人想象有一天他能够走进波美侯产区静雅的葡萄酒园中，并且在他的命运中延续下来这样一种情愫。而他对葡萄酒的这种热情，让他很快地融入到我们的团体当中。我们很快地相互熟识，我惊讶于他对葡萄酒强烈的喜爱度，以及他克服千万艰难、疯狂地为理想而奋斗的精神。他的这份恒心是少有人能达到的。为了能实现将世界上所有最棒的葡萄酒汇集起来存放在类似于博物馆性质的酒窖中的梦想，能让它们从视觉层面上展现在所有爱酒人的面前，他开始联络世界各地著名的葡萄酒庄，并尝试说服他们将酒庄最好年份的葡萄酒转让给自己。您可能会对"视觉"这个词的使用产生质疑，您一定会说"视觉"这个词用在葡萄酒中，意味着一段淡弱的命运，而"饮用"似乎更加贴切吧。实则不然，在对一支葡萄酒进行品尝之前，视觉层面的观察、脑中分类的搜索、默默的记忆，最后到对其一品究竟的愿望，每个步骤都是走在它自己的时间轨道上的。

　　位于德塞夫勒省(Deux-Sèvres)的枫弗莱(Fonfolet)邸宅中的珍藏让我们叹为观止。这里是一座值得由专项基金来管理的集葡萄酒大成的珍宝，更应该成为一座能够向众人展示葡萄酒酿制技术的世界级博物馆。也只有在这种情况下，此处宝藏才能够迎接来自于世界各地的品鉴专家，才能够真正地在这世界上展现其优雅的姿态与光芒，也只有这样，我们才能够鉴赏并使大众了解到这些古老美酒随着岁月的洗礼所经历的变化。漫长却充满乐趣的收藏生涯、永未间断的探寻和执著的信念赋予了米歇尔对葡萄酒的广阔学识和这着实让世人为之震撼的美酒珍藏。

Michel Bettane
法国葡萄酒新闻业联合会主席
法国葡萄酒学院、日内瓦国际葡萄酒学院成员

"世界上最优美的酒窖……"

1941年12月5日我出生在法国德塞夫勒省(Deux-Sèvres)一个名叫尚贝勒·巴彤(Chapelle-Bâton)的小乡村里。我的童年是在祖母的别墅里度过的。

后来当我再次回到这里时,我将我祖母的小咖啡馆和另外一个小镇的咖啡馆一同买下。在这里,我还有一个像小动物园似的农场,里面饲养着黄鹿、绵羊和一些家禽:比如可以下蛋的母鸡、鹅和其他很多的小动物。我还有一只拥有彩色尾羽的孔雀,好像是我酒窖中的柏图斯美酒(Petrus)(在法语中,当我们讲到一支葡萄酒犹如孔雀的彩尾一般时,这种比喻就用来形容此酒拥有非凡且多种迷人的香气);一只鸠鸽和他的伴侣白羽鸽,犹如我酒窖中的勃艮第慕西尼白葡萄酒。如果谁想参观全世界最优美的酒窖,就一定要来这个地方——我的故乡尚贝勒·巴彤看看。

到2000年的时候,我已经在我所居住的祖母别墅的地下室里修建了几个酒窖。我希望能寻找到一片安全的空间用来储存我收集来的所有美酒。为了能够创造出满足一切条件的空间,我必须打通老的酒窖,然后借助它们打造出一个狭长的地下室。我开凿出来的这个房间形似一个延伸出去的长形穹隆,这里当然就是我的酒窖。我用所有收集来的致选美酒们将其填满,正因如此,它不仅仅是一个酒窖,更像是一个博物馆:我给它装上了照明射灯和摆设所有稀世珍酒的展示橱窗,在它们的旁边,我还将一些与其有过故事的物件放在藏酒的旁边,就像一瓶1805年的白兰地和两封属于它的、有着皇帝签名的信件。时而,我会为它们播放罗马教皇格列高利的圣歌,让他们相互感知着。感谢大量的泥土,让我将这里的隔热设施做得近乎于完美,并且空气的流通也能够保证此处的卫生环境。也因于此,我没有安装空调装置的需求,对于有生命的葡萄酒来说,随着季节温度的细微变化而呼吸,未尝不是一件好事。

在这里,我把全世界最昂贵的稀世美酒聚集在一处。我的酒窖是全世界独一无二的。我希望能从我的藏酒之中选择一些出来,展示在我的这本书中,但选择远不像我想象中的容易。我试图选择一些能让所有人都找

到共鸣的名庄葡萄酒。正如波尔多人Jean Kressmann所描写的:"一瓶葡萄酒中所融汇的故事永远要优于它的产地。"从美国到澳大利亚,从黎巴嫩到德国,我探寻到了世界上最非凡的葡萄酒庄园的美酒。从2005年份一直回溯到1735年份,我建议大家跟随着这个时间轴去聆听这些美酒动人的故事。

有人总在问我,我酒窖中的葡萄酒价值多少钱。我其实并不关心这个问题,因为在这里我并不出售任何一瓶我的收藏。当然有一些酒是这世界上独一无二的:我们可以试图估算它的价值,但是其真正的价格也许要等到它真正被出售的那一天才会公布于世吧。我确实不想出售它们,不仅不出售,我还会继续去寻找更多的美酒。事实上,顶级的葡萄酒我是没有能力找到的,因为他们变得越来越稀有,而稀世的遗产总会变得越来越少,另一方面,它们也会随着时间的推移变得价值连城。比如早在50年前,梅多克二级酒庄爱士图尔堡(Château Cos d'Estournel)的葡萄酒就已经以3倍的价格超过了一个波尔多小酒庄的葡萄酒;时至今日,经过几十年的时光,已经是整整30倍之差了。用我在达索飞机制造公司(Dassault)一个月的工资来算,在1982年,我可以买两箱柏图斯葡萄酒;现如今,在2005年,用同样的钱,甚至不够买一箱,也许仅仅只购买两瓶柏图斯葡萄酒。这些名庄葡萄酒的价格在市场上已经不可抑制地暴涨了,特别是继著名酒评家罗伯特·帕克(Robert Parker)开始他的评估生涯以后。之后,就是不断涌现的富人,比如俄罗斯人和中国人开始了对葡萄酒的购买和收藏。这让我有一些惋惜,一些富有热情的普通葡萄酒爱好者们已经没有能力购买名庄酒了。

在我很小的时候,我便是一个收藏爱好者:邮票、矿石、小鸟……我20岁的时候,开始收藏我父亲的葡萄酒。我的父亲曾是尚贝勒·巴彤村的一名邮递员,我的母亲也同样在这个小村子的邮局上班。我生平第一次对葡萄酒的认知来自于我的祖父:我的祖父是一名贩牛商人,那一次,他卖掉了他的一只牛,换来了整整一支橡木酒桶的葡萄酒,我的祖父亲手将这些葡萄酒装入了酒瓶。从此,这些装入瓶内的葡萄酒便被摆上了祖母咖

啡馆的柜台中供给客人饮用。于是，在我青春期过后，我便按捺不住心中的渴望，有了第一次品尝葡萄酒的经历。

　　我收藏的品位来自于我强烈的好奇心，这种性格同样也在我的职业生涯中起到了非常大的作用。在1955年的时候，我获得了毕业文凭。1960年，我获得了制铜匠的资格认证和高级航空工程师证书。于此之后，1961年，我服役于斯特拉斯堡的第一工程兵团。服役时期，我一直是个瘦细身材的男生，甚至可以用体弱多病这个词来形容，时常会受人嘲笑。然而，我还是证明了我自己。我在军队第一次徒步行走竞赛中、在射击比赛和斗鱼比赛中均取得了非凡的成绩，大家对我刮目相看。在服役最初的8个月，我晋级为中士，之后便成为了即将远行去阿尔及利亚征战的士兵的培训导师。与此同时，我还是为不会持笔书写的安德列斯士兵代写家书的"代笔人"，作为回报，有时他们会热情地送给我一瓶朗姆酒。服役结束后，我决定留在这里充当预备军。我曾经被国防部长授予密特朗总统特批的国家级骑士勋章。这一荣誉，让我日后受益匪浅，也是因为它，我才得以日后进入了法国达索飞机制造公司，达索公司时常会招聘很多曾经服役的老兵。

　　从军队退伍之后，我有了一段难得的空闲时间，年轻无畏的我迈进了达索的大门，向他们直荐自己。1963年，我进入了法国达索飞机制造公司。在那个时候，人们是很容易就能找到工作的，我自然也是很幸运的。当时，我的理想是希望从事研究工作。可是，当时只有22岁的我，由于年纪轻轻并且缺少经验，成为了一名锅炉房试制车间的工人。我们在这里构想并制作铝质飞机机身的部件，一把木槌、一位木槌工人和完全手工的作业成就了这项可以翱翔在天空中的艺术品。回忆起来，我想真切地说，这车间里的每一位工人都是让人骄傲的杰出制作者。马塞尔·达索(Marcel Dassault)是一位非常慷慨宽厚的老板，和其他老板相比，他总是要多给出我们8天的假期。忽然有一天，我惊闻一事，一位在65岁生日那天退休了的老工人，在65岁零1个月的时候悄然离开了这个人世。此事让我明白，人的生命就是如此地转瞬即逝，快到容不得你去安享晚年。于是，我决定用白色的工作服，去替代伴随我多年的蓝色工作装。随后，我开始奔走于申请我的晋升，但是试制车间的上司却始终不愿让我离开，他真切地对我说："卡瑟耶，你会意识到，你在这里很舒服，更会意识到你是幸运的，尤其是在这样的一个年纪却拥有这般优厚薪水的工作。"我感谢我有一双有天份的手，让我成为了这里最出色的工人。然而我的梦想却从未在我的脑海中间断，我经常利用平时工作休息的时间，去楼上的研究办公室进行学习。我利用在上升梯中的这段时间，用白色的工作服换

米歇尔-雅克·卡瑟耶和马塞尔·达索

掉貌似一生要附着在我身上的蓝色工装，体面地去面见老板。甚至我会为了节省时间，直接穿着灰色的工作服进入车间，然而我这位从12岁起便开始穿着蓝色纱布外套和裤装的上司对我的这种着装很不满意。但最后他却是妥协地说道，我是这个车间唯一一个可以穿灰色工服工作的人。大家都称我为"小商贩"或者"制铜匠"。最终，形成了此种现象：在车间中蓝色着装的基础工人，研究室中白色着装的工程技师，和夹在他们中间灰色的我。

　　工作的同时，由于自己的兴趣爱好，我进修了工艺品收藏学，还兴致勃发地参加了一些网球、滑雪、高尔夫等一些在那个年代称得上是贵族运动的体育训练班，因为这些贵族运动班可以让我结识很多公司里的重要领导，这对于我的职业提升会有很大的帮助。另外，我也学习了飞机驾驶技术，获得了我的第一阶段认证书。我曾驾驶过"乔德尔号"旅客机(Jodel)，让我倍觉荣幸。也就是在积攒兴趣爱好的同时，我得到了很多难能可贵的机会。在一次滑雪活动中，我结识了一位达索的工程师，他对我颇为赏识，于是我终于能够作为绘图员进入研究办公室工作了。然而，出于对市场全球化的不断升温和戴高乐将军对公司发展的期望，我感到，熟练掌握英文在未来将会变得至关重要。

　　于是在1967年，我申请了无薪休假，作为移民绘图员去南非为阿特拉斯空运公司工作。这对于我来说，是一个机遇：南非这个国家提供给我双倍的薪水、一座

房子，更重要的是，我一直梦想着能够近距离观察非洲的野生动物。我完成了为自己制定的英文学习目标，并且有一次难忘的经历：在卡鲁荒漠(Karoo)中心偏远的小酒馆里，用盛装甜酒的小杯(由于杯子的容量，所以完全没掺加水的可能性)，我品尝到了珍藏50年的里卡德(Richard)。提到葡萄酒，离我住的地方几步路就有一个很大的葡萄园，它位于南非一个非常重要的葡萄酒产区。

1970年，经历了南非之旅后，我回到法国达索飞机制造公司，作为绘图员，重新回到试制办公室中工作。一个月后，由于具备英文的优势，我得到了调配到"幻影式"战斗机(Mirages)的国外销售部工作的机会。1975年，我升职成为了"幻影式"战斗机对国外第四级维护工作的主要技术人员。同年，我经历了一场激烈的离婚官司，得到了4岁的儿子杰里米(Jérémy)的监护权。

我有着强烈的求知欲和坚韧的精神，总是希望不断攀登、挑战困难。无论在工作中、休育运动中，还是与他人的会面中，我都能够汲取灵感。一切都得益于10岁的时候，我开始收集邮票。作为一个狂热的邮票收藏者，我后来还成为了达索公司委员会集邮部的主席。在那个只知道航空航天工业和协和式超音速喷射客机(Concorde)的时代，我产生了以达索的飞机作为邮票图案的想法。在1981年，经过与邮政电报电话部的多次协商沟通，一款以"幻影2000"为主题的邮票面世了。马塞尔·达索接见了我，称赞我说："我了解到，正是因为你的努力才能发行这款有关我们飞机的邮票。真的太好了！而且是正当布尔歇(Bourget)展销会的时候！在邮寄到全世界的信封上面，都有着幻影式的邮戳，贴着幻影式的邮票，多么好的广告宣传！我给你全权，负责管理布尔歇展销会上邮政展馆的装修布置和我们公司所有飞机的参展图，你还会有一个'非常重要人物勋章'，这样你就能够进入总统的木屋别墅了。干得漂亮！"

后来，1987年，塞尔日·达索(Serge Dassault)任命我负责监管他父亲——马塞尔·达索逝世纪念邮票的发行工作。接下来的一年，马塞尔·达索夫人又让我与造币局联系，发行了印刻着她丈夫头像的铜质纪念币。特制的5枚镀金纪念币，她把第一枚给了她的儿子塞尔日，第二枚给了我。

马塞尔·达索去世后，很多员工被辞退了。"飓风号"(Le Rafale)的销售情况很不好，没有一台出口，公司里面生机勃勃的气氛也不复存在。于是我自动申请了在47岁提前退休，并得到了50万法郎的解雇补贴。其实直到65岁，我才真正地离开了航空航天事业。但是退休后我一直投身在葡萄酒收藏中，或者购买葡萄酒，或者

用属于我的成箱的波美侯红葡萄酒(Pomerol)、费迪克奈堡(Feytit-Clinet)葡萄酒与其他葡萄酒进行交换。

事实上，我之前继承了一半的费迪克奈堡，这个葡萄园原来属于玛丽·多梅尔格(Mary Domergue)夫人。我是在1979年，在她家人的要求下与她会面的。当时她的境地很悲惨，她的监护人，波美侯市(Pomerol)的市长，对这个可怜老太太的生活状态漠不关心。在跟她丈夫的弟弟争夺遗产继承权失败后，她破产了，并欠了税务机关200万法郎的债务。当年，这是整个葡萄园的价格。我靠借债偿还了她应付的遗产税，把她接到巴黎照顾她，于是她得以保留了本应被廉价拍卖的葡萄园。作为感谢，没有子嗣的玛丽，把属于她的那部分费迪克奈堡遗产赠给了我。但是我又不得不重新借了78万法郎以支付遗产继承税。费迪克奈堡的另一半重归于她丈夫的弟弟勒内(René)，他将它赠给了波尔多市。费迪克奈酒庄被我租出去了，每年我能以实物方式收到租金——400箱12支装的葡萄酒，所以我可以用来出售或者交换其他葡萄酒。

后来，我的儿子杰里米——1995年毕业于波尔多大学的葡萄酒工艺学家，之后又在多米尼克酒庄工作(La Dominique)——购买了费迪克奈堡的另一半，并且于

费迪克奈葡萄园

2000年恢复了费迪克奈葡萄酒的出口贸易。现在费迪克奈是以"杰里米·米歇尔·卡瑟耶"(Jérémy Michel Chasseuil)命名的农业地产集团，一半属于我，一半属于他。我们改变了过去的黑色标签，但保留了烫金徽章式样，因为它很容易让人联想起波尔多市市徽。建立在平原上面的葡萄园，大多可以幸运地享有多岩的黏土。我们的葡萄园，坐落在村子的西边，却只有铁锈色的沙土。这样的土壤无法产出味道浓烈的葡萄酒，但相反地，我们的葡萄酒口感更精细、成分更复杂。近期，我们准备在一块因为过于潮湿而从未被开发过的土地上进行栽种：这块地需要排水，并且还得把积攒出来的土壤一点一点地挪到每一列葡萄架的尽头，因为在这里，我们只能动用自己的土壤。我们还要使用无性繁殖技术再种植一块地，但是这种地的产量很小。杰里米把酒庄经营地很好，我们尽最大的努力，是为了把费迪克奈堡葡萄酒提升到波美侯地区的最优质酒之列，而且现在已经见到成效了：我们在杂志中有很好的评价，新酒也一直都有很好的销售量。而这一切对我的收藏来说，都是极为有用的。

我的收藏对我而言，是一项神圣的事业。为此，我贡献了我的一生。朋友们叫我"苦行僧"。我的目标是收集法国所有好年份出产的好葡萄酒和世界各地最好的葡萄酒。2008年，我收集到了罗伯特·帕克的《世界上156种最好的酒》(156 Greatest Wines of the World)里面所介绍的全部好酒。在有关"最好的葡萄酒"的书籍里面提及到的所有的酒，都在我的搜寻范围之内，像福雷·布拉克(Faure-Brac)、高布(Cobbold)、维睿那(de Vrinat)、马斯托扎尼(Mastrojanni)和古兰(Goulaine)等作者的书。古兰的书，让我走上了去罗马尼亚的科纳提(Cotnari)的道路，我去那里是为了寻找一瓶战前的酒。我会记录刊物上有关最好的葡萄酒的所有评论文章。举个例子，如果我读到，产自波尔道里酒庄(Bortoli)的玛莎拉葡萄酒(Marsala)正在渐渐消亡，我就会对自己说："我要波尔道里酒！"然后给波尔道里酒庄打电话，于是他们就提供给了我1830年和1860年的酒。对于每一种稀有的名酒，我都要找到供应者，或者干脆找到他们的庄园去。如果需要去10次，那我就去10次。如果需要低声下气地哀求，那我就哀求。正是由于我的努力工作和坚忍不拔，很多人都很欣赏我做的事情，并且，他们经常会为自己出品的酒出现在我的收藏之列而感到自豪，这是一种优秀的标志。我还缺少一瓶1847年的伊甘酒(Yquem)，我希望有一天我能够找到。现存的最古老的查特葡萄酒(Chartreuse)，也列在了我的书中，它让我等了28年：它产于1853年，是继已失传的1840年产的那批酒后，最古老的查特酒！我也收藏一些不完全是酒类的

饮品，像是帕特里克·博杜安(Patrick Baudoin)的"拉雍"(Layon)，只有0.9的酒精含量和700克的残余糖分；或者是摩德纳(Modène)的香脂醋(Vinaigre Balsamique)，这种香脂醋现存只有几瓶150年前的。

在1980年，我就已经有了一支50年的伊甘，40年的柏图斯和1905年、1921年、1929年的罗曼尼康帝(Romanée-Conti)，以及低价购买的所有法国出产的好酒。而到2009年，我已拥有前后100个年份的伊甘酒、80年的柏图斯(详细的名称在全书的末尾，与其他最好葡萄园的优质酒列在一起)。

继法国酒之后，在1985年，我决定向外国酒打开我的收藏之门。我参考斯洛·福德出版社(Slow Food Editions)出版的《世界葡萄酒指南》(Le Guide des Vins du Monde)，并听取了休·约翰逊(Hugh Johnson)和迈克尔·布罗德班特(Michaël Broadbent)的建议。我从西班牙、意大利、澳大利亚、南非、奥地利等国家的葡萄酒开始着手搜集。25年后，我所收藏的外国酒的数量已经超过了法国酒。

我在所有人购买之前购买，甚至在人们开始对它感兴趣之前。此事上，我遵循了马塞尔·达索先生的教导："只在刚刚出现时和将不存在时购买。"我开始买酒的时候，还不存在假酒，所以我的酒全部都是真品，而如今，出现了太多太多令人怀疑的酒了。收藏爱好者和珍贵酒酒商的圈子很小，我很清楚谁在做什么，但是，仍然有许多天真并富有的购买者。无论如何，仅仅拥有财富是不足以建立一份卓越的收藏的。

有的时候，我对自己说，收藏这些永远也不会喝的酒毫无意思。保存满满一瓶超过100年的酒，似乎很荒谬可笑，我同意。可是，数得上号的名酒也同样地被主人保留起来了：在拉菲酒庄(Château Lafite)还有1797年份的酒，伊甘酒庄也有1811年的酒，当它们的口感不再，于是就变成了收藏圣品。

有的时候，我躺在草地上问自己是该停止这种苦行僧式的生活，还是继续。1年前，我对自己说："够了，我不干了！"拥有这么多的酒，这已是一份显著的成果，可是，精益求精地追逐世界上250个最好的葡萄酒生产者，还要常常穷到一贫如洗，实在是让人筋疲力尽。况且，这种性质的酒类收藏，结局都不太好，在100个收藏者中，90个人会喝了它们或者卖掉。然后等我死去，我也不能将我的收藏带走。就应该享受现在，环游世界，吃好喝好……然而第二天，我又对自己说：可是，环游世界之后，当我回到生产商那里去买酒，他们就会

说："卡瑟耶先生，我们很久没有见到您了，我们再也没有酒卖给您了"，因为我已经不再是他们的客户了。但这是我经营了好多年的关系网才取得的特权和优先权啊。然后我就会后悔，就像那些曾经退出舞台的艺术家和退役了的网球选手一样，想回到钟爱的事业中却无能为力。于是，我决定继续下去，但要在这份收藏起到一定作用的前提下，并且它将追随我。我会把所有的一切都教给我的小孙子，因为一个酒窖，归根结底，是需要分享的。

保留我的酒，是我的权利，也是我的选择。如果我想开一瓶独一无二的酒来跟我的儿子和孙子们分享，那我就会开。如果我想过苦行僧的生活，一点一滴地节约用来买酒，我也可以这么做，因为我品尝过所有的酒，至少所有数得上号的名酒。我了解好年份产的酒的品质，以此也能大概推断出其他年份是什么样的。

1994年，我建立了"稀有葡萄酒和酒精饮品国际研究学会"（Académie Internationale des Vins Rares et Spiritueux），学会于7月18日在省会宣告成立。学会的任务是发现、认知、品尝并推广全世界的稀有葡萄酒，在法国境内以及国外宣传葡萄酒和其他酒精饮料的理念、历史和文化；加强专业人士、葡萄酒爱好者与相关专业的学生之间的交流，组织围绕葡萄酒艺术主题的旅行、研究、讨论和传播交流等活动。

我有一个总结了10年品酒成果的资料库，这是由12人组成的私人小组完成的，我们品尝了很多的好酒！比如，30多个年份的奥比昂（Haut-Brion），其中有1945年、1928年和1899年的。我们还喝了1959年和1955年的拉塔希（La Tâche），1929和1937年的罗曼尼康帝（Romanée-Conti），1978和1976年份的拉慕林（La Mouline），1921、1967、1947、1874年的伊甘（Yquem），1875年的拉菲，1929和1878年的庞马（Palmer），1961和1959年的修道院（La Mission）等。我喝过3次1937年产的伊甘，这足够了。在米芝兰餐厅（Robuchon），我喝过本世纪所有年份的拉图（Latour）。我喝过5次1945年的木桐（Mouton）——在1980年的时候，1 000法郎一瓶。我还有3瓶1945年的木桐和一个两升的大瓶装。现在每瓶值5 000欧元，但我决定将它们保留在我的收藏中。一方面留给我的孙子们；另一方面作为以后的珍贵纪念品。而且，我的酒窖依然是生机勃勃的：有酒进去，有酒出来，挑选的标准变得越来越严格。

有一些酒是我无法卖掉的。我的名声来自于我的收藏，就像法国银行的黄金是货币的保障。我的1931年产的飞鸟堂国家园波特（Porto Noval Nacional），可能是世界上现存的唯一完好的一瓶，就算是蒙娜丽莎（La Joconde），我也不会用它来交换。我所做的事情，

岁月的增长会改变伊甘酒的颜色：年份越早，颜色越深。

今天已经渐渐消失，但是将来人们一定会重新谈起它。幸运的是，我们的祖先保留了1830年的玛莎拉葡萄酒(Marsalas)和1870年的马德拉葡萄酒(Madères)，它们至今依然美味！把酒窖代代传下去的哲学在家庭中失传了。孩子们搬家了，但是酒窖不会跟着走，而获得一种稀有的酒类饮品却需要至少三代人的传承。不到20年我们就再也不会找到老酒了。而在这20年之内，许多新酒又将不再美味：人们生产用于立即饮用的酒，简单、讨喜、时髦；酒里面不再留有果梗。另外，谁又愿意并且有办法装好一瓶用来50年后喝的酒呢？我的收藏馆，就是为了使这些佳酿有迹可循，为了保留至少一瓶真正的、仍然美味的、最好的酒。因为气候在变化，在澳大利亚，人们已经拔除许多葡萄藤了，因为它们引起气候干旱。我保留了已消失的葡萄园曾经存在的证据。其他现存的葡萄园也会消失，我也会保留它们的档案。

我的酒窖不是陵墓，也不再是收藏品，它是一个葡萄酒博物馆。我的酒都是适合饮用的，每隔30年，都可以打开一瓶来喝。我是它们的收藏者，我维护它们、保存它们。我的目标是把我所有的收藏放在圣－艾美利(Saint-Émilion)，它被联合国教科文组织评为世界文化遗产的小镇，以基金会的形式管理。我的收藏会作为核心，它会像地心引力一样吸引来更多的老酒，而人们会在那里组织品酒会，每年也都会有盛大的聚餐用来支持慈善工作。还会有来自7个不同国家的成员组成的领导委员会，由我儿子杰里米负责，以便运作该基金会。我的孙子们也可以继承这份事业，如果他们愿意的话。

我没有只考虑我自己，我考虑的是，全人类。在北美洲的格陵兰岛，人们将3 000万全世界各类的种子埋藏起来，以便保持其可追溯性。但是有谁考虑到葡萄酒了呢？在葡萄酒中，人们能发现所有的矿物质。这是世界文明的记录：在葡萄根瘤蚜(Phylloxera)爆发之前，有葡萄酒，之后也有；在广岛(Hiroshima)被原子弹摧毁之前，有葡萄酒，之后也有……于是可见一斑。如果有一天，发生了一场大灾难，而我的酒窖还将存在着。设想一下，在2190年，50位科学家倾尽全力地研究一瓶1811年的伊甘酒，而这瓶酒被尚贝勒·巴彤村里一个邮递员的儿子收藏保留着！于是他们发现了地球曾经的足迹和它的气候变化史。这就解释了我为什么要选择存放这么多的酒了。但这同时也是一种财富的收藏，葡萄酒是一种珍宝。在葡萄牙，所有的人都谈论波尔多葡萄酒。我应西班牙文化部长的邀请去雪利参加了一顿晚宴，从头到尾唯一的搭配就是雪利葡萄酒。但在法国，几乎没有人认识雪利。至于我们自己的酒，本应让我们深感自豪，但我们居然常常忽视它们。在我们的财富、我们各地区不同的多元文化、我们的美食身边，都有葡萄酒，

它是真正的艺术作品，是每一年大量作业的结晶。3月份，生产者们希望不要霜冻，在开花期希望不要下雨，接下来希望不要下冰雹，天气不要太热，到了收获期又希望别下雨……酿造的时候，依然要考虑木桶、细菌等问题。偶尔像2005年那样，出产了非凡的好酒，又有人会说，为了更好地生活，不应该饮酒。人们什么时候才能为了葡萄酒和酒精饮料的艺术、文化、精神和奇迹般财富的发展行动起来呢？我在波美侯接见了一些日本来宾，这对于他们而言，是很重大的时刻。他们品尝了柏图斯，在离开的时候带走了空酒瓶，后来仔仔细细地放在了家里的壁炉台上，他们为曾经喝过这瓶酒而感到骄傲。

我教给我的儿孙们葡萄酒知识，我教会他们品尝和尊重。不要诋毁葡萄酒，我们应该引导年轻人去喜欢它，教给他们这门融合在我们文化进程中的精致的艺术。我甚至认为，应该设立一门葡萄酒学的考试，高等商业院校(Grandes Écoles)、中央艺术学院(Centrale)、巴黎综合工科学院(Polytechnique)的学生，都应该在大葡萄园做个实习。我在捍卫一种文化，上至5 000年前，

我的儿子杰里米，和我的两个孙子，阿德里安(Adrien)和艾蒂安(Étienne)。

从几个野生葡萄园开始，人类就获得了超过5 000种的葡萄品种，这是一门艺术。好酒不会让人变成酒鬼。巴斯德(Pasteur)也在书中写过："葡萄酒是所有饮料中最美妙的。"他的话让我很振奋，因为我每天都喝葡萄酒，还品尝最好的老酒。我希望2041年能美美地品一次葡萄酒，为了庆祝我的百岁生辰。白藜芦醇(Resveratrols)、多酚(Polyphénols)和矿物质加固了我的身体，而葡萄酒就是我生命发动机的润滑油！

有很多东西值得去发现和分享！谁知道罗马尼亚的科纳提(Cotnari)或者克里米亚半岛(Crimée)的阿利阿提库(Aleatiko)？在1997年，我就在克里米亚发现了马桑德拉(Massandra)酒窖。从此以后，我就常常去那个圣地，而且我很荣幸也很乐意作为业界知名人士，受邀品尝十多种不被人所知的葡萄酒。马桑德拉，它是葡萄酒的第二故乡，它产的酒和我们的一样好。它是出产苏玳(Sauternes)、托卡伊(Tokay)、雪利(Xérès)、波特(Porto)、马德拉、马拉加(Malaga)等葡萄酒的第

2块土地，还有我们所不了解的非常好的麝香葡萄酒(Muscat)。他们在20世纪20年代、30年代和40年代制作了一批玛莎拉葡萄酒——在玛莎拉已经没有这种酒了的情况下。他们用赤霞珠(Cabernet Sauvingnon)做波特甜葡萄酒！他们拥有全世界全部的5 000种植株，每种都有100棵。在这个有着几百万瓶甜葡萄酒的酒窖中，收集和收藏的大部分好酒也出现在了我的葡萄酒博物馆中。他们的干红葡萄酒并不是最好的，但我有他们所有的上品甜烧酒，而且我希望能带回来更多。在马桑德拉酒窖的650种范例酒中，我拥有150种最好的年份的，其中17瓶上面有沙皇尼古拉二世(Tsar Nicolas II)的勋章，有这个勋章的酒全世界现存仅61瓶。

感谢法国电视台一个有关马桑德拉的报道，这使人们了解了我的收藏，也因此让我产生了写这本有关最好的酒的书的想法。其实我可以在书里面罗列出200或者300种葡萄酒，但我深知适可而止的道理。我精挑细选才确定了详单，这份名录与重要的葡萄酒排行榜也是相吻合的，比如由《葡萄酒观察家》(Wine Spectator)出版的《20世纪最好的12种葡萄酒》(Les Douze Meilleurs Vins du XXe Siècle)。我发现我缺几瓶酒，但是它们已经变得过于昂贵了，我不可能都买下来。

书中所列出的酒并不是通过照一次相就可以完成的完美汇编，而是对放在我酒窖中的酒的一种抉择。其中，有我已得到的传说中的知名好酒，也有一些很好的酒，但是不为人知。有一些选择可能会令人感到惊讶，比如为了纪念戴安娜女士(Lady Diana)的怪癖大瓶酒L'Extravagant magnum，或者是在世界上最好的酒身边出现的、一种来源不明的1868年的古老紫葡萄酒Grenache，它是为了纪念尚贝勒·巴彤村里我的父母的。另外，这本书也不仅仅是有关各种好酒的，这是一本关于世界上最美丽的葡萄酒收藏馆的书。安德烈亚斯·拉尔森(Andreas Larsson)，当今世界上最好的酒务总管，像葡萄酒王国里大多数名人一样，2009年来看我时在我酒窖的羊皮纸留言簿里留下了他这次参观的痕迹，写了下面这段话："您的收藏量是巨大的，这是世界上最美的酒窖。"对于所有从未参观我酒窖的人来说，看这本书可以了解到一些最美丽的酒的故事。这是一本讲述我的收藏、我的人生的书。

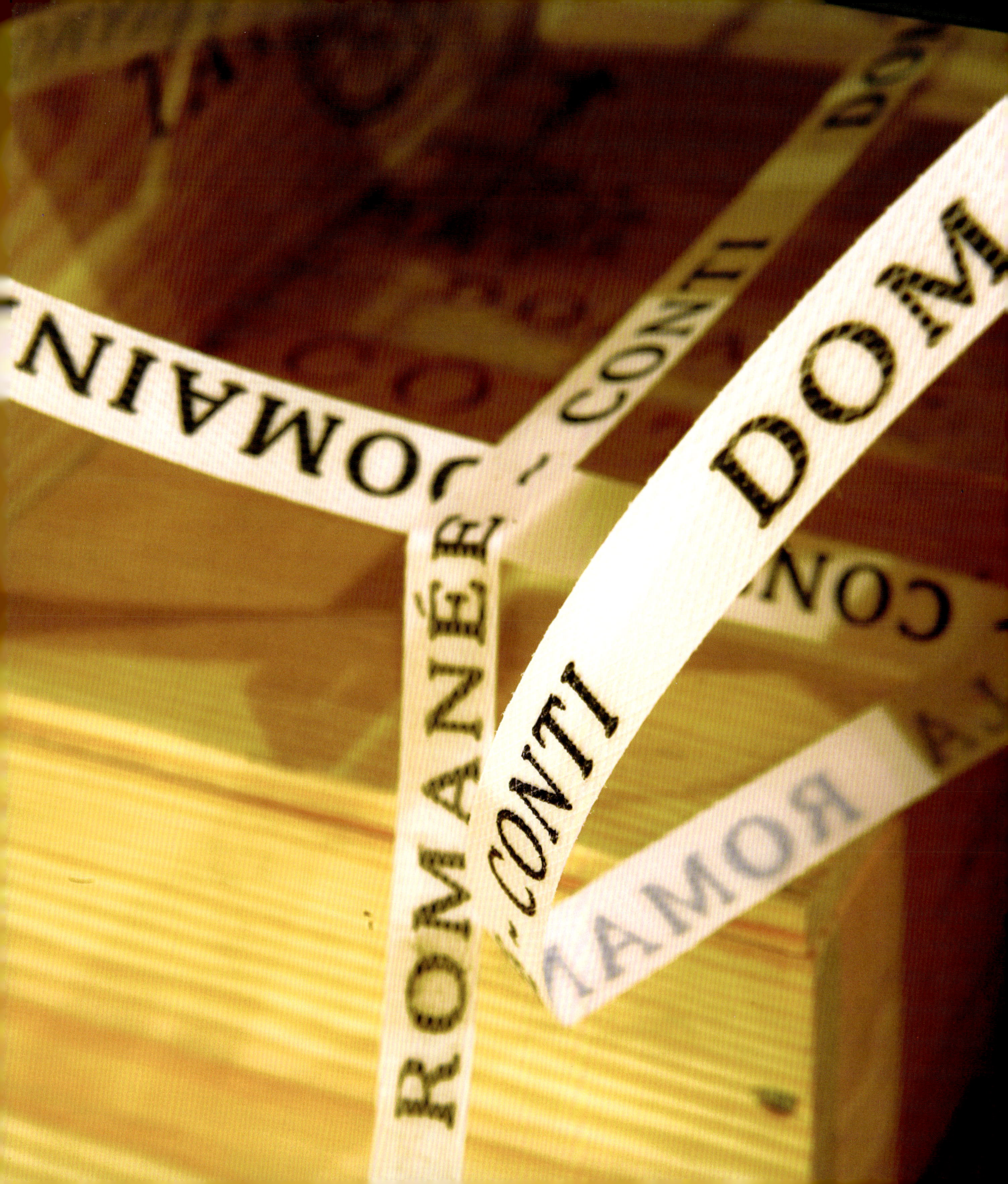
ROMANÉE-CONTI
DOM
CONTI
DOMAIN

1924年，乔治·鲁米先生(Georges Roumier)创建了香波葡萄酒园(Le Domaine de Chambolle)，他用心地经营管理，让该酒园成为了勃艮第夜丘(Côte de Nuits)产区最优秀的酒园之一。而今，尽管是他的小儿子克里斯多夫(Christophe)接管了酒园，然而酒瓶的商标上依旧写着乔治·鲁米(Georges Roumier)葡萄园。经过岁月蜕变，香波葡萄酒园始终采用最传统的耕种方法，无化肥，不使用除草剂等一些化学辅助耕种剂。所有的葡萄果实均在成熟期时进行采摘，经过人工细致挑选后，才会因年份的不同来决定是否需要配以压榨的环节。轮到酿酒工艺出场了，为了让葡萄自身的酵母发挥出更好的功效，酿造起始于预备发酵的浸泡过程。酒园渐进且适度地使用全新的酒桶、12到15个月基于残渣的陈酿期、延缓澄清加之无过滤的酿造过程，这一系列看似简单却精琢似鬼斧神工的酿造工艺使得杯中酒香愈

发得丰盈细腻。时至今日，酒园的面积扩大到了15公顷，其中包括香波产区的一级酒：克拉斯和他的恋人们(Les Cras et Les Amoureurese)。这40公亩的酒园，正在向特级名庄进军；3公亩的伏旧产区的葡萄酒园(Clos de Vougeot)和2公亩的考尔通查理曼产区的葡萄酒园(Corton-Charlemagne)，加之1.5公顷的柏内·玛尔产区(Bonnes-Mares)，其中一半为红葡萄酒产区，另一半为白葡萄酒产区。在慕西妮产区中，每年都会有一些最经典的葡萄酒被挑选出来，存放在隐蔽的酒窖中，我们称之为慕西妮产区经典窖藏。你或许会想了解这些葡萄酒的拍卖价格：一瓶最佳年份的此类藏酒，大概价值1 000到2 000欧元。而在真正的国际交易中，它们的价格永远也不会低于1 000欧元。比如两瓶1990年的勃艮第慕西妮经典窖藏价值4 000欧元；4瓶1985年价值在5 000到10 000欧元之

间；一瓶1978年的慕西妮经典窖藏大概价值7 000欧元。而2005这一年份更是稀有，几乎在世面上找不到的，这是在我所有经典的收藏中，最年轻的一瓶酒。

我在1985年的时候遇到了克里斯多夫·鲁米(Christophe Roumier)。之后的每一年，他都会转让给我12瓶柏内·玛尔产区(Bonnes-Mares)的葡萄酒，我拥有1989年、1990年、1995和1996年4个极其优秀的年份酒。可我却没有从他那里得到过这4个年份的慕西妮葡萄酒，因为他们平均每年只生产300瓶。因为对慕西妮葡萄酒的钟爱，我恳求一家葡萄酒窖，并且成功地获得了1998年、2004年和2006年3瓶克里斯多夫鲁米的慕西妮葡萄酒。

"红色的慕西妮和白色的梦拉榭(Montrachet)，犹如被轻轻触动的琴弦。"—(让弗朗索瓦-巴赞)。克里斯多夫·鲁米的慕西妮有如一颗罕世珍珠，融汇了奇异非凡的红果香气：樱桃的甜涩、覆盆子的浓醇、越橘的清新、木本草莓的芬芳……卓越超凡的女性气息，加之令人神往的多重复合酒体，这就是勃艮第夜丘产区最细腻又最精致的葡萄酒之一，有过之而无不及。我选择珍藏的2005年克里斯多夫·鲁米的慕西妮，是克里斯多夫·鲁米在2009年圣诞节前转让给我的。这是一个完美的年份，更有趣的是，仅仅我的这瓶酒就占了当年0.33%的全年产量。

"克里斯多夫·鲁米的慕西妮犹如一颗罕世珍珠，融汇了奇异非凡的红果香气：樱桃的甜涩、覆盆子的浓醇、越橘的清新、木本草莓的芬芳……卓越超凡的女性气息，加之令人神往的多重复合酒体，这就是勃艮第夜丘产区最细腻又最精致的葡萄酒之一，有过之而无不及。"

Musigny，Roumier 2005
慕西妮，鲁米 2005年

法定产区：法国勃艮第产区
慕西妮(Musigny)特级酒园
葡萄园面积：
慕西妮产区13公顷(996平方米)
葡萄品种：黑皮诺(Pinot Noir)
葡萄树龄：40年
年均产量：300瓶
酒庄最佳年份：1978, 1990, 2005.

18世纪的银质试酒杯。

2005年：卡特里娜飓风席卷路易斯安那州。让·保罗二世逝世。波尔多及勃艮第地区葡萄酒的杰出年份。

多西戴恩庄园(Château Doisy-Daëne)身为1855年巴萨克(Barsac)列级名庄之一，邻近一级列级名庄的克里蒙庄园(Château Climens)。多西戴恩庄园所产的葡萄酒即使在气候不佳的年份依然会有很好的表现，稳定的葡萄酒质量使得其列级酒庄资格的确实至名归。庄园在1924年后由居布尔迪尔家族(Dubourdieu)购入，身为一家之主的皮埃尔(Pierre)，是一位工作勤勉的完美主义者，而他的儿子丹尼斯(Denis)则是著名的农艺学家，并在波尔多葡萄酒工艺协会担任教授。

我在开始收藏葡萄酒的初期就认识了这个家族的成员，并且有幸受邀到多西戴恩庄园品尝刚收成后糖分仍高度残存且正值发酵期间的葡萄酒，而被那完全熟透的香蕉味所震撼。皮埃尔坚持要我尝过酒庄里老年份的葡萄酒才让我离开。品饮当时正是2007年，他与我分享了该庄园1924年的佳作。这支酒有着绝佳的复杂度却依然充满果香，并久久萦绕在我的喉头与舌尖。

但其中最深得我心的莫过于该酒庄的稀有珍酿"奢华特酿"，多汁的百香果气息使人陶醉。这款特酿以百分之百的长相思(Sauvignon)葡萄酿制，仅在1997年有一次破例，全部以赛美容(Sémillon)品种酿造，这样的少有决定仅在1990年后的绝佳年份才会发生。这些稀世珍酿仅有为数不多的几个橡木桶的份量，并在经过长时间的发酵过程后，小心翼翼地装入250毫升的小瓶里。

皮埃尔·居布尔迪尔(Pierre Dubourdieu)大胆尝试了许多实验性的创新举动，例如提高发酵的温度以及开发出以风干葡萄制出的圣诞节葡萄酒。而丹尼斯则创造出"奢华特酿"这支高酒精度并且高度浓缩度的珍酿。

为了纪念黛安娜王妃的逝世，我决定在我的收藏中加入一支1997年份的"奢华特酿"，具有黛安娜王妃高贵气质的独特酒

"多汁的百香果气息使人陶醉。"

款。收藏之前，我想，一支好的甜白葡萄酒应该可以胜任这项条件，但应该选哪支酒呢？我渴望一支全世界最好的白葡萄酒，而"奢华特酿"如此极致的优雅且独特的气质，就像黛安娜王妃一样高贵。

这款酒由罗伯特·帕克评为99/100分，远远胜于它的芳邻克里蒙庄园，还超越伊甘堡(Château d'Yquem)的96分。帕克对他的评语是：精彩绝伦的顶级特酿，口感异常宏伟醇厚，显露出糖渍的热带水果香气。多西戴恩庄园成功地在葡萄酒酿造中成就一番壮举，这都要归功于居布尔迪尔家族的才能，使此葡萄酒达到一种极致的表现，陈酿期可达到50到100年。

我想要一瓶能够被永久保存的酒，于是特别在巴黎定做了一个1.5公升装的大瓶，并在上面刻上一顶皇冠再涂上细致的金漆。

但我仍需要一个特别的准许才有机会达成愿望，因为我不确定皮埃尔·居布尔迪尔先生是否会同意为我开这个灌装的先例。

于是我带着瓶子到酒庄拜访他，他告诉我："就同您所知道的，这款酒非常的稀有珍贵，我们总是将它装入250毫升带有酒庄徽章的特制波希米亚水晶瓶里再行出售，但是您却向我要求购买一瓶1.5公升的大容

量装，并且重新进行灌装。请将您的瓶子留下，让我和我的妻子商量一下吧。"

两年后，我接到了来自居布尔迪尔先生的电话，他说："卡瑟耶先生，请您有空时到酒庄来一下，我们有东西要交给您。"当我到达酒庄的时候，他递给我的即是两年前我留下的瓶子，它是如此的独特，里头填满金黄酒液直到瓶颈处并加以蜡封使得陈年实力可达300年。

居布尔迪尔先生又对我说："因为我们非常景仰您的收藏，因此另外赠予您一瓶1924年年份的酒，这支酒非常具有代表性，是我们第一年成为这酒庄主人时所酿造的葡萄酒。"感动的泪水在我双眼里打转，我感到非常荣幸并带着这两瓶珍酿回到我的收藏圣殿里。

Magnum L' Extravagant de Doisy-Daëne 1997
1.5升装多西戴恩庄园 "奢华特酿" 1997年

法定产区：法国波尔多二级名庄，精选自多西戴恩庄园(Château Doisy-Daëne)，苏玳产区(Sauternes)
葡萄园面积：15公顷
葡萄品种：赛美容(Sémillon)和长相思(Sauvignon)
年均产量：30 000瓶
酒庄最佳年份：1924, 1929, 1937, 1947, 1959, 1967, 1983, 1990, 1996, 1997, 2001, 2003, 2005.

1997年：香港回归中华人民共和国。第一支克隆羊多利诞生。库斯托军官逝世。

les sens
du
Chenin

Patrick Baudouin

1997

250 ml - 0.9%

我与帕特里克·博都(Patrick Baudouin)的初次相遇，是在1990年罗瓦尔河区(Loire)大莱阳丘(Les Couteaux-du-Layon)的1989年份葡萄酒品酒会上。当时正值当地葡萄园大举更新的时刻，这一切都归功于当地新时代葡萄酒农，比如，周·皮东先生和他们所酿造的限量版葡萄酒。

我当然也购入几款甜酒作为收藏之用，而其中最令我印象深刻的是大莱阳丘的菲乐庄园(Château de Fesles)的1929、1947和1990年份葡萄酒。

1997年9月17日，在前往此葡萄园的路上，博都先生对其中一块葡萄田的优秀表现感到惊讶万分。1997年份的收成并没有经过榨汁处理（这是一个特别优秀的年份，创下有史以来最高酒精浓度的纪录），每串葡萄上都有几颗极度熟透浓缩几近干燥的果实，尝起来像是用蜜糖腌渍过似的却又含有适当的酸度。

> "这支酒的口感就像上好的天鹅绒般丝滑柔顺，有着几乎像是蜂蜜般的质地和令人惊艳的后味混合着糖渍杏子、木瓜泥和百香果的香气。"

酒庄于是决定进行一项大胆的冒险，在获得政府核发的收成许可证同意减低收获量之后，组成一个8人团队进行为期4天的手工收成，他们将葡萄一颗颗剪下装入橡木桶中，这些精挑细选的葡萄份量只够装满半个橡木桶。而后他们试着压榨葡萄，于一个小时后第一滴珍贵的汁液才滴入那具有300公升容量的酿酒桶里。经过测量发现每公升含有高达700毫克的糖分和14度的酸度，以及贵腐霉成分。

它的发酵过程在仅有15公升容量的细颈大肚瓶里进行，一直要陈酿7年后才会装瓶。剩余的酵母在陈酿期间，仅做了低度的酒精发酵，整体酒精度只增加了0.9%，留下了每公升690毫克的糖分在葡萄酒里。这几瓶由白诗南葡萄萃取出的精华，具有非常出色的甜度和酸度平衡。

2006年，我在西班牙南部的一个名为Jerez de La Frontera的城市举办的甜酒品酒会上初尝这款甘酒。博都先生自豪地告诉我，透过这支酒，他得到了白诗南葡萄的精华，这是一款具有生命力的葡萄酒。经过我的品尝之后，证明此言确实不假，这支酒的口感就像上好的天鹅绒般丝滑柔顺，有着几乎像是蜂蜜般的质地和令人惊艳的后味混合着糖渍杏子、木瓜泥和百香果的香气。再尝过这支酒之后，就像对味蕾投下炸弹似的，再也感觉不到其他葡萄酒在嘴里的香气，除

有色玻璃制作的葡萄串，
呈现出葡萄受到贵腐霉作用而干燥浓缩的真实颜色。

非是接着饮下一大杯的气泡矿泉水，否则再无法品尝其他的葡萄酒。

这支罕见的葡萄酒是一个葡萄酒农结合当年绝佳气候所做的大胆尝试的完美结晶，而后分装入珍贵的250毫升容量的小瓶中。但是基于我想要永久珍藏的缘故，帕特里克将葡萄酒灌入750毫升的玻璃瓶内，使得它的陈酿潜力可超过百年之久。不过我当然舍不得将此甘露做解渴之用，而是希望它能够成为后代家族历史的见证者。

Les Sens du Chenin, Patrick Baudouin 1997
帕特里克·博都白诗南精粹 1997年

法定产区： 无法定产区之名，所有葡萄酒来自法国罗瓦尔河区(Loire)，莱阳丘(Les Couteaux-du-Layon)
葡萄园面积： 15公顷
葡萄品种： 白诗南(Chenin Blanc)
平均树龄： 40年
酒庄最佳年份： 1989, 1990, 1997, 2003, 2005.

1997年：《全面禁止核试验条约》公布。戴安娜王妃逝世。利口酒的优秀年份。

在我法国西部La Chapelle-Batont的住家附近，住着一位名为丹尼斯·威尔森(Denis Wilson)的英国邻居，有天他拿了一篇名为"伏鹰"(Getting the Bird)的文章与我分享。文章大意是报导美国加州的富人们竞相争夺购买一瓶1996年份、要价750美元的葡萄酒。这支让众人趋之若鹜的名酒即是声名远播的"啸鹰"(Screaming Eagle)，文章里同时列出了几项身为"膜拜酒"的必要满足条件：首先，它的产量必须要非常稀少；再者是要由著名的酿酒师来酿造，最后必须要得到酒评家的极高评分以及大力歌颂赞扬。于是，我立刻展开搜寻这支传说中威镇八方的加州膜拜酒。

没想到这几乎是个不可能的任务。我甚至得到机会亲自与该庄园美国出口部负责人面会，他告诉我，连他自己都无法买到啸鹰，这是支专门保留给亿万富翁的葡萄酒。这间位于纳帕山谷(Napa Valley)的庄园，从1989年开始开垦，直到1992年才酿造出他们的第一支葡萄酒。这款佳酿由色泽深沉、果汁浓缩的赤霞珠葡萄所酿制，而这支1997年份的酒，又怎样仅能用完美二字来形容！

我并没有因此而放弃寻找这支葡萄酒。我转而联络一位在纳帕山谷产区担任酿酒顾问、协助过许多著名酒庄—像哈兰庄园(Harlan)，布莱恩家族(Bryant Family)—的著名酿酒师米歇尔·罗兰先生(Michel Rolland)。他说："这支酒实在是非常的稀有，每年全球只有400箱的配额销量，而且每箱仅有3瓶；目前等待购买的顾客名单长达5 000人之多，你可能要等上好几年。"

我渴望收藏这支酒的心情促使我在2000年时，向位于美国橡木村(Oakville)的酒庄主人，尚·菲利浦夫人发送了一封传真。信中表达了我对葡萄酒的热情并附上了英国著名葡萄酒大师(Master of Wine)迈克尔·布罗德班特(Michaël Broadbent)的推荐。他专精于老年份葡萄酒评鉴，亦是与罗伯特·帕克齐名的酒评家，在参观我的酒窖之后，认为我的酒窖里珍藏了各地名庄所产的伟大年份葡萄酒。

过了一段时间后，有如天降奇迹般地，我收到一张来自酒庄的订购确认单，我成功地买到一箱3瓶装的1997年份葡萄酒，每瓶售价400美金，信中还附上了一张通知信来告知买家，在2002年，一瓶6公升装的大瓶已在一场拍卖会中以500 000美金的价格售出，而3公升装的大瓶要价约85 000美金，专供参加慈善义卖的亿万富翁们来竞标购买。

在一场由美国收藏家夏斯·贝雷(Chase Bailey)在巴黎举办的1947年波尔多名庄酒品酒会上，我意外见到那瓶传说中的1997年份啸鹰6公升的大瓶装。贝雷先生向我透露他与菲利浦夫人交情匪浅，也曾从夫人口中听到我丰富的收藏名单。自此之后，我每年都收到一箱啸鹰的配额。1997年份由罗伯特·帕克给出100/100的高分，价值高达每瓶3 000美金。2009年，在贝雷先生的庆生品酒会上，啸鹰在15支1997年加州名酒中脱颖而出排行第一。我另外也品尝过1995和2001年份酒，表现相当也令人激赏。罗伯特·帕克亦对1997年的啸鹰做出下列品饮感想："1997年是一支非常完美的酒，再无人能出其右与之较量。"

"每年全球只有400箱的配销量，每箱仅有3瓶。"

Screaming Eagle 1997
啸鹰 1997年

法定产区：美国加州纳帕山谷(Napa Valley)

葡萄园面积：23公顷

葡萄品种：赤霞珠(Cabernet Sauvignon)

啸鹰平均产量：每年1 200－1 500瓶

酒庄最佳年份：1992，1995，1997，2002，2005，2007.

1997年：毕尔巴鄂古汉根姆博物馆建成。特蕾莎修女去世。詹姆斯·卡梅隆导演的《泰坦尼克号》上映。

勃艮第红白葡萄酒中，产量稀少却具有超高质量的两大代表生产者，非让－弗朗索瓦·寇许·杜里(Jean-François Coche-Dury)和克里斯多夫·鲁米(Christophe Roumier)二人莫属。前者以考尔通·查理曼堪称得意之作，而后者则是以慕西妮(Musigny)来打响名号。

让－弗朗索瓦·寇许·杜里是一位谦逊朴实的真正酿酒家，他精通于从葡萄园到酒窖的各项工作，拥有与亨利·贾伊尔(Henri Jayer)在红酒酿造史上一样的传奇性

"这支考尔通·查理曼在市场上几乎很难找到，而且市面价格已达酒庄售价的20倍之多。"

地位。他主张平日在葡萄园里多下功夫，对于想要酿造出美味葡萄酒的人们而言，收成优质葡萄是非常重要的。他将葡萄园产量限制于每公顷3 500－4 500公升的低产量。这也要同时归功于它采用霍亚剪枝法(Taille en Cordon de Royat)来进行修剪与绑枝工作(此方法有助于降低产量，使枝叶间通风良好，日晒均匀之优点)。所有由他酿造的葡萄酒皆为具有质量保证的佳酿，其中以考尔通·查理曼和仅有3 000瓶产量的穆尔索·沛里埃(Meursault Perrières)最负盛名。

青年时期的考尔通·查理曼葡萄酒，流露出哈密瓜、刺槐、洋梨、香料、桃子和热带水果的香味。在口中，则能感觉到它的矿物质感，又有柠檬、姜、苹果、新鲜核桃和橘子的味道。这支考尔通·查理曼在市场上几乎很难找到，而且市面价格已达酒庄售价的20倍之多，甚至在通往寇许先生家的主要公路RN74上面，还经常会遇到一些开着奔驰车的饕客拿着两张500欧元的纸钞向你挥舞着，期待能够换取一瓶传说中的考尔通·查理曼。

我和寇许先生认识已经有15年左右，他曾予与我两瓶穆尔索(Meursault)，已经使我心满意足了，之后数年我又陆续从他手上得到了一瓶Perrières与两瓶Rougeots。终于在2000年，我成功地说服了他，并且拿到了6瓶酒的配额，实在是倍感荣幸。透过寇许夫人的从旁协助，寇许先生应邀来参观我的酒窖珍藏并且邀请我下次也到他们的酒窖里看看。

就在他们带领我参观酒窖的同时，平日不苟言笑的寇许先生忽然露出灿烂的笑容并

且向我道喜。一头雾水的我浑然不知寇许先生接下来即将拿出一箱6瓶装的葡萄酒慷慨赠予。他说："请你收下它们，因为我认为你值得拿到这些酒，它们是我酒窖收藏里最好的样酒，而且从现在开始，每年你将会收到一瓶考尔通·查理曼的配额。"

最后这项惊喜无疑是锦上添花之举，虽然我需要花上12年的时间才能搜集满一整箱12瓶，但是比起一次能买一整箱的亿万富翁们，我能够有这样的待遇已令我十分受宠若惊。至于那一箱6瓶装的详细葡萄酒名称，请容许我保有一点小秘密，这些寇许·杜里的珍酿已被我供奉在酒窖里，是我的收藏里最珍贵的天堂酒藏。

锡制的侍酒师徽章。

Corton-Charlemagne，Coche-Dury 1996
考尔通·查理曼，寇许·杜里 1996年

法定产区：
法国勃艮第特级酒园考尔通·查理曼
(Corton Charlemagne)
葡萄园面积： 1公顷
葡萄品种： 莎当尼(Chardonnay)
平均树龄： 30－50年
平均产量： 每年1 500瓶
酒庄最佳年份： 1986，1989，1992，1995，1996，2001，2005，2006.

1996年：亚特兰大奥运会开幕。塔利班攻占喀布尔。美国爵士歌手埃拉·菲茨杰拉德逝世。

库克香槟本身就是最高等级香槟的代名词。这是一个专属于亿万富翁的品牌,香槟界的王者同时也是人类珍贵的遗产。这间于1843年由乔纳-乔瑟夫·库克(Johann-Joseph Krug)创立的酒庄,以酿造极高质量和稀有的香槟为特色。它们所制作的香槟无论级别,全部都拥有超水平的表现。以陈年特级香槟(Grande Cuvée)的无糖非年份香槟(Brut Non Millésimé)为例,采用标准的香槟瓶,混入50%陈年8-10且来自20个不同村庄的黑皮诺葡萄所酿造的香槟,展现出浓郁酒香,口感直接且醇厚的库克香槟典型特色。

库克的粉红香槟直到1983年才初次问世,酒色呈现些许红铜色又有些像洋葱外皮的色泽。明显可感觉到的酸度是判断一款香槟是不是陈年酒的标准,搭配龙虾菜肴是非常完美的搭配。

另一款也是非常稀有的美尼尔园香槟(Clos-Du-Mesnil),来自占地仅有1.87公顷的单一葡萄园,位于美尼尔欧洁(Mesnil-Sur-Oger)的村庄中心,就如同沙龙香槟(Salon)一样,采用单一葡萄园里的单一品种,以莎当尼白葡萄来酿造的白中白香槟酒(Blanc de Blancs),堪称为香槟领域的罗曼尼康帝。这支酒对于《4 000支香槟》(4 000 Champagnes)一书的作者理查德·朱林(Richard Juhlin)来说,是世界上最好的一支酒。它的第一个年份始于1979

年,每年仅有15 000瓶的产量,是一款丝滑又娇艳动人的香槟,却又不失浓郁的味道和强劲的酒香。特定年份的香槟,库克仅有在非常好的年份才会制作。

安邦内香槟(Clos d'Ambonay)是库克的另一支限量珍品,第一个年份从1995年开始酿造,直到2008年才正式在市场上发行。我有幸受邀参与这支限量发行1 500瓶,每支要价3 000欧元香槟的上市庆祝酒会,他们还推出了一款桃花心木盒的6支装的安邦内香槟,以友情价出售并且仅限酒会当日下订,我自然也抵挡不住这样限量精装版的吸引力,而当场购入了这6瓶珍稀酒酿。

一整天下来,这个上市庆祝酒会的行程

库克香槟是唯一采用205公升的小型橡木桶来进行酒精发酵的庄园,此举不但能够使酒体结实更能在口感上延长香槟的后味。不采用乳酸发酵程序,使得香槟能保有它的酸度并且延长陈年潜力。香槟在除渣出售前需在地窖里陈放7-8年,让残余的酵母为香槟带来更繁复完整的香气。库克香槟具有奇迹般清爽的气息,带有浓烈酒香并在陈年之后发展出干果、杏子、梅子、香料面包、浓浓焦糖和咖啡香味,而更早年份的香槟还可嗅出一丝蘑菇的气息。

我从1980年就认识了亨利·库克(Henri Krug),并且有幸用几瓶我自己来自家波尔多波美侯的费迪克奈堡(Feytit-Clinet)和他交换1982和1983年的美尼尔园香槟,并将它们与

"库克香槟具有奇迹般清爽的气息,带有浓烈酒香并在陈年之后发展出干果、杏子、梅子、香料面包、浓浓焦糖和咖啡香味,而更早年份的香槟还可嗅出一丝蘑菇的气息。"

带给受邀者接连不断的惊喜,我们下榻于卡伊荷(Hôtel des Crayères)度假城堡里,在葡萄园里漫步,而后又品尝库克香槟的顶级年份,在正午时分又移至安邦内庄园享用一顿精致奢华的午膳,并在席间品饮了1995年伊甘堡(Château d'Yquem),1995年玛歌庄园(Château Margaux)和当然不能缺席的1995年安邦内香槟。

其他1985、1990、1995和1996年份香槟一起珍藏在我酒窖里一个专属于香槟的区域。

Champagne Krug Clos d'Ambonay 1995
库克安邦内香槟 1995年

法定产区: 法国香槟区(Champagne)
葡萄园面积: 20公顷外加采购其他园区的葡萄
葡萄品种:
黑皮诺(Pinot Noir),皮诺莫尼耶(Pinot Meunier),莎当尼(Chardonnay)
平均树龄: 20年
平均产量: 各式香槟总量500 000瓶
酒庄最佳年份: 1928,1947,1959,1961,1975,1982,1985,1990,1995,1996.

1995年:俄克拉荷马城恐怖爆炸事件。神户大地震。奥地利、瑞士、芬兰加入欧盟组织。

NAPA VALLEY

FIRST
RELEASE

HARLAN ESTATE

1990

哈兰园是加州十几支声名远播的膜拜酒之一。依我的浅见，我认为它与啸鹰(Screaming Eagle)和布莱恩家族(Bryant Family)并列前3名。它也是加州唯一一个在15年内得到罗伯特·帕克给予5次100/100评分的酒庄。仅有位于法国南部罗迪山坡(Côte Rôtie)，由吉加尔(Guigal)先生酿造的拉慕林庄园(La Mouline)有能力被拿来和它相提并论。

"它是加州唯一一个在15年内得到罗伯特·帕克给予5次100/100评分的酒庄。"

至今，我仅尝过两次哈兰园的酒，其中一支是被帕克评为100分的1997年份酒，它的滋味如今回忆起来仍难令人难忘，神似法国的拉图堡(Château Latour)却又多了几分温柔但有时又更加强劲！酒庄采用传统的梅多克(Médoc)混酿方式，并且聘请米歇尔·罗兰(Michel Rolland)作为酿酒顾问。在我的好友夏斯·贝雷(Chase Bailey)的50大寿宴会上，他举办了一场评选会，将15支1997年份的加州膜拜酒一一摆出，邀请嘉宾品尝后给予排名，其中也包含这支1997年哈兰园。而其中，我最喜欢的就是哈兰园和啸鹰这两款佳酿。能够一次品尝这15支名酒实在是一段令人难忘的回忆。品饮结束后，夏

斯先生还同意我将这些空瓶带回，作为我酒窖里的装饰，让我可以不时地回忆这场令人印象深刻的品酒会。

经过了10年漫长的等待，我终于如愿以偿地能够直接向位于加州橡木村(Oak-ville)的哈兰园购买期酒。在这期间，我每年都写信向酒庄表达我购买的意愿，其实也可以说是我的"祈祷文"。一直到了2008年，奇迹终于发生了，我得到了2006年份6瓶标准瓶和一瓶1.5公升装(magnum)的配额。我也在1998年时先购入一箱6瓶装的1994年份酒。在那个年代，这些美国的膜拜酒并不像现在如此风靡，透过英国的酒商即可不费力地得到货源。1994年份酒也被帕克评为100分，并且是历年来最好的年份。帕克在他的著作《全球最佳葡萄酒庄园》(*The Greatest Wine Estates of the World*)中提到一段对于1994年哈兰园的评语："1994的哈兰园满足了我对一支完美好酒的各项高标准要求。有着深沉不透光的紫罗兰酒色，伴随着惊人的桑葚、矿物味、雪松木、咖啡和炭培香气。入口后，它显露出与众不同，具有细致层次感的果香，纯粹且馥郁的芬芳，带来长达40秒的余韵。这是一款醇厚又带有令人着迷香气的葡萄酒，富有不可思议的深沉且浓郁的味道……几近不朽！"我最近又购入了2007年份的新酒，相信它的质量能够打败所有此酒庄创造的纪录。

Harlan Estate 1994
哈兰园 1994年

法定产区：
美国加州纳帕山谷(Napa Valley)
葡萄园面积： 15公顷
葡萄品种：
70%赤霞珠(Cabernet Sauvignon)，但在高级酒款里经常大于此比例，20%美乐(Merlot)，8%品丽珠(Cabernet Franc)，2%小维多(Petit Verdot)
平均树龄： 15年
平均产量： 每年20 000瓶
酒庄最佳年份： 1991，1993，1994，1995，1996，1997，2001，2002，2005，2007。

1994年：卢旺达种族大屠杀。曼德拉就任南非总统。英吉利海峡隧道工程竣工。巴西问鼎世界杯冠军。

我在巴黎的一间画廊发现了这一款具有神秘色彩的葡萄酒。在这之前，我对于艾米达吉(Hermitage)出自吉哈·夏甫(Gérard Chave)的名酒，早已有所耳闻，夏甫家族在当地种植葡萄，酿酒已有超过500年以上的历史，每个年份我都会收藏两箱这个酒庄的酒。能够另外再获得每年6瓶的配额，我当然非常地乐意接受，毕竟这支酒在国外买家眼中非常热门，并且等待配额的人早已大排长龙。他们酿造的艾米达吉(Hermitage)葡萄酒浓缩醇厚，质量极高。采用葡萄园里最好的几个区域，像胡库乐(Les Rocoules)和贝撒尔德(Les Bessards)区块上老藤所制的葡萄酒来做混酿。

在一次的因缘际会之下，我运送几箱自家酿造的费迪克奈堡(Feytit-Clinet)到乐布先生(Lebouc)的画廊，他向我展示一幅由卡特林先生所绘的绝美画作。这位饕客忽然问起我，是否还没有收藏"卡特林修道院(Ermitage Cathelin)"这支葡萄酒呢？卡特林的画作都经由乐布先生的画廊销售；而画家本身亦是吉哈·夏甫(Gérard Chave)的好友，也因此邀请画家卡特林创作这款顶级酒的酒标。由于这个令人惊奇，只有行内人士才知道的消息；我接连购入1990、1991、1995年3个年份，而在我的坚持之下，又请尚－路易·夏甫(Jean-Louis Chave)为我保留一瓶1998、2000和2003这些年份。1990这是一个如此杰出的年份，其中有3瓶被包装在一个精美的木盒里；在2004年画家贝纳·卡特林(Bernard Cathelin)逝世之后，我决定为这些充满神秘色彩的酒描绘出一个故事。于是我决定去拜访卡特林的遗孀。她非常客气地接待了我，并在我说明拜访原委，表达我的热诚之后，大方地赠予我一支画笔，一个调色盘，一管画家生前最爱的红色

颜料以及一些画作的目录，让我有足够的材料来装饰橱窗。而这支葡萄酒的酒标颜色，当然是以画家最喜爱的红色为主调。

"Ermitage"的拼字里故意省略"H"，属于较少见的用法，但也是正确合理的写法。法定产区认可艾米达吉的拼法可写为"Hermitage"或是"l'Hermitage"，亦可省略"H"。"Hermitage"这个名字同时也是源自于公元8世纪时期，由史第博格骑士(Chevalier de Stérimberg)带领的一支十字军队伍所建造的修道院。这里所产的葡萄酒一直以来颇负盛名。假设1975年的拉菲堡(Lafite)能够如此美味，必定是因为受过修道院的加持。

2003年是另一个伟大的年份，仅有250箱的产量，与波特酒有几分神似，是少数几个产于法国且具有纪念性的珍酿。它的质地黏稠丝滑，带有甘草、焦糖、黑加仑、松露、糖渍梅子和桑葚果酱的香气。我估计即使等到2075年再开瓶品饮，仍然可以尝到绝佳的稀世好酒。我同时也非常喜欢1978和1985的艾米达吉葡萄酒。

"它的质地黏稠丝滑，带有甘草、焦糖、黑加仑、松露、糖渍梅子和桑葚果酱的香气。"

Ermitage Cathelin，Jean-Louis Chave 1990
卡特林修道院，尚－路易·夏甫 1990年

法定产区：
法国隆河艾米达吉产区(Hermitage)，精选种植在贝撒尔德(Bessards)区块约10公顷葡萄园上的西拉葡萄品种(Syrah)
葡萄品种： 西拉(Syrah)
平均树龄： 50年
平均产量： 每年2 500瓶
酒庄最佳年份： 1990，1991，1995，1998，2000，2003.

由画家卡特林的妻子提供的画笔和颜料。

1990年：海湾战争爆发。柬埔寨和平谈判。两德统一。法国酒区优秀年份。

Penfolds

Grange

SOUTH AUSTRALIA
SHIRAZ

VINTAGE 1990   BOTTLED 1991

Grange was developed by Max Schubert, commencing
with the 1951 vintage. This wine is made from Shiraz
grapes grown in the vineyards of South Australia.
During an extensive tour of France in 1950, Max Schubert
studied numerous winemaking practices that have now
become an integral part of Penfolds winemaking technique.
This knowledge combined with Max Schubert's foresight,
skill and dedication resulted in the development of
Penfolds Grange. It is recommended that Grange should
always be decanted before serving.

Bottled by PENFOLDS WINES PTY. LTD.
PENFOLDS WINES PTY. LTD., PENFOLD ROAD, MAGILL, AUSTRALIA 5072
750ml WINE PRODUCE OF AUSTRALIA 13.5% VOL.

DEDICATED TO
MAX SCHUBERT
1915-1994

奔富庄园(Penfolds)始自1844年，由来自英国萨赛克斯(Sussex)的克里斯多福·奔富医生(Christofer Penfold)在格兰杰·柯塔吉地区(Grange Cottage)种下多个欧洲品种葡萄，为了用以酿制如波特、雪利酒类的强化酒(Vin Fortifiés)，而这个地区也就是今日所称的阿德磊德(Adélaide)郊区。

"格兰杰可比做奔富庄园的柏图斯(Petrus)，是仅供内行人享用的顶级葡萄酒。"

奔富医生的后代慢慢地在澳洲南部各区收购葡萄园，扩大事业版图，但是庄园的名声一直要到格兰杰－艾米达吉(Grange-Hermitage)这款酒开始生产之后，才逐渐展开。这一款酒是酿酒师马克斯·苏克伯特(Max Schubert)精选西拉(Syrah)品种葡萄在1951年私下酿造的。它有着辨识度很高的香气，嗅起来就像是捧着200克的松露在面前深吸一口气的感觉，它带领着格兰杰－艾米达吉这支甘露，成为南半球希哈葡萄酒之中的佼佼者。

格兰杰系列在1990年由于和法国法定产区AOC艾米达吉有同名之嫌，而产生诉讼上的困扰，因此将名称后面的艾米达吉部分删

去。而后马克斯·苏克伯特(Max Schubert)在1994年逝世，格兰杰系列自此由酿酒师彼得·盖构(Peter Gago)接手酿制。

我大约是在1985年才开始对澳洲酒产生兴趣，特别是对奔富庄园的格兰杰－艾米达吉。在那个年代，外国酒对法国人来说一点吸引力也没有，因此我主要都向英国酒商购买。在那时候，即使是法国南部罗迪山坡(Côte Rôtie)和罗讷河谷的艾米达吉这两个法定产区，都仅能在少数的大餐厅才会被提及。后来在Vinexpo酒展期间，奔富庄园的人私底下偷偷地提供了一些格兰杰让我品尝，因为那一周，它们只准备了一瓶用做品酒使用。

奔富庄园是一间规模很大的酒庄，在澳洲各地产区都有他们的酿酒厂，提供非常多样化的选择。格兰杰可比做奔富庄园的柏图斯(Petrus)，是仅供内行人享用的顶级葡萄酒。

英国人对于竟然有法国人会被奔富庄园的酒所吸引，感到非常惊喜，因此每次在Vinexpo酒展也就格外地亲切热情。这些英国酒商给了我一个"青蛙(Froggy)"的昵称(译注：青蛙是英国人对法国人的一种谑称)，也因为这个有趣的外号使得我从1998年起，每年份都有12瓶的配额(至今已累积

有200瓶之多)，但我仍在寻找1955年份的格兰杰。

在美国橡木桶里陈年20个月，这支享誉全球的好酒，是专门为澳洲人量身定做的，就像因西班牙人口味而生的维加西西利亚(Vega Sicilia)，自从在1976年被罗伯特·帕克评为100/100分之后，已经成为神话般的葡萄酒。庄园拥有部分西拉品种的葡萄树已达120年的树龄，而格兰杰的混酿，有部分的酒就是来自这些珍贵百年老树所产的葡萄酒，用以加强它的陈年潜力。

它的酒色就像印泥般的深红宝石色，在陈年后则转化为瓦片般的红棕色。散发出咖啡、朱古力和桑葚果酱等香气，当葡萄酒在青年时期则有黑加仑、樱桃、山楂以及梅子的味道。这款佳酿的口感具有厚度，滑润丰富，非常浓稠且后味在口中萦绕久久不舍离去。其中1971、1976、1986和1998这4个年份已被列为传奇的特好年份。1990年份的口感，就像在嘴里炸出一团火花，具有烟熏和薄荷香味，并伴随着众多香料混合的气息。

Penfolds Grange 1990
奔富格兰杰 1990年

法定产区：澳洲南澳区
葡萄园面积：精选自奔富庄园(Penfold's)400公顷葡萄园
葡萄品种：100%西拉(Syrah)
平均树龄：60年
平均产量：每年60 000瓶
酒庄最佳年份：1952、1955、1971、1976、1986、1990、1998、2001、2002、2005。

1990年：玛格丽特·撒切尔宣布辞职。俄罗斯联邦宣布独立。哈勃太空望远镜观测宇宙。

NEGRAR
Riserva
Amarone della Valpolicella
denominazione di origine controllata
classico superiore
1990
Imbottigliato all'origine
nell'azienda agricola
Quintarelli Giuseppe
Cerè di Negrar - Italia
ottenuto da uve scelte
monte Cà Paletta ed appassite
secondo tradizione
750 ml e
Non disperdere il vetro nell'ambiente

吉尤塞普·昆达瑞利先生(Giuseppe Quintarelli)是一位性情古怪的人物，同时也是少数几位我认同是真正亲自种植葡萄的酿酒人，就像亨利·伯诺(Henri Bonneau)或是在教皇新堡产区(Châteauneuf-du-Pape)已故的杰克·黑诺(Jacques Reynaud)。

仅有非常少数的人有幸能够见到这些传说中的酿酒人或是将他们3人所酿造之逸品同时收藏于酒窖当中。吉尤塞普是非常顶尖却又极为简朴的葡萄农民，也是3人之中最为低调的。吉尤塞普是威尼堤地区，也是罗曼诺·达尔·富诺酒庄(Romano dal Forno)里的权威人物，而该酒庄的阿莫诺尼(Amarone)是非凡的、难以被超越的。

阿莫诺尼采用迟摘的葡萄并且经由自然

"阿莫诺尼采用迟摘的葡萄并且经由自然风干直到来年3月才进行榨汁步骤，而后取出葡萄汁放入老酿酒桶进行为期3年的陈年程序。"

风干直到来年3月才进行榨汁步骤，而后取出葡萄汁放入老酿酒桶进行为期3年的陈年程序。这支酒极度浓缩，适合陈年，酒体高

度复杂并且非常丰富，酒精浓度可达18度。

尚·索里斯(Jean Solis)是瑞士著名的酒评家之一，他曾经在送给我2瓶1990年份葡萄酒的时候说道："这支酒预计可以窖藏到2040年，但很可惜那时候你将早已不在人世了。"我反而说，这个时代的人活到100岁并不稀奇。即使到了2040年，我将会是99岁，而且人类平均寿命每4年就往上增加1岁，也就是说到了2050年，我还能再增加10岁的预期寿命，所以下次请带支可以陈年到2050年的阿莫诺尼来给我吧！

阿莫诺尼的酒色呈现深石榴色，适合在冬天饮用，可以搭配例如野兔类菜肴。此酒口感多汁丰腴，散发出松露、梅子、桑葚、野生的欧洲越桔、甘草、香料等香气。

多亏了我的朋友卡洛斯·多西(Carlos Dossi)，我才有机会喝过多达12次的阿莫诺尼，但只有其中2次是来自昆达瑞利家的庄园。我仅有12瓶珍贵的昆达瑞利，不舍得这么早就将它们开瓶，因为我认为它们在未来将会有非常精彩的表现。

Amarone Quintarelli 1990
昆达瑞利庄园，阿莫诺尼 1990年

法定产区： 意大利威尼堤(Vénétie)，阿莫诺尼·瓦波莉西亚(Amarone della Valpolicella)
葡萄品种： 科尔维纳(Corvina)，科尔维农(Corvinone)，罗帝内拉(Rondinella)，莫利纳拉(Molinara)
平均产量： 每年1 000瓶
酒庄最佳年份： 1985，1990，1995，1997，2004.

1990年：雪铁龙2CV型轿车全面停产。法国高速火车突破515.3km/h。第一台无胶片数码相机问世。

我在1988－1990年左右，认识了欧斯德塔家族(Ostertag)，他们1989年份精选的贵腐酒(Sélections de Grains Nobles)可以说是一个完美的象征。安德黑·欧斯德塔透过和他的土地及风土条件的对话，来选择葡萄树最佳的耕种时机。就像艺术家一般，他通过不断地思考来发展酿造卓越葡萄酒的方式，并且重视保留葡萄的品种特色、它们的灵魂以及风土条件在它们身上留下的痕迹。欧斯德塔先生的灵魂与葡萄酒的灵魂，在酒窖里已经融为一体了。他曾经写道："长久以来，我和橡木桶维持着一段非常紧密且私人的关系。"其实只要仔细观察由创意的酿造方式所主宰的1989年沃克(Work)系列，就不难被这样的事实所说服。

沃克(Work)到底是什么样的酒呢？它在1989年被命名为"生于土地的葡萄酒"(Terre à Vins)，它用话语以及颜色来描述自身特色，包含了来自3块土地的3种葡萄酒。它们被包装在编号1－400号的黑色礼盒中，里面有6瓶375ml装的精选贵腐酒以及3块来自葡萄园的石头和一本书。这3瓶酒，每瓶都拥有它们各自独特土地特色的酒标和铝箔盖。而标上的图画则是出自著名的瑞士爵士乐手丹尼尔·修马(Daniel Humair)之手。这3种葡萄酒分别和3块不同的石头对应：幕恩喜堡(Muenchberg)的雷司

令(Riesling)搭配粉红色的砂岩石块，而幕恩喜堡(Muenchberg)的灰皮诺(Pinot Gris)则配有石灰岩石块，另外与佛朗沃兹(Fronholz)的琼瑶浆(Gewurztraminer)对应的则是石英石块。

这3支酒就是组成精选贵腐酒系列的3元素：只有含有贵腐菌的葡萄才会被保留下来榨汁，而这整个程序都经由宣誓过的专业人士来监督。葡萄汁的自然含糖量大约有每公升256－279克。而在1989年10月31日收获的灰皮诺甚至达到26度的酒精浓度之实力，且产生了287克的糖分残留。他采用全新橡木桶熟陈，带给葡萄酒犹如蜂蜜般的浓度和令人难以置信的黏稠度，并且预计可以陈年超过50个年头。

安德黑·欧斯德塔在《葡萄酒农信签》(La Lettre du Vigneron)一书中提道："1989年的沃克对我来说是一种对于自由的渴望，他透过消除创意所带来的隔阂，集合各类的能量以及混合来自各方的影响力，带给葡萄酒更多的浓度，情感以及震撼度。"

透过品饮这3支甘露，我们获得了所有暗藏在这些酒里的感官刺激，而我也对于能将欧斯德塔先生酿造的这3支带有传奇色彩的酒列入我排名前100名的首选好酒行列中，感到无比幸福。

"采用全新橡木桶熟陈，带给葡萄酒犹如蜂蜜般的浓度和令人难以置信的黏稠度，并且预计可以陈年超过50个年头。"

Work，André Ostertag 1989
沃克，安德黑·欧斯德塔 1989年

法定产区：法国阿尔萨斯(Alsace)
葡萄园面积：13公顷，自1998年起采用自然动力种植法(Biodynamie)
葡萄品种：希尔瓦那(Sylvaner)，麝香(Muscat)，灰皮诺(Pinot Gris)，雷司令(Riesling)，琼瑶浆(Gewurztraminer)
沃克(Work)1989年产量：400箱，含6瓶375ml半瓶装
酒庄最佳年份：1971，1983，1989，1990，1994，2001，2005．

这些石头是来自幕恩喜堡的雷司令、灰皮诺和来自佛朗沃兹的琼瑶浆。它们被磨碎并用于制作酒瓶上的酒标和铝箔盖。

1989

1989年：柏林墙倒塌。达赖喇嘛获"诺贝尔和平奖"。天安门广场事件。

DOMAINE ZIND HUMBRECHT
ALSACE
Clos Windsbuhl
HUNAWHIR
Appellation Alsace Contrôlée
GEWURZTRAMINER 1989

大家都认为赞德－汉布瑞克(Zind-Humbrecht)酒庄的酒是阿尔萨斯地区最优美、最著名的酒。因为米歇尔·贝塔尼(Michel Bettane)的介绍，我有幸在90年代认识了雷欧那·汉布瑞克(Léonard Humbrecht)。他对每一颗葡萄果实的精心挑选给我留下了深刻的印象，他的那些1989年的葡萄树也让我吃惊。如果你不是他的老主顾的话，你是很难得到这个酒庄的佳酿的。奥利夫·汉布瑞克(Olivier Humbrecht)(罗伯特·帕克始终认为他是世界级的葡萄酒大师)继承了一个拥有3个世纪历史之久的葡萄园，他的父亲在1959年开始发展该家族的葡萄酒事业：他推行并运用了生物动力学来酿造葡萄酒，他的酒庄以当地最低产量著称，然而却酿造着高品质的佳酿。我在这里从南到北，细数一下他的庄园：其中包括在塔南地区(Thann)的名庄酒汉勒(Rangen)和克罗·圣－赫本(Clos Saint-Urbain)酒园，这是5公顷在眩晕之坡的单一品种葡萄酒园。此园的自然因素加之人工精心的培养，可以培养出非常完美的葡萄果实；出自甲贝尔施维葡萄园(Gueberschwihr)的戈尔歹特佳酿(Goldert)表现是相当出色的，因为此地有最适合琼瑶浆(Gewurztraminer)和麝香葡

萄(Muscat)成长的石灰石土地；在汉克斯脱(Hengst)培育出的琼瑶浆葡萄品种可以允许采摘延迟直至葡萄果实熟透；在奥赛尔庄园(Clos Hauserer)的雷司令(Riesling)和在文特斯汉姆地区(Wintzenheim)的罗特伯格佳酿(Rotenberg)中的灰品诺(Pinot Gris)；在土肯姆(Turkheim)的葡萄园中：有全部面向南方的布兰德(Brand)佳酿中的雷司令，此酒成熟且优雅高贵；最后是在贺纳唯赤地区(Hunawihr)于1987购入的万德博葡萄酒园(Clos du Windsbuhl)，我有该酒庄1989年3升装的琼瑶浆。由于此园的海拔为350米之高，所以采用推迟采摘的方式直至葡萄成熟，尽管这样，要感谢果实的微酸，使得其在陈酿期能够有很好的表现。

赞德－汉布瑞克酒庄酿造出来的精美尤物拥有非凡多变的香气，充满了不可比拟的闻香，持久且耐人寻味，如西柚、刺槐、绿柠檬、山楂、白桃、玫瑰、茶等香味。葡萄采摘时间的推迟以及精心挑选的葡萄果实演绎出多种非凡变幻的味道：菠萝、木瓜酱、杏子果酱、糖渍橙子、荔枝、蜂蜜、焦糖……其口感饱满醇厚。这些精选葡萄果实的表现让人觉得不可思议，正因如此，拥它在手中已成为了很多葡萄酒迷的梦想。

"葡萄采摘时间的推迟以及精心挑选的葡萄果实演绎出多种非凡变幻的味道：菠萝、木瓜酱、杏子果酱、糖渍橙子、荔枝、蜂蜜、焦糖……"

Jeroboam Clos Windsbuhl, Olivier Humbrecht 1989
3升装万德博，奥利夫·汉布瑞克 1989年

法定产区：法国阿尔萨斯(Alsace)
葡萄园面积：40公顷，此酒园占地4.5公顷
葡萄品种：30%雷司令(Riesling)，30%琼瑶浆(Gewurztraminer)，30%灰品乐，剩下的10%由莎当尼(Chardonnay)、麝香(Muscat)、白品乐(Pinot Blanc)、黑皮诺(Pinot Noir)和奥克斯合(Auxerrois)所构成
酒庄最佳年份：1961, 1966, 1971, 1976, 1985, 1988, 1989, 1990, 1994, 1995, 1998, 2001, 2002, 2005, 2007.

1989年：画家达利逝世。缅甸正式更名缅甸联邦共和国。阿亚图拉·霍梅尼宣布判处鲁西迪死刑。

更有绝佳的酵素陈化美酒的"圆润"口感。1985年入窖的西施佳雅可陈酿至2040年。西施佳雅也因其声名远播供不应求而难以在酒庄之外求得一瓶如此佳酿。

我有幸得到了3瓶,是Carlo Dossi先生赠予我的,他掌管位于巴黎十六区的Idea Vino商铺。只需从他2005年出版的著作中,方可得知,他不仅仅是个红酒鉴赏家,更是一个出色的美食家,这得益于他的火腿美食家父亲和祖父的熏陶。这个有如魔法师一般的人,可以在几分钟内,鉴别出火腿的品质。

从1988年起,每年我都会买一到两箱西

> "该酒芬芳浓郁,口感丰富,高贵典雅,更有绝佳的酵素陈化美酒的'圆润'口感。1985年入窖的西施佳雅可陈酿至2040年。"

施佳雅葡萄酒。但是1985年的酒却变成了沧海遗珠。当然我知道,Carlo先生在他那几百瓶收藏品中是保留着6瓶这样的酒的。因为过去许多年中,他总是笑着对我说:"这箱子酒,我是要留给我的小孙子孙女们的,你可不能拿它去做了收藏。"但在2000年前夕的某一天,他邀我去他的店里,用一段类似的意大利谚语对我说:"一桶1985年的西施佳雅比一整个教堂更加稀有珍贵。1985年的西施佳雅如今已经世间罕有,可我不会卖了他们,我只会自己享用或者赠予友人。我知道你对红酒的钟爱有加,所以我将这3瓶酒赠送给你,我的朋友。"

欧洲红酒评鉴会给予1985年陈酿"20世纪酒王"的美誉,有幸品尝过后,让我也对它一饮难忘。当然,我也尤为欣赏1988、1990、2000、2004和2006年的陈酿,品过便知,2004、2005、2006的葡萄酒是青出于蓝而胜于蓝。

圣古都酒庄(San Guido)生产的西施佳雅红葡萄酒(Sassicaia)是超级托斯卡纳美酒之一,享有"意大利的拉菲,托斯卡纳酒王"的美誉。此酒庄庄主尼古拉采用法国西南部培栽的葡萄苗,使此酒的品质在图雅丽塔(Tua Rita)无数美酒中脱颖而出,甚至让邻庄奥纳亚(Ornellaia)的由100%美乐酿制成的Masseto葡萄酒也望尘莫及。这里是托斯卡纳(Toscane)之乡,因为众多葡萄酒酿制者选择在此酿造他们的红葡萄酒,这些酒的原料均来源于名扬四海的波尔多葡萄苗。该葡萄苗素有"Vini da Tavola"的盛誉,如今更是被称为"IGT 托斯卡纳",以"超级托斯卡纳"美酒品牌打开了葡萄酒奢侈品市场。西施佳雅红葡萄酒是唯一冠有DOCG名号的红酒,它使波尔多葡萄酒苗的引进利用获得一致认可。

西施佳雅红酒因调入黑加仑、覆盆子、桑葚、松露和食用丹宁等香料而显得与众不同。该酒芬芳浓郁,口感丰富,高贵典雅,

Sassicaia 1985
西施佳雅 1985年

法定产区:意大利,托斯卡纳,西施佳雅宝格利产区,意大利日常餐酒
葡萄园面积:50公顷
葡萄品种:85%赤霞珠(Cabernet Sauvignon),15%品丽珠(Cabernet Franc)
平均树龄:30年
平均产量:180 000 瓶
酒庄最佳年份:1975, 1985, 1990, 1995, 2000, 2004, 2006.

1985年:两伊战争爆发。西班牙和葡萄牙加入欧洲共同体。戈尔巴乔夫领导苏联。爱心餐厅成立。

有时候，当机会来临的时候要紧紧抓住。那是1987年的一个中午，我在位于韦利济(Vélizy)的达索工作。这时电话铃声响了，电话那边是我一个从事新闻摄影的朋友皮埃尔·威拉德(Pierre Villard)，同时他也是一个热情的葡萄酒爱好者。他在那边兴奋地对我说："我有一个巨大的惊喜给你！一瓶封存在原装木箱中的6升装1982年的木桐。"据说这是一瓶梅多克最好年份的葡萄酒，也是木桐酒庄表现最出色的佳酿之一。此酒的酒标，是由约翰·休斯顿(John Huston)绘制签名的，一只白色公羊在身后自然鲜活的美景中欢欣起舞。这是一瓶将至

少能够封存陈酿50年的美酒，1945年份的葡萄酒为此酒庄之最。如此难得的机会，只是有一个问题困扰了我，我必须于下午两点前凑足4 000法郎，并送到金星广场。

时间飞快，下午两点转瞬而至，我银行账户上只有1 000法郎，无奈的我，向朋友借了一些钱，又悄悄把我儿子的储蓄罐掏空了，随后又忍痛割爱，把我的一副印有萨莫色雷斯岛的胜利女神雕像的邮票卖给了一个爱好集邮的朋友。一张是绿色30分的，另一张是红色55分的，之所以对我来说如此珍贵，是因为它仅仅发行了10万零500套。已经来不及吃午饭了，我直接跳上车赶到了金星广场。皮埃尔在那里拿着我急切等待归于我手的珍藏等着我呢。又是一支耗尽我全部财力得到的宝贝！很偶然，但我绝对不后悔，也许它命中注定要属于我。

这种大容量的6升装葡萄酒现在越来越珍贵，因为稀有所以希望能拥有它的人很多，有些需求是用来珍藏，当然也有些需求是为了投资。由于瓶体薄而脆，经常在装瓶过程当中承受不住液体的重量而导致瓶底破碎，所以葡萄园主减少了生产此种大容量装的葡萄酒。

"这是一瓶将至少能够封存陈酿50年的美酒，1945年份的葡萄酒为此酒庄之最。"

Impérial Château Mouton-Rothschild 1982
6升装木桐·罗斯柴尔德 1982年

法定产区：法国，波尔多大产区，波亚克，1855年二级名庄，从1973年跃至一级名庄

葡萄园面积：80公顷

葡萄品种：77%赤霞珠(Cabernet Sallrignen)，11%美乐(Merlet)，10%品丽珠(Cabernet Franc)，2%小维多(Petit Verdot)

平均树龄：48年

平均产量：30万瓶

1982年：马岛战争。萨布拉和夏蒂拉大屠杀。斯皮尔伯格导演《外星人》。

当"车库葡萄酒(Vins de Garage)"被推上潮流，当一个明确的分类已经被完成，当里鹏酒庄(Le Pin)已经成为一个经常被关注的酒庄时，我开始慢慢的对在波美侯(Pomerol)产区的里鹏酒庄(Château le Pin)感兴趣了。我们称之为"车库葡萄酒"是因为这些酒庄，仅仅拥有很小部分面积的葡萄园，并且是在他们的仓库里，只酿造几个酒桶的量，也就是2 000到3 000瓶葡萄酒。这些葡萄酒，需要选用其葡萄园中的最优质的一小块土地，严格控制剪植，每株葡萄树

只有780公顷面积的村庄级产区，然而却拥有250个享有世界盛名的酒庄，这里是最适合种植美乐葡萄品种的一块富饶土地；另一方面，著名的酒评家罗伯特·帕克授予这款1982年里鹏酒庄100/100的成绩。

在1988年，我有幸见到了里鹏酒庄的庄主雅克·缇鹏先生(Jacques Thienpont)，这时我才知道该酒庄每年所生产的葡萄酒均会于同年的期酒销售活动期间被全部预定出去，并且里鹏酒庄从来不接受新客人的预定。出于好奇心和对其特殊的钟爱，在每年

寻找葡萄酒，您的诚意和执著打动了我，我特意为您保留了6瓶1.5升的1989年份，您可以在我这里好好地品尝了。"雅克·缇鹏先生微笑着对我说。从此以后，我们成为了朋友，并且每年我都会去里鹏酒庄，在他的酒窖里面转一转。快接近2000千禧年之时，为了庆祝波美侯百岁生日，我有幸又一次见到了雅克·缇鹏先生。我对他说："为了纪念颇具意义的一天，我知道我们将要品尝到柏图斯和里鹏。借着今天的性质，我大胆地向您提出我的请求，您是否能将1982年的里鹏出售给我？"

他遗憾地回答我说，在很久以前他就已经把这支酒出售出去了，很难再找到它，即使有幸找到了，也会是无比昂贵的价格。我的请求石沉大海，我便也打消了此念头。但是特殊的一天来到了！这一天我带着一个看上去很神秘的盒子去看望雅克·缇鹏先生，这里便是一瓶1982年1.5升大瓶装的里鹏，由于这瓶久的主人出现经济危机急于出售，于是我将它接手了。

> "其土地特有的均质性和自然条件的相结合给予了此酒庄的酒独特的香气与口感，混合了咖啡、巧克力、焦糖、黑加仑等纯厚香气。"

只接取5到7串果实。为了能够得到更加集中更加浓缩香醇的葡萄酒，葡萄酒农们制造了酿酒桶的割槽。所有这些严格的酿造工艺是为了能够与列级名庄的葡萄酒相媲美。

里鹏酒庄实则不属于车库葡萄酒。其土地特有的均质性和自然条件的相结合给予了此酒庄的酒独特的香气与口感，混合了咖啡、巧克力、焦糖、黑加仑等纯厚香气。它与著名的柏图斯酒庄园(Petrus)一样属于波尔多地区最著名的酒庄之一。为什么给予它如此之高的评价呢？一方面从位置上来说，它位于波美侯法定小产区内，波美侯是一个

收获葡萄的季节，我都会来到酒窖和葡萄园中进行参观回访。记得是在1992年的一天，我带着我酒窖中万瓶美酒的宣传资料再次来到了这里，也想向雅克·缇鹏先生展示一下我珍藏的1945年的木桐庄和1947年的白马庄(Cheval Blanc)。那次作为两个葡萄酒爱好者，我们的交流很有趣，并且在我顽强的坚持下，他也向我展示了他以往客户的名单，这对我来说无比珍贵。

"您真的很幸运，您是一位难得的客人，来到我这里不是为了

那次波美侯的百岁纪念日让我终生难忘：我有幸品尝到了大概有30瓶之多的波美侯之最。我知足于自己有幸能够得到这瓶罕世美酒。1982年的里鹏总价值大概是5 000欧元。在2009年7月出版的《葡萄酒倡导家》(Wine Advocate)中，帕克给予该酒100分的好成绩以及一段如下评论："拥有火焰般的热情及闪耀，迸发着活力，浓缩浑厚，犹如焦糖般的甘甜，巧克力的醇香，李子的微酸，无花果的清新。"

Magnum Château Le Pin 1982
1.5升装里鹏酒庄 1982年

法定产区： 法国，波尔多产区，波美侯
葡萄园面积： 2公顷
葡萄品种： 美乐(Merlot)
平均树龄： 30年
平均产量： 6 000瓶
最佳年份： 1982, 1989, 1990, 1994, 1998, 2000, 2005.

Le Pin
POMEROL

1982年：首例艾滋病病例出现。波兰"团结工会"被彻底禁止。第一颗人造心脏移植成功。

此葡萄酒园从1906年开始建立,由皮埃尔·拉蒙纳(Pierre Ramonet)让其发扬光大,名声鹤起。该酒园包括村庄级法定产区、法定一级产区、还有Batard-Montrachet、Le Chevalier-Montrachet和26公顷最大面积的Le Grand-Montrachet法定特级产区。

梦拉榭是世界上最好的白葡萄酒。莱蒙斯酒园的一小块土地位于Puligny产区,在Meursault北面的一条公路旁边。这里是一片异常肥沃的优质土地。莱蒙斯采用非凡的浓缩技术进行酿造。完美专业的木桶使其能够出产精美优质的梦拉榭,醇香可口,有种几乎油质的润滑口感。它包含了梨子、香料、蜂蜜、白花以及茴香的香味,慢慢沉淀

一下,会有坚果、无花果以及椰子的香气溢出。入口后会慢慢扩散持久的香味,绵延不绝于口。1959年的佳酿现在仍然保持了原有的口感。1978年的葡萄酒拥有无法比拟的闻香,该酒庄深受顶级酒店的青睐。在1983年,我有幸用几箱1982的费迪克奈堡(Feytit-Clinet)换了6瓶的1979的梦拉榭。其次是1985和1989两个年份,其表现也是相当的出色。我的6瓶梦拉榭是勃艮第、也是世界上最出色的白葡萄酒。莱蒙斯两兄弟依旧带着热情继续酿造着他们赋予活力的干白葡萄酒,例如2005和2006年两个非凡的年份。

"完美专业的木桶使其能够出产精美优质的梦拉榭,醇香可口,有种几乎油质的润滑口感。"

Montrachet, Ramonet 1979
莱蒙斯,梦拉榭 1979年

法定产区:法国,勃艮第产区,梦拉榭(Montrachet)特级酒园
葡萄园面积:10公顷,其中26顷位于梦拉榭法定产区
葡萄品种:莎当尼(Chardonnay)
平均树龄:40年
最佳年份:1979、1985、1989、1990、1995、1999、2002、2006.

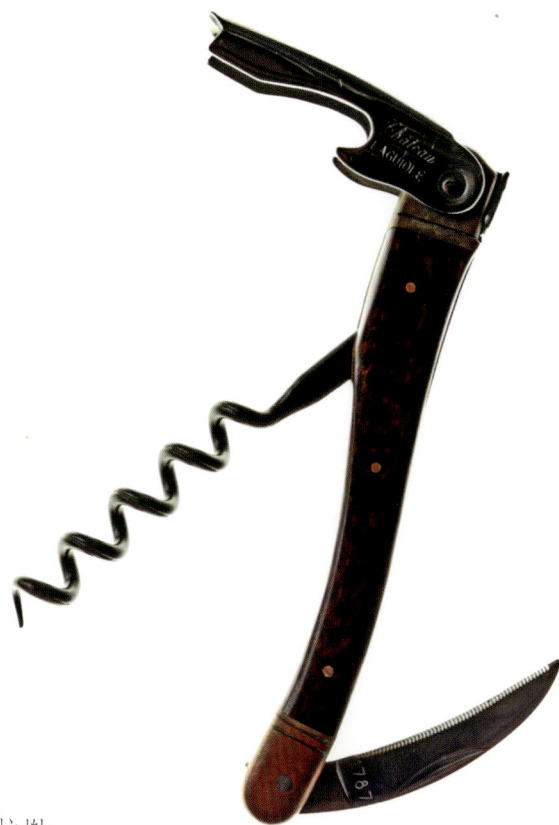

1979年:第二次石油危机。苏联入侵阿富汗。埃及和以色列达成和解。

亨利·贾伊尔(Henri Jayer)是勃艮第地区的传奇人物,他是酿制黑皮诺葡萄酒的天才。他生于1922年,1996年退休在家休养,于2006年辞世。在这期间,这个葡萄种植工人的儿子,彻底革新了勃艮第地区的葡萄酒酿制方法:低产量,选用的葡萄只有豌豆大小,低温条件下进行葡萄浸泡过程,酿酒桶选用来自Troncais的树林中的树

非常艰辛,甚至为了种下一株葡萄藤,他需要使用具有爆炸性的材料开垦土地。他最钟爱的葡萄酒也是这款1978年份的优秀年份酒,正像亨利所说的那样:毫无疑问,这个酒是这个世纪最美妙的酒。

Le Cros Parantoux看上去有着闪亮迷人的酒裙,香气复杂,水果味道极其明显,余味悠长,看起来永远比它的实际酒龄要年轻很多。

> "Le Cros Parantoux酒看上去有着闪亮迷人的酒裙,香气复杂,水果味道极其明显,余味悠长,看起来永远比它的实际酒龄要年轻很多。"

木打制而成,酒液不经过澄清程序,手工装瓶等。有一天,他无意之中来到一片葡萄园中,并从此在那里开始了他播种葡萄的一生。虽然这个葡萄园的规模很小,但葡萄园所在的地区的气候非常适宜,在那里出产了Echezeaux特级酒园、Vosne-Romanée Les Beaumonts和Cros Parantoux等一级酒园。而最后这个Cros Parantoux园占地面积大约为72公顷,坐落在一片斜坡之上,位于李奇堡的上方,是亨利亲手将这篇葡萄园开垦整理出来,亲自用手推车将地下的石块清理干净,也是他种下了一株株的葡萄藤,又将这片园地转变成尽人皆知的葡萄园。种植过程

酒庄中储存的3 000多瓶的酒一下子就被葡萄酒迷们一抢而光,葡萄酒高昂的价钱其实与亨利本无关系,他关心的只是向他的顾客们提供上好的美酒。在1993年时,我错过了一个可以买到非常稀有的酒的绝好机会,那是在1993年,亨利为我保留了一箱1990年份的Le Cros Parantoux以及一箱的同年份的Echezeaux。每瓶的价格为300法郎,而一箱12瓶的价格就是3 600法郎。但是当时我没有足够多的钱买下全部的两箱酒,因此我只得选择了那箱特级葡萄酒而放弃了那箱一等葡萄酒。2000年的时候,在美国,一箱1990年份的Cros Parantoux竟被卖到45 000美元。就在我撰写这本书的今天,一瓶Cros Parantoux酒的价钱已经高达5 700欧元,相当于37 000法郎。而1978年份的那款就已经找不到了。对我来说,给我印象最深的是由亨利本人亲自斟酒,在他酒窖中品尝的一瓶1978年份的李奇堡酒。那是一瓶没有酒标的酒,只能靠盲品来判断酒的年龄。我和我的儿子都觉得这是1990年出产的,因为品尝起来会感觉到很年轻的样子。我将这款酒列入在我的书中,虽然它没有Cros Parantoux酒那样出名,但是却比它更为稀有且味道更好。

每次当我看到酒窖里那箱1990年份的Echezeaux酒时,就会让我觉得很后悔,因为这箱酒让我想起了当年的另外那一箱酒,只怪我没能将两箱酒一并买下。1990年那一年,在米歇尔·贝塔尼(Michel Bettane)的引荐下我第一次与亨利结识,米歇尔·贝塔尼也是引领我了解勃艮第酒区的一位朋友。8年之后,我有幸收到专门送给我的来自亨利送来的ODE顶级葡萄酒。这里有一句话纠正了我的看法:"当我的酒还很年轻的时候,人们会给它多加上几年酒龄,而当它们已经慢慢变成陈酿的时候,人们却觉得它依然很年轻。"

Richebourg,Henri Jayer 1978
李奇堡,亨利·贾伊尔 1978年

产地:

法国,勃艮第产区,维森-罗曼尼(Vosne-Romanée)

葡萄园占地面积: 0.72公顷
葡萄藤平均年龄: 45年
年均产量: 3 000瓶
最佳年份: 1978,1985,1990,1996.

1978年:世界上第一个试管婴儿路易斯诞生。德国本土生产的最后一辆甲壳虫汽车正式下线。Amoco Cadiz号海上漏油事件。

我是在1978时结识吉加尔(Guigal)家族的，那一年出产的拉慕林酒也非常出名，而那个时候罗纳河谷酒区的酒，尤其是罗地坡还不是很出名，且经常会被甩卖，那个时期一瓶罗地坡酒仅卖到40法郎，而一瓶教皇新堡酒则更为廉价，约为15法郎。艾天·吉加尔(Etienne Guigal)先生曾在维塔拉(Vidal-Fleury)酒庄里工作，之后他的儿子则把这个酒庄买了下来，此后，1946年，艾天·吉加尔先生便在这里建立起属于他自己的酒庄。马塞尔(Marcel)在1961年接管了他父亲的酒庄，并不断扩充其贸易，他实现的交易量已经达到了每年600万瓶。在1970年时，他酿制出第一桶拉慕林葡萄酒，是由树龄非常高的葡萄藤采摘下来的葡萄酿制而成的。1975年时，他的儿子布鲁尼出生了，同年，他在罗地坡地区酿制由西拉单一品种酿成的Landonne葡萄酒，而两年之后，也就是1978年，这款酒才第一次被灌装成瓶。不久后，于1985年，他酿制出了第一款La Turque酒，该酒虽然由较年轻的葡萄藤采摘的葡萄酿制，但品质却极为上乘。这款酒是附近240公顷葡萄园中酿出的最优秀的葡萄酒，就连罗伯特·帕克也毫不吝惜地给这款

阿布斯·吉加尔城堡

La Mouline,
Marcel Guigal 1976
拉慕林酒庄，
马塞尔·吉加尔1976年

> "1976年份的拉慕林是酒中的传奇，如今已是非常稀有了，它就像陈年的波特酒一样，还能继续陈放数年之久。"

酒打了100分的满分。

1976年份的拉慕林是酒中的传奇，如今已是非常稀有了，它就像陈年的波特酒一样，还能继续陈放数年之久。酒的颜色是像墨一样的黑，有红色水果、黑加仑子、越橘、紫罗兰等的混合香气。入口圆润，水果的味道十足，单宁细腻且入口即化，酒精浓度较高，酒体复杂，回味无穷。我曾经与吉加尔家族一起品尝过3次这种酒，每次我都对菲利普(Philippe)说这是我喝过的最好的葡萄酒之一。其次还有1921年份的白马庄(Cheval Blanc)，1947年份的柏图斯庄以及1961年份的拉图庄。

马塞尔把这瓶酒和另外一瓶罕见的1989年份的"向艾天·吉加尔致敬(Hommage A Etienne Guigal)"一并送给了我，这种酒每年只出产600瓶，是用当地80多年的葡萄藤采摘下的葡萄酿制而成的。

产地： 法国，罗纳河谷，罗地坡
葡萄园占地面积： 1公顷
葡萄品种： 89%西拉(Syrah)，11%维欧尼(Viognier)
酿制时间： 在全新木桶中陈酿42个月
年均产量： 5 000瓶
最佳年份： 1976, 1978, 1983, 1985, 1988.

1976年：越南统一。吉米·卡特当选美国总统。毛泽东主席逝世。法国遭遇严重旱灾。

伊贡·米勒庄园(Egon Muller)在莫泽产区(Moselle)，拥有在德国算得上是最优秀的葡萄酒园之一：伊贡·米勒家族在1797年购得了位于Wiltingen地区的沙兹(Scharzhof)葡萄酒园。从前，伊贡·米勒家族在Martyrs de Trêves地区拥有一座名为Sainte-Marie的修道院，后来此修道院被国家征收后以国有财产的名义出售了出去。

这支枯萄精选属于德国甜酒中的极品。对于这一点从它的字面上就显而易见，"Auslese"代表了最优质的精选成熟葡萄果实，"Beeren"则是在是指成熟且感染贵腐霉的葡萄果实，而前缀"Trocken"的意思是精心挑选出只有感染贵腐霉且由于熟透的原因而有些干枯的葡萄果实。由于酒园位于斜坡上，虽说算得上坐北朝南，但由于阿尔萨斯属于寒冷区域，在这种天气下雷司令(Riesling)的表现受到了很大的限制，偶尔

2005年在国际葡萄酒及烈酒展会的伊贡·米勒展台上，我有幸结识了他的夫人。她向我透露了她丈夫非常喜欢波美侯的葡萄酒。于是，在我再次见到他的时候，我赠送给他一瓶2003年的费迪克奈堡(Feytit-Clinet)，一个绝佳的年份。又过了一段时间，伊贡·米勒从德国打电话给我，说

> **"这支枯萄精选名属于德国甜酒中的极品。对于这一点从它的字面上就显而易见，'Auslese'代表了最优质的精选成熟葡萄果实。"**

才能收获高质量的葡萄果实。而伊贡·米勒(Egon Muller)却是不同的，他用这种在恶劣环境条件下产出的葡萄果实制作而成的枯萄精选拥有着惊人的品质，每年所酿制的葡萄酒非常有限，平均来看只有珍贵的40升。这种稀少又宝贵的酒，在拍卖市场打破了记录，前所未有地畅销。我坚持不懈颇具诚意地恳求伊贡·米勒和他的儿子让我至少能够得到一瓶。而他们却很遗憾地告诉我，只有出席拍卖会才是得到这支稀世珍藏的唯一途径。并且他也友善地提醒了我，此酒的价格将会非常之高。

他和他的夫人将要来法国的拉罗舍尔(La Rochelle)居住一段时间，并且询问我能不能帮他找到一箱最佳年份的费迪克奈堡。我当然是非常愿意为他效劳的，当下我便向他提出了交换的请求，用几箱的波美侯(Pomerol)换他的一瓶稀世佳酿。在他抵达拉罗舍尔之后，我有幸与他一起品尝了1975年伊贡·米勒，枯萄精选的这个绝佳年份，无与伦比的美妙给我留下了深刻的印象。他出乎我意料地为了留下了一瓶1975，另外还送给了我两瓶同样拥有非凡表现的1994年份和2007年份，再加上一瓶他的个人收藏1959年的Auselese。

Trockenbeerenauslese，Egon Muller 1975
伊贡·米勒，枯萄精选 1975年

法定产区： 德国，莫泽－萨尔－卢文(Moselle-Sarre Ruwer)，沙兹堡(Scharzhofberg)

葡萄品种： 雷司令(Riesling)

产量： 平均每2年生产40升

最佳年份： 1945, 1959, 1971, 1975, 1990, 1994, 2007.

1975年：安德烈·萨哈罗夫获得诺贝尔和平奖。红色高棉开始统治柬埔寨。西班牙独裁者弗朗哥逝世。

周·艾兹(Jo Heitz)先生和他的儿子大卫(David)都是纳帕谷酒区的葡萄种植者，这里靠近马依卡马斯(Mayacamas)山丘，山丘中长满了桉树，这也就是为什么在他们酿制的酒中会有桉树的香气。周·艾兹先生从1961年开始在一片仅有3公顷的土地上实验种植一种意大利品种：Grignolino。直到今天，他的葡萄园已经扩展到56公顷。他的最好的品种是玛莎葡萄园的纯赤霞珠。葡萄

一，但我从没有尝过它。对罗伯特·帕克来说，这是一款非常值得纪念的酒。而对詹姆斯·劳勃(James Laube)来说，他在自己的《加州葡萄酒》这本书这样写道："从1966到1980年，它是纳帕谷地区赤霞珠的明星，深色的酒裙，散发出薄荷以及巧克力的香味，同时还有黑莓和黑醋栗的香味"。迈克尔·布罗德班特在2000年时给此酒评了5颗星，并在评语中这样写道："深邃·强烈，特有的桉树的香气，干醇，味道绝美，回味绵长。可谓顶级美酒。"

> "此葡萄酒先用美国橡木桶酿制，然后再放入法国的橡木桶，酒体成黑色，酒质光滑，浓度很高，后味可保持许久。"

藤生长在砾质和淤泥的土壤里，酿出的葡萄酒会有桉树的薄荷香味，果酱香味，巧克力香味以及松露的香味。此葡萄酒先用美国橡木桶酿制，然后再放入法国的橡木桶，酒体成黑色，酒质光滑，浓度很高，后味可保持许久。1974这一款是加州最古老的好酒之

在2008年洛杉矶举办的拍卖会上，一箱12瓶的此种酒被Christie's拍卖到18 000美元。

在接下来的几年中，我都一直在向我周围的美国葡萄酒收藏朋友们打听此瓶酒的行踪，但始终没有任何结果。后来，是我的朋友艾克·莫劳(Eric Morlot)先生在一位澳大利亚收藏者那里找到了一瓶。这瓶酒在经过400 000公里的行程之后，最终被保存到了我的酒窖中。

Martha's Vineyard，Napa Valley 1974
玛莎园，纳帕谷 1974年

产地：

美国加利福尼亚，纳帕谷
葡萄园占地面积：56公顷
葡萄品种：赤霞珠(Cabernet Sauvignon)
年均产量：50 000瓶
最佳年份：1968，1970，1974.

1974年：水门事件。葡萄牙康乃馨革命。雅典结束君主政体。

MONOPOLE
1971
LEROY
AUXEY-MEURSAULT
CÔTE D'OR
AGENT GÉNÉRAL
SOCIÉTÉ CIVILE DU DOMAINE DE LA ROMANÉE-CONTI
PROPRIÉTAIRE A VOSNE-ROMANÉE (CÔTE-D'OR)
PRODUCE OF FRANCE
LA TACHE
APPELLATION LA TACHE CONTROLÉE
17.753 Bouteilles Récoltées
L'ASSOCIÉ-GÉRANT
ANNÉE 1971
Mise en bouteille au domaine

"它那红石榴般迷人的色泽，会让人情不自禁地想要品尝它。在那丰富多彩的香气中，混合了木本水果精华的气息，这种品质绝属世间仅有。"

拉塔希(La Tâche)是罗曼尼康帝(Romanée-Conti)的一个独立酒园，这里是勃艮第产区最名声显赫的葡萄酒园之一。它同时属于两个家族，一半为维拉尼家族(Villaine)所有，另一半为勒鲁瓦家族(Leroy)所有。与柏图斯(Petrus)和拉慕林(La Mouline)两个名庄一样，拉塔希是我最喜欢的3种之一。当能够遇到拉塔希最佳年份的时候，那么世上便没有一支酒能够与之相比。在我的记忆中，我永远也不会忘记我所品尝过的大约15瓶拉塔希，他们给我留下了永久的回忆。假如把拉塔希比喻成一个女人，那么这个女人将会是迷人的、高贵典雅的，拉塔希绝对可以称得上葡萄酒中的拉泰兹·卡丝塔(Laetitia Casta)！只有陈年的罗曼尼康帝可以超过它，但是却不及它的风韵和它柔美的香气，还有其浓厚的甘醇。

当拉塔希还处于酿造初期的时候，我们

不难会发现酒的香气中微带一些紫罗兰、覆盆子、黑樱桃等的混合闻香，并且此酒体拥有天鹅绒般的顺滑，入口后可感觉到单宁的融合与柔韧的口感。它那红石榴般迷人的色泽，会让人情不自禁地想要品尝它。在那丰富多彩的香气中，混合了木本水果精华的气息，这种品质绝属世间仅有。此酒的品质随着时间的推移而变得越来越精良。1990年的拉塔希会让你感到万分惊喜。从此以后，1996、1999、2003和2005年份的拉塔希就像美丽的乐章。拉塔希老年份的酒已经很难再找到了，我的窖藏里面最陈年的拉塔希是1944年的，这两瓶美酒由于年份过于久远，所以我请来了拉塔希的酿酒技师Andre Noblet为我重新做了装瓶包装。借此机会我品尝到了这支1944年的美酒，口感还是非常的出色，略微带了少许涩涩的口感，有着淡雅玫瑰和松露的清香。

我最钟爱的拉塔希的年份为1971年。为了庆祝2000年千禧年，我与朋友们一同品尝了1971年的柏图斯、1976年的拉慕林和1971年的拉塔希。现在还拥有2瓶拉塔希。乔治·莱勃(Georges Lepre)先生，世界上最著名的侍酒师是这样评价这支1971年的拉塔希的："这支酒是世界上最非凡的葡萄酒之一，品尝它是视觉、嗅觉以及味觉的完美享受。如果我们在吃火鸡栗子和烤鸭子的时候，能够有幸品尝到此酒的话，那将是人生中最美妙的时刻。"他还说过："此酒深红的色泽是对视觉的一种美艳冲击，丰盈的嗅觉、入口的典雅是一种享受，混合着玫瑰树脂、咖啡以及薄荷等迷人的清香。"

我的梦想是在2031年的时候能品尝到1999年和2005年的拉塔希，因为在2031年的时候，1999和2005年这两个年份应该会将其陈酿的表现发挥到极致。到那时，我才也只有90岁而已啊。

La Tâche 1971
拉塔希 1971年

法定产区：法国，勃艮第产区，拉塔希(La Tâche)特级酒园
葡萄园面积：6.06公顷
葡萄树龄：35年
平均产量：20 000瓶
最佳年份：1990，1996，1999，2003，2005.

1971年：无国界医生组织成立。宇航员们在月球上首次击打高尔夫球。第一个宇宙空间站建成。

Ch.au Lafleur
Grand cru
Pomerol
1961
MIS EN BOUTEILLES AU CHATEAU
Ch. et M. Robin
PROPRIÉTAIRES
APPELLATION POMEROL CONTROLÉE

"22年后，我仍然将其特有的味道珍藏于心底。"

玛丽(Marie)送给我的特海丝(Thérèse)项链。

我是在1973年开始对波美侯产区的花堡(Château Lafleur)产生了兴趣，我所购得的第一箱花堡酒是1975年年份的，直到现在我还珍藏着。这支酒曾被帕克给予了100分的优秀成绩，并且他曾评价此酒为可珍藏50年的美酒佳酿。从此以后，我便每一年都会去购买一箱或两箱这神之美酒甘露。所以我酒窖中对花堡的收藏应该是全世界最让人惊叹的。从1947这个年份算起，我拥有花堡绝佳年份的珍藏美酒(尤其是1.5升规格、3升装规格和6升的超大瓶规格的最佳年份酒)。

我与罗宾(Robin)姐妹〔特海丝(Thérèse)和玛丽(Marie)〕一直保持着很好的关系。特别是玛丽，在她2001年去世之前，我回去看望过她，她送给我一串特殊的项链，这是她姐姐留给她唯一的遗物。我感动地小心翼翼把它放在我的酒窖中花堡酒的旁边。我为能够拥有这件遗物而感到荣幸，因为这件具有难得意义的遗物曾属于这个世界上酿造非凡美酒的人。

我品尝了我窖藏中最陈年的一瓶1947年1.5升装的花堡酒。所以之于这个年份，我只剩下一个空瓶子了，但在我精美的窖藏中，我还拥有其他非常好的年份，比如1961、1971、1982、1989、1990、1998、2000和2005。帕克曾经赞美过1.5升装的1961这个年份的花堡酒，给予其很高的评价，帕克认为此酒可名列世界葡萄之最

中，他说："此酒品质非凡，拥有犹如红石榴一样红透且有些发黑的悠深色泽，闻香上则拥有熟透的樱桃混合稀有松露一般的清新香气。口感充盈顺滑，而回味醇厚，单宁丰满。"

像柏图斯一样，这些1.5升装的葡萄酒，绝对是唯一且最珍贵的宝藏。包括我所有的从1947年一直到2005年的花堡酒珍藏一样，其实它们不应该被我所拥有，应该像所有的卢浮宫的艺术品一样被保护珍藏起来。遗憾的是，自从花堡酒的市价爆炸性的上涨之后，特别是继2005这个年份之后，庄园的主人不再同意出售给我单瓶的花堡酒。尽管这样，我仍然继续着我对花堡酒的钟爱和收集，只要我能找到它，无论多高的价格，我也在所不惜。

"这些1.5升装的大瓶花堡酒，绝对是唯一且最珍贵的宝藏。其实不应该被我所拥有，应该像所有的卢浮宫的艺术品一样被保护珍藏起来。"

Magnum Château Lafleur 1961
1.5升装花堡 1961年

法定产区：
法国，波尔多大产区，波美侯
葡萄品种： 50%美乐(Merlot)，50%品丽珠(Cabernet Franc)
葡萄树龄： 大于30年
平均产量： 12 000瓶
最佳年份： 1945，1947，1950，1961，1966，1971，1975，1982，1985，1989，1990，2000，2005。

1961年：柏林墙动工修建。加加林成为人类历史上第一个进入宇宙的人。法国著名作家塞利纳逝世。

修道院红颜容是波尔多地区最大的酒庄之一，酿造出来的酒质有时比红颜容(奥比昂)酒庄还要略胜一筹。庄园中现存佳酿无数，而这瓶修道院红颜容1961堪称"众酒之王"，此酒丰厚浓烈，含有丰富的单宁，果香四射，存放时间可长达50年之久。帕克给此酒打出100/100之高分。迈克尔·布罗德班特评定此酒为最高级别五星级，并给出了这样的酒评："酒香出众，男人的选择！"此酒无疑会给男性气质增分不少。

1995年的某一天，我应朋友亚历克斯·德克鲁埃之邀前往索洛涅地区，我这个朋友是一个十足的享乐主义者，热衷于各种有趣的事情和品酒，尤其是波尔多葡萄酒，正是他让我发现了罗曼尼康帝庄园的6种葡萄酒之间的微妙差别。晚饭时，他拿出一瓶1961年份的修道院红颜容。闻之，酒香脱俗，夹杂着香料、雪茄、桑果和越橘的芳香，品之，酒体丰满、醇和，给人以奢华之感。我顿时爱上它了，遗憾的是我酒窖中没有收藏。于是亚历克斯笑着对我说："我酒窖中倒是有一瓶，珍藏版的，如果你比我更渴望拥有它，那明天给你。"我也不知道自己是不是非常渴望拥有它，几个月后，在那个朋友的劝说下，我彻底拜服在修道院1961的魅力下，并以"朋友价"买下了它。修道院红颜容原来是一个教会区，其中的哥特式小教堂特点鲜明。酒庄在18世纪就已闻名遐迩，如今，这里生产的葡萄酒已经是波尔多地区价格不菲的10种酒之一。菲海出版社(Le Féret)在1868年出版的葡萄酒书籍中曾写道：纽约和新奥尔良的美国人们太业余了。庄园在大革命时期几易其主，直到1920年被沃尔特纳家族购买下，并妥善经营，酒庄才开始声名远扬。1983年，红颜容酒庄买下沃尔特纳家族下3家名庄：修道院、其邻庄拉图以及Le Vignoble Blanc de Laville。作为一个品牌，拉图红颜容如今已经消失了，酒庄现在努力打造副牌酒"修道院红颜容"。据悉，红颜容酒庄于1935年被一个会说法语的美国人克拉伦斯·狄龙买下，如今是卢森堡王子罗伯特继承母亲Mouchy公爵夫人在经营这片园子，而Mouchy公爵夫人正是当年买下红颜容的克拉伦斯·狄龙的孙女。我品尝的该酒庄最好的葡萄酒是1975和2000。

> "此酒丰厚浓烈，含有丰富的单宁，果香四射，存放时间可长达50年之久。"

Magnum Château La Mission-Haut-Brion 1961
1.5升装修道院红颜容 1961年

产区：法国，波尔多，格拉夫(Graves)，1986年以后称佩萨克·莱奥尼昂(Pessac-Léognan)
种植面积：20公顷
葡萄年龄：45年
葡萄品种：50%赤霞珠(Cabernet Sauvignon)，40%美乐(Merlot)，10%品丽珠(Cabernet Franc)
平均产量：80 000瓶
最佳年份：1961，1975，1989。

1961

1961年：肯尼迪当选美国总统。美国作家海明威逝世。铁托主持召开第一次不结盟首脑会议。

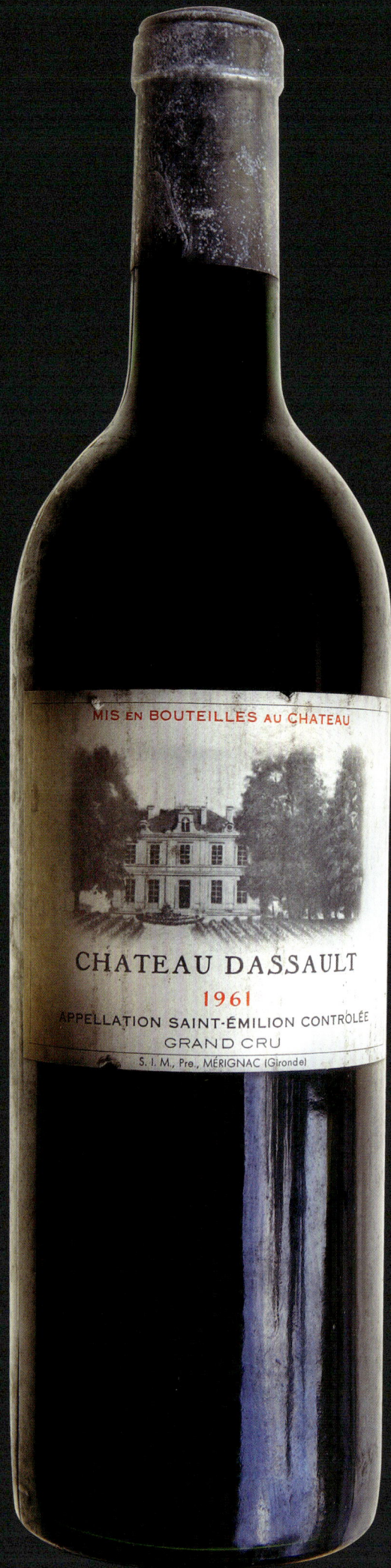

> "精选出的优质葡萄酿制而成，香气芬芳，酒体饱满，单宁醇和诱人。"

马塞尔·达索(Marcel Dassault)先生身上的许多品质都让我十分钦佩，是我学习的楷模。其智慧、坚韧、严谨的性格，使他为人处世尽善尽美。他好奇心强且富于冒险精神，具有责任感，尤为可贵的是，他的为人谦和，平易近人。1963年，我服兵役结束后有幸进入了位于圣－克罗德(Saint-Cloud)的达索飞机制造公司。为了能够达成晋升的愿望，我开始从小的职位做起。我是从P1级锅

匠开始做起的，后来变成P2、P3级，再后来我还学习制图，最终，我成为了一名P4级技术员，终于开始负责"幻影式"轰炸机的出口工作，直到1989年辞职。期间，我有幸见证了法国轰炸机发展史上的辉煌时代，从用硬铝做材料的"幻影式三"轰炸机，发展到用合成材料制造的轰炸机。

为了能让前来参观飞机制造厂的客人们同时领略世界知名地区酒库的风采，达索先生购买了库佩瑞酒庄(Château Couperie)，并用自己的名字重新命名。圣－艾美利葡萄酒产区在著名酿酒师米歇尔·罗兰的指导下酿出招牌酒，声名远扬。该地区葡萄酒精选优质葡萄而成，香气佳，酒体饱满，丹宁醇和诱人。

一次劳伦斯·达索，马塞尔·达索先生的小儿子，邀请我去其圣－艾美利的庄园中做客，并将他庄园中仅存的一瓶酿制于1961年的达索堡葡萄酒赠予了我，这让我万分感激。

飞机制造者马塞尔·达索，葡萄酒的忠实爱好者，他曾是库佩瑞酒堡(Château Couperie)的拥有者，后改名为达索堡(Château Dassault)。

Château Dassault 1961
达索堡 1961年

产区：
法国，波尔多，圣－艾美利列级名庄
种植面积： 24公顷
葡萄树龄： 35年
葡萄品种： 65%美乐(Merlot)，30%品丽珠(Cabernet Franc)，5%赤霞珠(Cabernet Sauvignon)
酒庄最佳年份： 1959，1961，1982，1990，2000，2001，2005。
我所品尝过该酒庄的最佳年份： 1959年，遗憾的是在庄园中已无库存。

1961年：戴高乐将军重掌政权。世界自然基金会成立。

GAJA

BARBARESCO

DENOMINAZIONE DI ORIGINE CONTROLLATA
IMBOTTIGLIATO DALL'AZIENDA AGRICOLA
GAJA DI ANGELO GAJA - BARBARESCO - ITALIA

VENDEMMIA
1961

ALCOHOL 14% BY VOLUME

750 ML
BOTTLED BY GAJA, BARBARESCO, ITALY

"层次丰富，口感强劲，醇厚的口感，这些葡萄酒可存放长达30年。"

我认识安杰洛·嘉雅先生(Angelo Gaja)已经超过20年了，每次在世界葡萄酒博览会(Vinexpo)与他见面交谈，都令我非常的愉快。在酒展上，他就是皮埃蒙特(Piémont)地区各大葡萄酒生产商中的明星。他代表着第五代葡萄种植者，他公司旗下所生产的葡萄酒一直保持着较高的品质。他的魅力，他对市场的感知度，他对葡萄酒品质的严格要求，为他带来了国际上的声誉。"一瓶好的葡萄酒必须经过如手工艺术品和雕塑品般的精细酿造，并时刻保持其高贵的质感"，

这位著名葡萄品种内比奥罗(Nebbiolo)的忠实保护者说。厚实的单宁，很好的复杂度和平衡感，并保持着高贵的质感，葡萄酒在这里找到了最适合自己的土壤。在皮埃蒙特产区，嘉雅先生向我介绍他们所使用的法国橡木桶，以及在酿造过程中，在一些葡萄酒中混合的法国特有的赤霞珠品种(Cabernet Sauvignon)。

我所购买的第一批嘉雅庄园(Gaja)所生产的葡萄酒是1988年巴巴莱斯克(Barbaresco)产区的歌雅·提丁南庄园(Sori Tildin)，罗斯海岸庄园(Costa Russi)和圣洛伦索庄园(Sori San Lorenzo)。另外，我很荣幸有机会购买到年份极佳的1997年嘉雅庄园的葡萄酒，而那一年的生产量仅限12 000瓶。

嘉雅庄园的葡萄酒充满着浆果、梅子、甘草和矿物质的香气，同时伴随着新橡木所散发出的香草气息。层次丰富，口感强劲，醇厚的口感，这些葡萄酒可存放长达30年。

在我百种出色葡萄酒的甄选中，我不能

忘记庄园主安杰洛·嘉雅先生，他曾经推荐给我一款具有代表性的陈酿。这款酒虽然是在意大利生产，却拥有法国勃艮第地区(Bourgone)葡萄酒的特点。这款酒的酒瓶非常特别，并且不容易获得，它只存在于20世纪50年代的法国波尔多地区。非常偶然的机会，在嘉雅(Gaja)家族150周年纪念晚会上，嘉雅先生(Angelo Gaja)笑着送给我这瓶嘉雅家族珍藏的著名的1961年巴巴莱斯克葡萄酒，这瓶酒被列入《1859—2009奢侈品》名录，我至今还记得他送我时脸上豪爽的笑容。从1994年起，在每两年一届的世界葡萄酒博览会上，我便有幸和安杰洛一起品尝嘉雅庄园的葡萄酒，他拥有丰富细致的葡萄酒品鉴知识，每次与他一起品酒，我都能获得更多关于葡萄酒的知识。我所品尝到的嘉雅庄园最好的葡萄酒是其旗下歌雅·提丁南庄园，罗斯海岸庄园和圣洛伦索庄园1997年份的葡萄酒。当然，2001年份的嘉雅庄园葡萄酒也是非常不错的选择。

Barbaresco，Angelo Gaja 1961
巴巴莱斯克，安杰洛·嘉雅 1961年

产地：意大利，皮埃蒙特(Piémont)地区，巴巴莱斯克(Barbaresco)
葡萄园面积：100公顷 [巴巴莱斯克(Barbaresco)产区和巴罗洛(Barolo)产区的总和]
葡萄品种：95%的内比奥罗(Nebbiolo)和5%的巴贝拉(Barbera)
葡萄藤平均年龄：25年
产量：较低
平均生产量：60 000瓶巴巴莱斯克(Barbaresco)。嘉雅庄园(Gaja)还在朗格(Langhe)产区购买葡萄酿制葡萄酒。这片产区面积较大，却拥有者同等高质量的葡萄。
最佳年份：1961.

皮埃蒙特(Piémont)地区葡萄酒生产者
安杰洛·嘉雅(Angelo Gaja)。

1961年：甲壳虫乐队首次登台演出。古巴反政府武装猪湾登陆失败。古巴宣布建立社会主义制度。

艾米达吉产区(Hermitage)的葡萄酒一直以来都被归类为法国的一级好酒行列，并且经常在波尔多酒年份不佳时，用来弥补市场的需求；而且"Hermitage"已成为品酒时用来形容葡萄酒的一个形容词。当人们说这酒"Hermitage"时，就是指这款酒反映出艾米达吉产区的特色。在19世纪著名葡萄酒产地的地图里，朱利安(Jullien)曾经拟出一个简短的一级红酒名单，里面包含了勃艮第产区的17个不同风土条件酒庄，11个波尔多酒堡，9个艾米达吉庄园 [其中4个是拉夏贝尔(La Chapelle)、伯尔尼(Beaumes)、雷姆黑(Les Murets)、雷迪欧涅(Les Diognères)] 以及其他2个目前在地图上已经消失无踪的地名。

我曾在一个距离艾米达吉葡萄园仅有几公里之遥的一个名为La Roche-de-Glun的城市多次遇见吉哈·贾布雷先生(Gérard Jaboulet)。每次见面，他总是免不了来一场令人印象深刻的品酒会，并且一定伴随着这

> **"它已经被列入全球12大好酒的其中一支，这使得它的价值被推高到峰顶。"**

支活泼丰富的名酒出场。

在1992年，贾布雷先生说他已将几箱1990年份为我特别保留下来，他认为这个年份将会和1961年一样，有着不凡的表现。而后我要求酒庄将这些1990年份为我灌入1.5公升的大瓶装，以利长久窖藏。

另外，1961年份已经被列入全球12大好酒之一，这使得它的价值被推高到峰顶：一箱6瓶装的葡萄酒已经被卖到10万美金之高。这支酒非常浓缩，但仍年轻：散发着香料、梨子、烟熏烧烤、洋李、梅子、桑葚和黑加仑汁等香气，并具有久久不散之尾韵。根据酒评家帕克所述，这是20世纪最伟大的酒之一，并且给予多达20多次的100/100的高分。

我正好有幸得到几瓶1961年份并且将它们和我二十几年前购入的1947年份并排收藏。但其实由于这几年这些名酒庄的酒价被过度推升，我还没有机会品饮1961年的葡萄酒，但是在我所尝过的二十几个年份当中，我最喜欢1978和1990年份。

Hermitage La Chapelle，Jaboulet 1961&1947
贾布雷家族，小教堂 1961年&1947年

法定产区：法国隆河艾米达吉产区(Hermitage)

精选种植在贝撒尔德(Bessards)，乐梅亚乐(Le Méal)，雷呼古勒(Les Rocoules)，乐格菲尔(Les Greffieux)区块约21公顷葡萄园

葡萄品种：西拉(Syrah)

平均树龄：50年

平均产量：每公顷3 500公升，每年约80 000瓶

1961：被杂志《葡萄酒观察家》(Wine Spectator)评为20世纪12大珍酿之一

酒庄最佳年份：1929，1937，1947，1961，1978，1989，1990，2003.

1961年：国际特赦组织成立。巴黎发生因阿尔及利亚独立起义引起的种族大屠杀。

这个属于罗斯柴尔德男爵家族的酒庄被出色地经营着，并在每年都酿造出能与著名的柏图斯(Petrus)酒庄红酒相媲美的佳酿。作为庄园的经营者，杜卡丝(Ducasse)女士有着坚强的性格，并总是充满着旺盛的精力，已经有90岁高龄的她却仍然每天穿梭在庄园里，始终没有停歇她酿造优质红酒的步伐。

乐王吉尔堡，威登庄园(Vieux Château Certan)，拉康斯雍酒庄(La Conseillante)，花堡(Lafleur)和克里奈教堂堡(L'Eglise Clinet)都是我最钟爱的波美侯产区的几个酒庄。乐王吉尔堡所在的这片土地位于柏图斯庄园和白马庄(Cheval Blanc)中间的位置，土壤主要由沙砾和黏土组成，这就决定了酒庄酿出的红酒酒色浑厚，回味无穷。在1970至1980年间，当波尔多产区的红酒价格还处在非常低迷的阶段的时候，我曾几次品尝过1947和1950年份的酒，那时我就被这种奇妙超群的品质以及丰富的口感彻底征服了。

我只收藏有一瓶1961年份的乐王吉尔堡酒，这也是我整个藏酒中最珍贵的葡萄酒之

"我只收藏有一瓶1961年份的乐王吉尔堡酒，这也是我整个藏酒中最珍贵的葡萄酒之一。"

一。让我们来读一段来自罗伯特·帕克在品鉴此酒后对它所做的描述："这瓶1961年份的酒散发出一股非常浓郁的咖啡的味道，并有柔和的蜜制黑色浆果的香气，更有些许奶油核桃仁以及松露的独特香气。它糖浆似的酒体结构，丰厚的质感，浓郁的口感以及浓稠的酒痕，都是那样的精彩，让人难以置信。"因此，十多年来，我总是以有幸能从一位极其热衷波尔图红酒的、富有的英国收藏家那里得到这瓶1961年份的酒而觉得无比的骄傲！

Château L'Evangile 1961
乐王吉尔堡 1961年

产地：法国波尔多，波美侯
葡萄园占地面积：14公顷
葡萄品种：78%美乐(Merlot)，22%品丽珠(Cabernet Franc)
葡萄藤平均年龄：35年
年均产量：20 000瓶
最佳年份：1947，1961，1975，1982，1985，1990，1998，2000，2005。

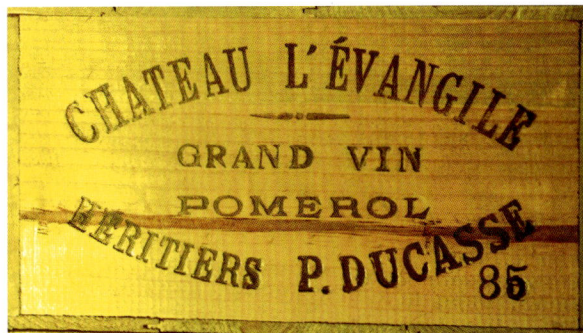

1961年：法国导演弗朗索瓦·特吕弗导演影片《朱尔与吉姆》。欧洲实施共同农业政策。

这是一座自17世纪以来最负盛名的葡萄庄园，并在一个世纪以后成为当时最早被入瓶灌装的佳酿。另外，当时进入市场的最悠久的波尔多产区的红酒就是拉菲堡1784和1787这两个年份的葡萄酒，而在当时出使凡尔赛宫的"年轻的美利坚合众国"的大使托马斯·杰斐逊的鼎力帮助下，这两种酒更是一跃成为了享誉国际的名酒。在1717年的伦敦，一些拉菲酒曾作为一艘英籍海盗船的战利品的一部分被进行高价拍卖。之后，由于路易十五国王对拉菲酒的无限赞赏而被当时的人们美称其为"国王用酒"。一瓶1878年份的拉菲酒在因储存不当酒塞不慎落入酒液中以前，曾以16万美元被高价拍卖，这个价格堪称世界范围内酒类拍卖场中的顶尖价格。在1855年时，拉菲酒被列在一级酒庄名单的首位，排在拉图庄园和玛歌庄园之前。在将近一个世纪的时间里，1868年份的拉菲曾是当时售价最高的期酒。如今，要想再找到一些在1800至1900年间酿制的、拥有绝妙品质的拉菲酒，似乎也还不是那么的困难，而也正是这些年份的酒充分显示了其能够成为卓越酿酒的潜质。

葡萄园遍布在厚厚的沙砾层上，其中一小部分与圣爱斯泰夫产区的另一部分相互重合，而重合的这部分葡萄园被例外地划分到了波亚克产区的范围中去了。庄园中葡萄藤的平均年龄都比较长，株体非常矮小，且产量相对较低，尤其是拉菲庄的副牌酒卡罗德(Carruades de Lafite)的产量更是不尽如人意。1985年份的每个酒瓶上都被装饰了一个哈雷彗星的标志，而1999年份的酒瓶则被赋予了一个精致的日食的象征符号。自1996年以后，每一个酒瓶都被打上了拉菲酒庄的印章。拉菲庄的酒闻起来总是会有一股来自土壤物质并有金属感的矿物香气，并伴有黑加仑子、甘草、桑葚、李子、焦糖、香草、雪松等的芳香。入口后芳香醇厚，浓郁且雅致，虽然没有拉图庄酒那么厚实，但拥有柔和口感的同时也能感受到一丝坚实。至于这瓶无与伦比的1959年份的拉菲酒，被认为是整个世纪拉菲酒中最杰出的年份酒，比1961年份酒更加优良，更负美誉。此酒诞生于盖伊·德·罗斯柴尔德的私人酒库之中，他曾是一位善良和蔼，宽容慷慨的人，我曾在

"入口后芳香醇厚，浓郁且雅致，虽然没有拉图庄酒那么厚实，但拥有柔和口感的同时也能感受到一丝坚实。"

2005年的时候有幸参观了他的酒库。我是在米歇尔·贝塔尼(Michel Bettane，法国著名葡萄酒评论家)的伴随下第一次也是唯一一次品尝这款拉菲酒：它在陈化过程中贮藏了非常丰富的松露、灌木、黑浆果、黑加仑子以及佐香的味道。入口即感到如天鹅绒一般柔和的单宁，但却仍有一丝强劲的感觉，还有一份与众不同的质感。它是那样的芳香浓郁，如果将它再继续封存20年，我想那酒香与味道定是不言而喻了。

拉菲·罗斯柴尔德庄园

Château Lafite-Rothschild 1959
拉菲·罗斯柴尔德庄园 1959年

产地及等级： 法国波尔多，波亚克，一级酒庄
葡萄园占地面积： 90公顷
葡萄品种： 70%赤霞珠(Cabernet Sauvignon)，20%美乐(Merlot)，5%品丽珠(Cabernet Franc)，5%小维多(Petit Verdot)
葡萄藤平均年龄： 45年
年均产量： 250 000瓶
最佳年份： 1852，1848，1870，1899，1929，1959，1982，1986，1996，2000，2005。

1959年：卡斯特罗掌握古巴政权。阿拉斯加成为美国的第49个州。著名演员杰拉尔·菲利普逝世。

这款教皇新堡原产地庄园的神秘红酒能有现今的美誉，全部要归功于雅克·海诺(Jacques Reynaud)的辛勤付出，他于1997年去世，享年72岁。在我眼中，他和波美侯产区花堡的亨利·伯诺(Henri Bonneau)和罗宾(Robin)小姐一样，都可以称得上是一代传奇人物。雅克·海诺是一位极富才学的智者，他是那样地迷恋着各地的美食，也曾经是那些价格不菲的奢侈皮鞋的热衷者！与世界上其他传统的亦或是汲取了现代酿酒工艺的葡萄种植者不同的是，他能从自己所种植的葡萄中酿造出独一无二、品质上乘的美酒。雅克·海诺不是很爱说话，喜欢别人把他当做一个居住在红色细砂土壤上的酒堡中的隐士。当人们远道前来拜会他和他的酒堡的时候，雅克·海诺却从远远的地方就开始打量这些刚刚登上酒库台阶的来访者们，用他那看起来不经意但却又十分机警的眼神来回应他们，以尽量避免无礼者的闯入。后来，是他的侄子艾玛·海诺将他的高品质的酿酒工艺传承了下来，这使得他酿制出的一些较为年轻的譬如2003、2005和2007年份的酒，也都像那些久远的陈酿一样优秀。

与坐落在遍布卵石地之上的那些葡萄园不同，拉雅葡萄园位于一片林中空地之上，

"这片葡萄田仿佛变成了黑歌海娜的化身。"

这片林地是路易斯·海诺(Louis Reynaud)在1922年的时候栽种的，之后，他便在北部山坡里具有石灰质地的、细腻的粘土上种下了一片葡萄植株。这片葡萄田仿佛变成了黑歌海娜的化身，酿出的拉雅红酒则有别于教皇新堡酒区的其他品种：由于此地区中有一个相对较凉的小气候，它影响了葡萄的成熟发展，因此酿成后的红酒非常的细腻，并伴有樱桃、黑加仑子、德国樱桃酒、甘草、野草莓、欧洲越橘的香味，柔和得可以与波美侯产区的酒相媲美，可口怡人，醇厚浓郁。尤其是1989和1990两个年份的酒，更是醇厚丰富，恰到好处的单宁，后味绵长而愉悦。一些久远的年份酒现在已经几乎找不到了，但令人意外的是，有一次我在La Beaugravière à Mondragon餐厅用餐的时候，那里的厨师长盖尔·朱利安(Guy Jullien)带我参观了他的酒窖，那里封存着一组令人惊叹的拉雅酒堡红酒，我也有幸得到了一瓶1959年份的极品酒。

Château Rayas 1959
拉雅堡 1959年

产地及等级：法国罗纳河谷，教皇新堡原产地
葡萄园占地面积：8公顷
葡萄品种：红歌海娜(Grenache en Rouge)，白克莱雷(Clairette en Blanc)
葡萄藤平均年龄：35年
年均产量：12 000瓶Rayas红酒
最佳年份：1959, 1961, 1978, 1989, 1990, 1995, 1998, 2003, 2005.

1959年：欧洲共同市场建立。美剧《宾虚》上映。巴斯克分裂运动。第一次拍摄月球背面照片。

LEROY
1959
Grands-Echezeaux
Grand Cru
Appellation Contrôlée
Mis en bouteille par
LEROY
Négociants à Auxey-Meursault
PRODUCT OF FRANCE
75 cl

拉鲁·比泽－勒鲁瓦女皇(Bize-Leroy)是勃艮第(Bourgogne)地区的一位大人物，我是在20世纪80年代的时候开始了解她的酿酒哲学，那时的她作为罗曼尼康帝酒庄(Romanée-Conti)的合伙人之一开始负责酒庄红酒的宣传。当时的报刊经常发表她对勒鲁瓦酒的一系列赞美性的品鉴评论。勒鲁瓦庄园(Leroy)转型成为了一个酿制有机葡萄酒

> "这是一款从没有经过过滤，适合长时间陈放的佳酿，颜色深邃，丰盈醇厚，有黑森林水果味，佐香，李子，欧洲越橘，以及桧果等香味。"

的庄园，年产量不是很多，只是因为它是勃艮第地区价格最昂贵的美酒之一，而经常遭到他人的嫉妒与批评。但它确实是一款从没有经过过滤，适合长时间陈放的佳酿：颜色深邃，丰盈醇厚，有黑森林水果味、佐香、李子、欧洲越橘以及桧果等香味。与相对稀有的慕西妮酒有些类似。勒鲁瓦入口非常细腻，酒体丝滑，并伴有樱桃、覆盆子、紫罗兰以及红色浆果的一些香气。

酒庄有一些产量极少的珍酿，但那高昂的价格却让我望而却步，随后我又因为没能多购买收藏一些维森－罗曼尼(年产量300—600瓶)、慕西妮(年产量600—900瓶)或李奇堡(年产量1 000—2 500瓶)而感到无比的懊恼。在二战结束后的那几年里，我千方百计渴望找到一瓶罗曼尼·圣维望。在我看来，仅凭这瓶酒就能充分体现勒鲁瓦女士的作风，但是却无功而返。而我却在一个信奉伊壁鸠鲁学说的朋友那里寻觅到了一瓶1959年份的大依瑟索，在这个年份期间，勒鲁瓦庄园已经开始酿制勃艮第顶级庄园酒，它也是那个时期人人讲究排场，讲究奢华的一段记忆。作为交换，我不得已转让了自己珍藏的一瓶1959年份的柏图斯庄，不过幸好那不是我唯一的一瓶。

Grands Echezeaux，Leroy 1959
大依瑟索，勒鲁瓦 1959年

产地及等级：法国勃艮第，顶级庄酒大依瑟索
葡萄园占地面积：9.13公顷(其中包括大约15个葡萄园)
葡萄品种：黑皮诺(Pinot Noir)
葡萄藤平均年龄：60年
年均产量：25 000瓶
最佳年份：1990, 1993, 1995, 1999, 2002, 2003, 2005.

1959年：著名建筑师法兰克·洛伊·莱特逝世。中国农村发生大饥荒。签署《南极条约》。

MOSEL · SAAR · RUWER

1959er
Wehlener Sonnenuhr
Trockenbeerenauslese
ORIGINAL-KELLERABFÜLLUNG
WACHSTUM JOH. JOS. PRÜM, WEHLEN/MOSEL

布，但是地势却十分的陡峭，其中60%的葡萄藤都栽种在斜坡上，这就需要卷扬机的鼎力相助来完成葡萄的采摘工作。

普鲁酒庄园区中的雷司令(Riesling)会被灌入容量为1 000升的传统大桶中陈酿，这种葡萄品种酿出的酒被认为是德国的顶级酒。庄园里产量最稀少的要算是枯萄酒，即使是在相对高产的年份里，它的产量也不超过300瓶，而在1990那一年，产量只有极少的100升。再有就是Eiswein，它是一款冰酒，是由11月末甚至在12月初这个时间段，工人在早上6点时就进园采摘下来的葡萄酿制而成的，每年的产量只有300到400瓶，每瓶的容量为375毫升。这两款白葡萄酒很受人们的追捧，也经常成为拍卖行中的明星酒。这款酒在酒龄相对较年轻的时候品尝，就像享受美食一样，令人百尝不厌，闻

上去有种浓厚的新鲜蜂蜜的香气，而且还散发出木瓜、百香果以及芒果的味道。这款枯萄酒拥有所有美好的品质：浓厚微稠，滑腻如丝，丰富饱满，清爽柔和，回味无穷。这"琼浆玉液"我仅仅品尝过五六次，只因为它高昂的价格(每瓶370毫升售价在500至1 000欧元)实在让人难以企及。

我有幸从庄园里得到了这瓶1959年份的枯萄酒，它曾是那个特殊年份的代表样品。品鉴专家Pierre Casamayor和米歇尔·道瓦斯(Michel Dovaz)曾对这款酒做了以下的评价："这是一款令人陶醉的完美佳酿，有着桃花心木色的酒裙，焙烧焦香的味道沁人心脾，由于采用贵腐霉的雷司令品种酿成，酒中果脯的甜蜜味道更加浓重，恰到好处的一丝酸度更是使人联想到那些小小的红色浆果的味道。"

在众多的德国顶级酒当中，Egon Müller、Herman Dönnhof以及Robert Weil，尤其是普鲁(Johann Joseph Prüm)庄园酒，都是我的挚爱。Manfred Prüm 总是把一句话挂在嘴边：一瓶顶级酒是通过它本身浓香醇厚的特质以给人无限的愉悦。尽管这类酒的酒精浓度不是很高，但它毕竟具备能够长久封存的潜质。整个葡萄园位于莫泽河(Moselle)不远处的地方，环绕在Bernkastel村庄的四周，园中土壤有些干涸，成片状分

"它闻上去有种浓厚的新鲜蜂蜜的香气，而且还散发出木瓜、百香果以及芒果的味道。这款枯萄酒拥有所有美好的品质：浓厚微稠，滑腻如丝，丰富饱满，清爽柔和，回味无穷。"

Trockenbeerenauslese, Joh. Jos. Prüm 1959
普鲁酒庄，枯萄精选 1959年

产地及等级： 德国，莫泽-萨尔-卢文(Moselle-Sarre-Ruwer)，贝恩卡斯特(Bernkastel)
葡萄园占地面积： 17公顷
葡萄品种： 雷司令(Riesling)
葡萄藤平均年龄： 50年，从未经过嫁接
年均产量： 10 000瓶
最佳年份： 1949, 1959, 1971, 1976, 1983, 1994, 1997, 2001.

1959年：世界第一台商用复印机问世。赫鲁晓夫访美。

每当人们提起意大利碧安帝-山迪庄园(Biondi-Santi)的时候，总是马上就想到了庄园的代表名酒蒙塔奇诺·布鲁尼洛(Brunello di Monalcino)，它也是意大利最有名的葡萄品种之一，是在1880年间经碧安帝-山迪先生(Ferruccio Biondi-Santi)之手从一种叫做桑娇维赛(Sangiovese)的品种克隆出来的另一新品种；这个桑娇维赛也是酿制意大利著名的西昂蒂(Chianti)葡萄酒的主要葡萄品

加柯波(Jacopo)一起经营着这座酒庄。他们的一款珍藏级Riserva酒是由上好的、从寿命长达25年的葡萄藤上收获的葡萄酿制而成的，而且要像以前的布鲁尼洛(Brunello)一样在酒桶中陈酿4年之久。这个与尼鲁肖(Nielluccio)相近的葡萄品种结出的果实不大，且皮厚，这也就是它为什么能酿出一款具有似石榴般的红宝石色，且入口回味无穷的佳酿的原因了。要想品尝这款酒，就一定

一瓶酒庄1955年出产的年份酒，它也被认为是产量极少的意大利顶级葡萄酒之一。我在走访了米兰的贝克(Peck)、佛罗伦萨的Pinchiorri等地的一些意大利名庄之后，仍然毫无收获，只是找到了一些品相略差或是酒标已经几近发霉的存酒。在这之后，我的朋友在2002年结识了一位名叫罗伯特·罗西(Roberto Rossi)的人，并得知他继承了约有150瓶碧安帝-山迪庄园的酒，其中年份最久的是1945年出产的，也包括众所周知的1955的年份酒。由于罗西先生本人滴酒不沾，而对1955年份酒又没有什么特殊的兴趣，我才有机会从他众多的收藏中购买到了这瓶心仪已久的珍酿。这瓶酒被认为是20世纪意大利托斯卡纳大区(Toscana)出产的顶级珍品之一，但最终我还是没有舍得打开品尝它，又因为它是稀有的珍品，我也没能够从其他渠道获得一些对于该酒的品鉴评论。酒庄曾把它列为顶级年份酒，并描述了该酒的特质：香气浓郁，香草味道尤其突出，酒体丰厚，酒精浓度较高，口感清淡而微妙，平衡协调，回味持久，令人流连忘返。

> **"这个与尼鲁肖(Nielluccio)相近的葡萄品种结出的果实不大，且皮厚，这也就是它为什么能酿出一款具有似石榴般的红宝石色，且入口回味无穷的佳酿的原因了。"**

种。庄园的葡萄田被建在了一片干涸的小山丘之上，位于蒙塔奇诺(Montalcino)的一个名叫加列斯托(Galestro)的小镇上，田中的土壤由黏土质的泥灰岩组成。碧安帝-山迪先生的祖父在年轻的时候就已经开始打理这片葡萄园了。1891年以后，酒庄逐渐被人们所熟知，直到今天，富兰克·碧安帝-山迪(Franco Biondi-Santi)仍然和他的儿子

要有耐心：传统的酿制方法，捎带干涩口感，一如既往的单宁和恰到好处的果度使得这款珍藏级Riserva能够封存长达50年之久，尽管它的产量只占酒庄总产量的20%。不过，能够拥有在被存储50年后仍旧保持优秀品质的葡萄酒，这在意大利本国的其他酒庄里也是少之又少的。

我曾经在漫长的10年时间中只为寻找

Brunello di Montalcino，Biondi-Santi 1955
碧安帝－山迪庄，蒙塔奇诺·布鲁尼洛 1955年

产地及等级：意大利，蒙塔奇诺·布鲁尼洛(Brunello di Montalcino)
葡萄园占地面积：12公顷
葡萄藤平均年龄：30年，最长达到80年
葡萄品种：布鲁尼洛(Brunello)[大桑娇维赛(Sangiovese Grosso)是桑娇维赛(Sangiovese)的一个分支品种]，被《葡萄酒观察家》(Wine Spectator)评为20世纪12大珍酿之一
最佳年份：1945，1955，1964，1982，1995，2001.

1955年：华沙条约组织建立。雪铁龙DS款轿车问世。法国为阿尔及利亚战争招收大批预备役军人。物理学家爱因斯坦逝世。

穆萨酒庄是伽斯通·浩沙(Gaston Hochar)先生在1930年创建的，酒庄位于海拔1 000米以上的黎巴嫩贝卡谷(Bekaa)葡萄产区中。随后，其子瑟奇(Serge)在1959年继承了酒庄的经营事务并将之发扬光大，他曾被一本英国酒类杂志*Decanter*推举为该年的"年度人物"。在每年举办的国际葡萄酒及烈酒展览会上，我都会光顾瑟奇的展台，只是一心希望品尝他亲手酿制的名酒。对于前来参观的内行人士，他还会拿出几瓶随行带来的白葡萄酒来招待他们，并对他们说："我的白葡萄酒比我的红葡萄酒更优秀！"

从1984年开始，我就逐渐对国外葡萄酒产生了浓厚的兴趣。我收藏了产自南非、澳大利亚、智力等国的各类葡萄酒，其中就有几瓶来自黎巴嫩穆萨酒庄(Musar)产于1981和1982的年份酒。有一些人曾经问过我："我们法国出产的葡萄酒琳琅满目，种类繁多，你又想从国外那些葡萄酒中探寻些什么呢？"我的理由是：黎巴嫩的葡萄酒酿造历史可以追溯到7 000年以前，这从当地腓尼基人绘制的巨幅壁画中可以找到隐约的线索。从那以后，该地的葡萄酒贸易也经提尔(Tyr)港口逐渐对外发展开来。

历史上，黎巴嫩国内曾持续了长达16年的战乱冲突，但瑟奇却从没有中断自己热爱的酿酒事业，他表现得就像什么事情都没有发生过一样，甚至有时候怀着被迫穿梭在枪

"穆萨庄酒天生就被赋予了陈酿的潜质，它绝对经得住空气中氧气的侵蚀，这让其他的葡萄酒都望尘莫及。这种酒在当年葡萄收获灌装酿成7年之后才被投入市场。而在品尝之余，更给人一种全新的感受。"

林弹雨中的无奈，也要开着卡车将葡萄原汁及时运到酿酒库中去。穆萨庄酒天生就被赋予了陈酿的潜质，它绝对经得住空气中氧气的侵蚀，这让其他的葡萄酒都望尘莫及。这种酒在当年葡萄收获灌装酿成7年之后才被投入市场。而在品尝之余，更给人一种全新的感受：扑鼻的佐香味道，有时还能捕捉到一丝香脂和皮革的气味，入口即能感到其完整的酒体结构，香气久久在口中回旋，意犹未尽。如今，瑟齐·浩沙的儿子伽斯通接手了这座家族式庄园，他向我提起了庄园酿制的几款非常出名的年份酒，其中包括1959、1964、1972年份的红葡萄酒以及1954和1964年份的白葡萄酒。伽斯通一直打算将一瓶1954年产的年份酒快递给我，这是他祖父亲手酿制的葡萄酒，远近闻名，因此绝对有资格被编入此书。

Château Musar 1954
穆萨酒庄 1954年

产地及等级：黎巴嫩，贝卡谷
葡萄园占地面积：180公顷
葡萄品种：
酿制红葡萄酒的品种：赤霞珠(Cabernet Sauvigion)，神索(Cinsault)，佳丽酿(Carignan)，歌海娜(Grenache)，幕尔韦德(Mourvèdre)
酿制白葡萄酒的品种(这两种都是黎巴嫩本土的葡萄品种)：敖拜德(Obeideh)，默华(Merwah)
葡萄藤平均年龄：50年
年均产量：300 000瓶
最佳年份：1954，1959，1964，1969，1972，1977，1995．

1954

1954年：法国在莫边府战役中战败。老挝、柬埔寨及越南成立。

SORTA:
GRAŠEVINA

BERBA:
1948. g.

Proizvedeno, odnjegovano, čuvano i
punjeno u vinskoj arhivi
Kutjevačkog podruma

SAMO ZA VAS
KOJI CIJENITE VINA

这款白葡萄酒是出自克罗地亚一个名叫Kutjevo的酒庄，这个酒庄最早是由西多修道会的修士于1232年建成的，它是克罗地亚历史最悠久的酒庄之一。酒庄的葡萄园坐落在一片海拔250到300米的高地上，同时酿造红、白两种葡萄酒，主要的葡萄品种有雷司令、莎当尼、白皮诺、黑皮诺、苏维翁、美乐，还有我将要主要介绍的一个品种：格拉斯维纳(Grasevina)，通常也被人们称作"意大利的雷司令"。我对这个在国际上都非常出名的酒庄早已有所耳闻，它曾多次在萨格勒布(南斯拉夫)或布鲁塞尔举办的葡萄酒大赛中获得金质奖章。Turkovic家族在1882年的时候接管这个酒庄，并一直将它经

营至1945年。之后该国进入社会党执政的时期，在这段时间里已经几乎找不到年份久远的陈酿，但在这个庄园里依然储存着被人们称作是"Wine Archive"的70 000瓶美酒，而1947年灌装的酒则成为了这批珍藏中最久远的年份酒。就像摩尔多瓦地区的Movia酒庄和乌克兰马桑德拉酒庄的葡萄酒一样，Kutjevo酒庄的每瓶藏酒都充满了神秘的色彩。该庄园在2004年的时候被转型为私营化酒庄，也是在同一时期，我有幸在克罗地亚结识了一位顶级法餐厨师Stephan Macchi先生，他专门为那些富有的家族提供高超的餐点服务。在我的再三恳求下，他成功地说服了酒庄的负责人，这样我才能如愿以偿地得到了这瓶1948年份的格拉斯维纳。这是一瓶极具地区代表性的半干白葡萄酒，它逃脱了战争的劫难与巴尔干半岛地区的混乱与骚动，被保存至今。

这款酒是选用晚采摘型的葡萄酿制而成的，酒精浓度为12.9，并含有17克的存留糖分，酸度达到5.1克每升。此酒被长时间发酵陈酿，又因为被妥善地储存在中世纪的酒窖中，所以可以始终保持其清爽的口感。它也是我的多国藏酒中最稀有的一瓶佳酿。

"此酒被长时间发酵陈酿，又因为被妥善地储存在中世纪的酒窖中，所以可以始终保持其清爽的口感。它也是我的多国藏酒中最稀有的一瓶佳酿。"

Grasevina 1948
格拉斯维纳 1948年

产地及等级： 克罗地亚(南斯拉夫时期)
葡萄品种：
格拉斯维纳(Grasevina)，也被称为
"Welschriesling"或"意大利的雷司令"
葡萄藤平均年龄： 60年
年均产量： 产量极少
最佳年份： 这些酒就像被隐藏的秘密一样少有机会被人们品鉴，所以没有人能做出一些什么评价。

战前的试酒工具，来自于波罗的海地区。

1948年：联合国大会通过《世界人权宣言》。以色列正式宣布建国。

Anno 1947.

Tokaji Esszencia

Mise en bouteille par
Tokajhegyaljai Állami Gazdaság
Borkombinát
Sátoraljaújhely

50 cl

> "艾森斯亚甜酒在与空气中的氧气充分接触后，散发出浓郁的核桃和果脯的香气，清新怡人。"

作家伏尔泰(Voltaire)曾这样描述匈牙利的托卡伊甜酒(Tokay)："它能将活力注入我大脑中每一根再细小不过的纤维组织中去，再次点燃我心灵最深处精神世界动人的激情，让我不禁心情愉悦起来"。而从第一次世界大战爆发以来，如此赫赫有名的佳酿却几乎被历史的大潮所淹没。

直到1985年，戴安妮(Dionis)公司才将匈牙利本土酿制的一些托卡伊甜酒重新推向市场。而在被人们熟知以前，我就当机立断将品质最为上乘的几瓶揽入了囊中，其中就包括5瓶产量极少的沙罗什帕塔克酒庄(Sarospatak)1947年份的艾森斯亚甜酒。每瓶容量为50毫升，被包装在一个木质的小盒子里，盒子的边缘还环有匈牙利国旗颜色的丝带用以装饰点缀。值得强调的是，托卡伊的艾森斯亚甜酒是用感染了贵腐霉菌的葡萄酿制而成的，葡萄从葡萄梗上分离下来后放入一个半矛容量大小的大桶中(矛：muid，法国古时称量酒的量制，各地并无统一标准，巴黎地区称量酒类物品每矛约合286公升)，桶底被凿出一个小孔以便葡萄汁流出。由于重力的作用，虽然没经过压榨的环节，葡萄汁也从小孔中一滴一滴地流出，全部被收集起来。此款酒的含糖量高达每升600至800克，酒精浓度却只有1到2度，入口有些油质的感觉，并有一丝香料的焦香

味。在旧社会制度时期，它曾被认为是有助延年益寿的一种饮品，是圣彼得堡的沙皇和奥地利的国王们餐桌上的常备用酒，价格也因此升级成为天文数字。我也为我自己在2041年100岁生日那天保留了这样一瓶"蜂王浆"。

我曾有幸品尝过几口托卡伊艾森斯亚甜酒，这种酒现在已经非常少见了。但托卡伊的阿苏酒(Aszù)却还是不难找到的，酒的含糖量为3至6普托优(Puttonyo，原意为采收贵腐葡萄用的容器，后成为匈牙利用来计算酒中含糖量的单位)，用混合在一起的葡萄粒自身相互挤压渗出的葡萄汁，之后再加入一定量正常发酵的干白葡萄酒或汁，再次发酵而成（25千克的葡萄汁，加入136升的干白，可酿制1普托优的甜酒）。

艾森斯亚甜酒在与空气中的氧气充分接触后，散发出浓郁的核桃和果脯的香气，清新怡人。

葡萄园坐落在海拔高度为500米的托卡伊山上，这里本是一座火山，地表被沉积的火山岩层层覆盖。我在不同的进口商那里总共品尝过50多次共计5至6普托优的甜酒。以1985年当时的行情，一瓶5普托优的甜酒售价为50法郎，而这瓶1947年份的艾森斯亚甜酒也只花了我800法郎，这完全是我对葡萄酒的浓厚兴趣促成了这桩上好的买卖。

Tokay de Hongrie Eszencia 1947
匈牙利托卡伊，艾森斯亚甜酒 1947年

产地及等级：匈牙利，托卡伊(Tokay)
葡萄品种：芙勒明特(Furmint)和哈勒斯莱维露(Harslevelü)
年均产量：每年只出产有限的几升
最佳年份：1900，1903，1947，1972，1975，1983.

1947

1947年：共产党被法国政府排除之外。载有犹太难民的Exodus号驶向耶路撒冷。第一架超音速飞机诞生。康提基号出航。

此酒被《葡萄酒观察家》（*Wine Spectator*）评为12大珍酿之一。白马庄(Cheval Blanc)是两大圣－艾美利(Saint-Émilion)酒区一等特级酒庄A级庄园之一，在2000年欧颂庄园(Château Ausone)被列为同等级另一酒庄以前，白马庄(Cheval Blanc)酒占据着圣－艾美利酒区顶级酒的位置。白马庄酒比较醇烈，香味丰富，酒体厚实，是以特殊的方法陈酿而成，在品尝之前须倒入醒酒器中搁置片刻。1832年，飞卓酒庄(Figeac)将一部分葡萄园卖给了弗戈－罗沙克(Fourcaud-Laussac)家族，从那时起这个家族就一直掌管着白马庄的经营事务，100多年之后，于1998年转手卖给了贝尔纳·阿诺(Bernard Arnault)和阿尔贝·弗赫(Albert Frère)。雅克·埃布拉(Jacques Hébrard)是庄园的经理，也是合伙人之一，他曾在1975年的时候向我透露：当你每次见到一瓶1947年份的白马庄酒的时候，都不要错过它！因为它至少还能再被珍藏50年！很长时间以前，我就知晓1921和1947年份酒的品质是最为上乘的，因此在那段时期选购葡萄酒的时候，我每年都要去德鲁奥(Drouot)买上2、3瓶，每瓶售价为1 500法郎，这在当时可是一个不菲的价格，但却很少有人了解它的潜在价值，终有一天，它会与闻名的木桐庄1945年份酒一样神秘。我购

买了7瓶这个年份的酒，其中一瓶被我送到了酒庄进行重新封瓶时，我这才有机会一品此酒的风采。它的品相仍旧很好，使我

难以忘怀。

罗伯特·帕克在他编撰的《波尔多葡萄酒名录》中写道："这瓶1947年份的酒是那样的完美，极其细腻，香气丰满复杂，是整个世界最杰出的葡萄酒之一。在我品尝了这瓶上好的1947年份的酒以后，才意识到能够成为品酒师是我一生最幸运的事情。"我还收藏了6瓶波特酒，人们经常将这两种酒相提并论。我在将近10年的时间里，只为寻觅一瓶1.5升装的1947年份的白马庄酒来丰富我的收藏，但很少能碰到一瓶完美无缺的，也就是说品相和来源俱佳的。1999年，我终于找到这样一瓶让我心仪已久的珍酿，那时的价格还没有昂贵到让人高不可攀，也没有那么多的赝品在市场上大行其道。我曾结识了一位老者，他

在圣－艾美利地区拥有一个酒窖，那里有一些他珍藏了50年的1.5升的大瓶装酒，而他从没有试图去开启它，我因此用18瓶1975

"我曾结识了一位老者，他在圣－艾美利地区拥有一个酒窖，那里有一些他珍藏了50年的1.5升的大瓶装酒，而他却从没有试图去开启它，我因此用18瓶1975年份的白马庄酒换取了他一瓶1.5升的大瓶装酒。"

年份的白马庄酒换取了他一瓶1.5升的大瓶装酒。他曾从酒庄一次性直接购买了12瓶1.5升装酒，每瓶的价格为500法郎，约合13欧。他的父亲曾经与弗戈·罗沙克家族非常熟识，他说："我们每年都会购买整整一橡木桶的白马庄酒，我们还和当时的一些一心进口顶级酒的比利时人相互竞争购买。我们购买的储存在橡木桶中的酒，被分别灌装在1.5升、750毫升以及375毫升3种规格的瓶中。白马庄酒是我父亲的唯一选择，每餐饭都要饮用半瓶之多，这也是他能活到90岁高龄的原因吧。"在2008年，这瓶1.5升大瓶装的酒在美国的售价已经高达2万美金。这也是世界范围内极其稀少的好酒，它的原产地经过严格认证，毫无疑问是在原酒庄灌装而成。

Magnum Château Cheval Blanc 1947
1.5升装白马庄园 1947年

产地及等级： 法国波尔多，圣－艾美利(Saint-Émilion)产区，一级特等酒庄
葡萄园占地面积： 36公顷
葡萄品种： 65%品丽珠(Cabernet Franc)，34%美乐(Merlot)，1%马尔贝克(Malbec)
葡萄藤平均年龄： 40年
年均产量： 100 000瓶
最佳年份： 1921，1947，1964，1982，2000.

CHEVAL-BLANC

1947年：飞碟坠毁事件。美国中央情报局成立。迪奥推出New look系列。犹太裔意大利小说家出版《如果这是一个人》。

罗宾(Robin)姐妹:特海丝和玛丽,以及她们的母亲(左一)

在我曾经经常光顾的一些拍卖会上,注意到总是有一位先生不惜重金追捧购买顶级葡萄酒。我暗自琢磨,莫非这就是我那些每年作为佃租收缴来的3 000瓶费迪克奈堡(Château Feytit-Clinet)葡萄酒的潜在买家?我决定找个机会和他谈一谈,向他推荐一下我的这些藏酒。他爽快地答应下来,说:"好吧,那就请运送4箱到南戴尔(Nanterre)吧,我的名字是杰瑞·布朗斯(Jerry Brace)。"

8天之后,我把那几箱酒送到了他指定的地点。他对葡萄酒简直近乎到了痴迷的程度,不光当场就邀请我分享了几款他的藏品,而且在我临走的时候,还特意赠送给我一瓶与我同岁的1941年份的白马庄(Cheval Blanc)酒。之后我们又在德鲁奥(Drouot)再次不期而遇,肩并肩地坐着聊了许久。在1987年的一次拍卖会上,我看中了一瓶极为罕见的1.5升装的1947年份的花堡酒,当时的起拍价为8 000法郎,我将价格抬到了8 200法郎。令人意外的是,杰瑞·布朗斯竟毫不犹豫地对我说:"我和您一样想得到它,并且出多少钱我都不会在乎,所以就不要和我竞争了,我会邀请您一同品尝这瓶酒的。"最后,他以9 000法郎的价格将它收入囊中。

3个月后,我受邀坐在了他家的餐桌前,而放在我面前的,正是这瓶珍贵的佳酿,当然还有其他一些好酒,例如1945年份的木桐庄酒,1947年份的拉图庄酒等。

22年后的今天,那酒的香味仍使我记忆犹新。我想,如果是我成功竞拍到了这瓶酒,我很有可能永远也不会将它打开品尝。罗伯特·帕克在品尝了此酒之后被感动得泪流满面,他写道:"品后此酒,会让你沉默不语,陶醉其中。酒体颜色深暗,甚至比同年份出产的柏图斯庄(Petrus)和白马庄酒有过之而无不及。我要给它评100分:深邃的酒裙,在与酒杯接触的边缘显现出微弱的琥珀色,这让人想到了具有同样特质的波特酒。香气丰富,清新爽朗,让人难以置信,悠长的余味能在口中停留1分钟之多,浓缩了水果的味道一层又一层地覆盖着我的味蕾。它就好像是这座规模不大、但却无限美好的葡萄庄园的精粹。"

我在后来的日子里再没能收藏到一瓶货真价实的1947年份的花堡大瓶装酒,因为它的数量极为稀少,而15 000到20 000欧元的价格也令人望而生畏,并且市场中还充斥着不少赝品。但我时常还面对着带回来的那个空空如也的酒瓶浮想联翩,想象着当时品尝它的那一刻,叫我难以忘怀。在我所品尝过的花堡各年份的葡萄酒中,我最为钟爱的就是1961、1975、1982和1990年份出产的酒。

Magnum Château Lafleur 1947
1.5升装花堡 1947年

产地及等级:法国波尔多,波美侯
葡萄园占地面积:4.6公顷
葡萄品种:50%美乐(Merlot),65%品丽珠(Cabernet Franc)
葡萄藤平均年龄:30年
年均产量:12 000瓶
最佳年份:1945, 1947, 1950, 1961, 1966, 1971, 1975, 1982, 1985, 1989, 1990, 2000, 2005.

1947年:印度宣告独立。巴勒斯坦分裂。加缪出版长篇记事小说《鼠疫》。发现死海古卷。

葡萄酒的价格在1980年代还不是很高的，我曾经以每瓶250法郎的价格购买了两瓶卓龙庄园1945年份酒，约合每瓶40欧元，而一瓶柏图斯庄园1982年份的酒也只花费了我250法郎！卓龙庄园1945年份酒是一

> "卓龙庄酒就像是一种'运动饮料'，闻之醇香，品之厚实，入口滑腻，丰盈圆润。"

款超乎寻常且极为稀有的佳酿，罗伯特·帕克这样评价它："色泽深邃，单宁尤其丰厚，这种酒就像一种浓缩而丰富的萃液，令人感叹它的品质。我还没有找到合适的机会将其中的哪一瓶开封品尝，我要等到2021年，也就是我80岁生日的那一天，开启一瓶，与我的儿孙共同分享。"

除了柏图斯庄酒，我还尤其珍爱的波美侯产区的另外两款酒就是花堡和卓龙酒庄

的酒了。我收藏了300瓶卓龙庄酒，其中包括一些上好的年份，例如1961和1998酿制的年份酒。这些酒自1953年以来，一直属于让－皮埃尔·莫意克(Jean-Pierre Moueix)公司所有。此酒细腻丝滑，给人以愉悦的感觉。在近几年的上好的年份酒中，闻之会有一丝醋栗、黑樱桃、甘草、桑葚以及黑加仑子的香气，而相对久远一些的优秀年份酒中，则会夹杂有摩卡咖啡、松露和焦糖的香芬。相对年轻的酒的酒裙会映现出红宝石或红石榴的颜色，入口浓厚，单宁较重但巧妙地融化在酒中。而年份相对久远的红酒酒裙透着李子干的色泽，与酒杯接触的边缘显现琥珀之色。卓龙庄酒就像是一种"运动饮料"，闻之醇香，品之厚实，入口滑腻，丰盈圆润。

在品尝过1971年份酒后，我还先后品尝了20多个其他不同年份的同种酒，其中包括我最喜爱的1982年出产的卓龙庄酒，后味持久，酒体肥腻覆盖味蕾，那种感觉令我不禁想到了祖母用红浆与黑浆水果混合熬制的果酱。

Château Trotanoy 1945
卓龙酒庄 1945年

产地及等级：法国波尔多，波美侯
葡萄园占地面积：7公顷
葡萄品种：90%美乐(Merlot)，10%品丽珠(Cabernet Franc)
葡萄藤平均年龄：35年
年均产量：20 000瓶
最佳年份：1945、1961、1970、1975、1982、1990、1995、1998、2000、2005。

卓龙酒庄1961年的酒标。

1945

1945年：雅尔塔会议召开。盟军轰炸德累斯顿。美国总统罗斯福逝世。

天堂的钥匙，柏图斯酒庄木箱上的钥匙。

柏图斯庄(Petrus)的葡萄酒是波美侯酒区甚至是波尔多大区价格最昂贵的美酒。葡萄园建在波美侯产区靠近中部的地方，那里的土壤由黑色黏土组成，独一无二。这样的土壤培育出来的葡萄粒较小，果肉汁呈黑色且极为浓缩。柏图斯庄酒与罗曼尼康帝庄(Romanée-Conti)酒一并被认为是世界上最为神秘的两种酒。这也多亏了来自法国科雷兹省的让-皮埃尔·莫意克(Jean-Pierre Moueix)的宣传，它才成为人们竞相追逐的名酒。这款深受追捧的葡萄酒似乎将整个产区葡萄酒的品质都带向了一个更高的层次。此酒酒裙深沉，散发出浓厚的红色及黑色浆果、桑葚、樱桃、黑加仑子、甘草、焦糖、巧克力以及松露的香气。酒体丰富、肥硕、浓稠，入口醇厚，甚至有些黏稠。一些优秀年份的酒的香气可在口中停留1分钟之多。

我有幸收藏了从1941年份至今的75个不同年份的柏图斯庄酒，而这其中可以称得上是顶级酒的有：1961、1971、1982、1989、1990、1998、2000、2005

"酒体丰富、肥硕、浓稠，入口醇厚，甚至有些黏稠。一些优秀年份的酒的香气可在口中停留1分钟之多。"

年份的1.5升大瓶装酒，还有7瓶6升大瓶装(Impériale，相当于8瓶普通酒瓶的容量)(1985、1988、1989、1995、2005、2006、2007)。在2008年的伦敦，人们仍然能以20 000欧元相对较低的价格购买到一瓶1945年份的1.5升装柏图斯酒，尽管当年的产量不是很高，酒的年龄也不是很长，但它却能被继续保存至少20年。罗伯特·帕克曾写道："此酒入口，就好像在品尝美乐(Merlot)的精华。"它虽然没有1947年份酒那样被尽人皆知，但是产量却更少于1947年份酒。这两款不同年份的酒代表了两种迥异的风格：1947年份酒较丰腴，且异国风味十足，略显女性娇柔气质，而1945年份酒则单宁感较强，微显棱角，男性阳刚之感无处不在。在我的收藏中唯一缺少的，也正是我梦寐以求的就是1921年份的1.5升大瓶装酒，它也同样是柏图斯庄酒传奇故事的缔造者让-皮埃尔·莫意克最钟爱的年份酒之一。在我品尝过的30几个不同年份的柏图斯庄酒中，我最欣赏的年份有：1950、1971、1982和1990，而我也在等待机会一睹我从未品尝过的1961年份酒的风采。

Magnum Petrus 1945&1947
1.5升装柏图斯庄 1945年&1947年

产地及等级： 法国波尔多，波美侯
庄园经营者： 让-弗郎索瓦·莫意克(Jean-Francois Moueix)，酿酒师是奥力弗·柏图艾(Olivier Berrouet)
葡萄园占地面积： 11.5公顷
葡萄品种： 95％美乐(Merlot)，5％品丽珠(Cabernet Franc)(不经常使用)
葡萄藤平均年龄： 40年
年均产量： 30 000瓶
最佳年份： 1921，1945，1947，1950，1961，1982，1989，1990，1998，2000，2005.

1945年：《乱世佳人》上映。第一支圆珠笔诞生。处决墨索里尼。法国罗曼尼康帝酒区大面积拔除葡萄藤。

奥比昂酒庄

奥比昂酒庄于1500年由让·德·波塔克 (Jean de Pontac)创建，酒庄的葡萄酒被认为是波尔多格拉夫(Grave)酒区顶级的红酒。这里的红酒似乎更具延年益寿的功效，创建者波塔克就是因为常饮此酒，成为当地101岁高龄的老寿星，令人称奇。后来，奥比昂酒庄的葡萄酒成为当时美国驻法国大使托马斯·杰斐逊(Thomas Jefferson)阁下最喜爱的红酒之一，他曾经购买了无数箱1784年份的奥比昂酒庄和1787年份的伊甘酒庄(Château d'Yquem)的葡萄酒。

在1855年巴黎世博会上，一些波尔多的葡萄酒经纪人(酒庄与酒商之间的联系人)曾试图把奥比昂酒庄列入梅多克酒区的一级特等酒庄范围内，但不管怎样，格拉夫产区与梅多克产区中间被城市波尔多隔在了两边，经纪人们的建议因此没被采纳。奥比昂酒庄现由卢森堡侯贝王子罗伯特(Robert)掌管经营。

奥比昂酒庄的葡萄酒与其他酒类与众不同的地方就在于它的雅致和那能给品尝者带来愉悦感受的酒体结构，相比其他一级酒庄的葡萄酒也更加柔和。

由于奥比昂酒庄葡萄酒中美乐 (Merlot)占了相对较大的比重，所以酿出的酒颜色火红，纯度较高，浓厚且香气十足，

常伴有黑加仑子、李子、樱桃、甘草、烟草以及少许泥土的味道，这也正是格拉夫产区葡萄酒特有的标志性味道。

1989年份出产的酒是奥比昂酒庄酿酒史中的经典之作，它具有所有顶级酒具备的特质，奢华夺目，令人惊叹并给人留下深刻的

> "由于奥比昂酒庄葡萄酒中美乐 (Merlot)占了相对较大的比重，所以酿出的酒颜色火红，纯度较高。"

印象，甚至能被继续珍藏至2050年！这是我近20年来品尝过的最优秀的葡萄酒之一，凭借我对葡萄酒市场"灵敏的嗅觉"，我于当时购买了一箱12瓶普通装和6瓶1.5升大瓶装该年份的葡萄酒，而大瓶装每瓶的价格仅为300法郎。

我还有幸收藏了两瓶1945年份酒。在经过酒庄酿酒师波塔乐(Portal)重新封瓶后几近完美，新瓶塞可以支撑到2050年而不会变质。从1990年以后的每年里，我都会来到奥比昂酒庄，在酿酒师的陪伴下品尝那里的红或白葡萄酒；也是经过他的介绍，我认识另外一位奥比昂酒庄的超级热衷者，在他的收藏中，有17瓶1945年份酒和3箱1961年份酒，我也因此有机会用两瓶1947年份的拉图庄酒换取了他两瓶1945年份的奥比昂酒。

Château Haut-Brion 1945
奥比昂酒庄 1945年

产地及等级：法国波尔多，格拉夫，自1986年起产自佩萨克·莱奥尼昂 (Péssac-Léognan)

葡萄园占地面积：43公顷

葡萄品种：44%赤霞珠(Cabernet Sauvignon)，42%美乐(Merlot)，14%品丽珠(Cabernet Franc)

葡萄藤平均年龄：40年

年均产量：150 000瓶

最佳年份：1859, 1875, 1900, 1929, 1945, 1959, 1961, 1982, 1989, 1990, 2000, 2005.

1945年：纳粹德国投降。希特勒在柏林自杀。美国向日本广岛和长崎投放原子弹。盟军占领德国。

"它被认为是木桐酒庄有史以来最顶级的酿酒，产量仅仅只有2 091瓶，灌装规格为1.5升。"

资深品酒师迈克尔·布罗德班特（Michaël Broadbent）一生品尝过7 000余种葡萄酒，并分别给每瓶酒评价打分，其中只有1945年份的木桐庄酒得到了7颗星的最高分，而罗伯特·帕克也给它评了满分100分，它被认为是木桐酒庄有史以来顶级的酒，产量仅仅只有2 091瓶，灌装规格为1.5升。这是一款带有传奇色彩的美酒，其特有的品质表现在它那深红色的酒裙和复杂多样的香气：佐香、桉树、生姜、香脂混合的气味，再加上入口时，内涵丰富，稍有粘稠之感，余味绵长，令人在品尝一段时间之后仍然对其记忆犹新。

1945年，法国解放，这恰巧也是木桐庄葡萄酒的最佳年份之一。酒庄的主人菲利普·罗斯柴尔德（Philippe de Rothschild）男爵委托青年画家菲利普·朱利安（Philippe

Jullian）帮忙绘制酒瓶标签，自此以后，不少有名的艺术家都相继为庄园的酒瓶设计了酒签。葡萄酒收藏者们也争先恐后地开始收藏贴有让·雨果（Jean Hugo, 1946），布拉克（Braque, 1955），达利（Dali, 1958），阿雷钦斯基（Alechinsky, 1966），米罗（Miro, 1969），毕加索（Picasso, 1973），苏拉齐（Soulages, 1976），德尔沃（Delvaux, 1985），培根（Bacon, 1990），巴尔蒂斯（Balthus, 1993），萨维尼亚克（Savignac, 1999）等画家亲笔设计的酒签的葡萄酒了。这就是为什么一些并不很优秀的但产量不多的年份酒被人争相追捧的原因了。价钱最昂贵的就要算是1945年酿制的年份酒了，由于价格可观，市场上的一些赝品也随之猖獗起来，当时一瓶1.5升装木桐酒的售价为20 000欧元。菲利普·罗斯柴尔德于1988年去世，其女菲利普娜（Philippine）凭借过人的才干接手了酒庄的经营并修建了一座葡萄酒博物馆。

1985年时，我在德鲁奥（Drouot）结识了一位葡萄酒收藏家，我用一瓶1946年份的木桐酒换取了他这瓶1945年份的1.5升装酒。在那个时期，两瓶酒的价格不相上下，但从那以后，1946年份酒的价格有所下滑，而1945年份的酒的价格却相反有了大幅度的提升。

Magnum Château Mouton-Rothschild 1945
1.5升装木桐·罗斯柴尔德酒庄 1945年

产地及等级：法国波尔多，波亚克，1855年评级为二等列级酒庄，自1973年晋升为一等列级酒庄
葡萄园占地面积：80公顷
葡萄品种：77%赤霞珠（Cabernet Sauvignon），11%美乐（Merlot），10%品丽珠（Cabernet Franc），2%小维多（Petit Verdot）
葡萄藤平均年龄：48年
年均产量：300 000瓶
最佳年份：1945, 1959, 1961, 1982, 1986, 2000, 2005.
我最钟爱的年份：1961, 1982, 1986.

1945年：联合国成立。法国贝当元帅接受审判。法国著名哲学家萨特提出"存在主义"。法国葡萄产区产量不高，但年份极好。

时光退回到2006年，我来到了乌克兰的雅尔塔(Yalta)，那里的女孩们是那样的美丽，气候是那样的纯净，整个城市充满了异国气息，尤其是出自克里米亚半岛的利口甜葡萄酒，成为生活中的一些小小的奇迹。

住处观赏一张纪念雅尔塔会议的明信片。这次会议是3位国家首脑罗斯福、斯大林、丘吉尔于1945年2月4日至11日在雅尔塔举行的对战后世界格局的形成产生深远影响的会议。瓦第姆建议我收集一瓶1945年份的马桑德拉麝香葡萄酒以丰富我的收藏，最后他对我说道："我觉得您非常的友善，也很热爱收藏，加之您对之前那200瓶波美侯产区的酒给了我相对优惠的价格，我就此决定送给您一瓶1945年份的麝香酒，聊表心意。我们明天就一起去购买。"

"入口味道丰富，强劲，让人感觉像是完全来自另一个世界的复杂的滋味。其与众不同的特质还在于含有一丝木瓜酱、大枣、番木瓜和焦糖相互混合的特殊香气。"

一天傍晚，在奥林达(Orienda)酒店里的吧台前，一位年龄在40岁上下的客人引起了我的注意，他正在小口斟饮着一杯人头马(Rémy Martin)路易十三干邑葡萄酒，一杯欲止，又添一杯。好家伙，那样一小杯仅有30毫升的酒的价格就有300欧元啊！我随后用俄语和他攀谈起来，可他却用流利的法语来回答我。就这样，我结识了这位名叫瓦第姆·贝利科弗(Vadim Beliakov)的先生，他在莫斯科的奢侈化妆品行业里工作，并在巴黎拥有一套自己的住宅。在交谈中，我们才发现我们对葡萄酒有着共同的爱好。我向他介绍了我的费迪克奈堡(Château Feytit-Clinet)藏酒，他便立刻向我预定了其中的200瓶，之后他又邀请我去他的

我因此将这瓶颇具历史意义的麝香葡萄酒和那张明信片一并带回到了我的酒窖中，瓦第姆也从此成为我最要好的朋友。之后，在马桑德拉酒庄举行的一次品酒会上，主人邀请了来自克里米亚的达官贵人，我也在被邀请之列，酒庄的经理波依克先生(Boïko)借此机会与我们一同分享了这款麝香葡萄酒。

此酒入杯，呈桃花心木色泽，闻之异国风味扑鼻，香气复杂多变，入口味道丰富，强劲，让人感觉像是完全来自另一个世界的复杂的滋味。其与众不同的特质还在于含有一丝木瓜酱、大枣、番木瓜和焦糖相互混合的特殊香气，这些香气使人流连忘返，酒体本身丰厚的质感更决定了它还可以被继续珍藏至少50年之久。

Muscat de Massandra 1945
马桑德拉麝香葡萄酒 1945年

产地及等级：乌克兰，克里米亚(苏维埃社会主义共和国联盟时期)
葡萄品种：麝香(Muscat)
葡萄园占地面积：100公顷
葡萄藤平均年龄：60年
年均产量：100 000瓶
最佳年份：1934, 1937, 1938, 1950, 1966, 1968, 1972, 1975, 1994, 1997, 2000.

丘吉尔、罗斯福和斯大林于1945年在雅尔塔会议上。

1945年：法国妇女获得选举权。纽伦堡审判开始。戴高乐被推选为临时政府主席。

在亨利·博诺(Henri Bonneau)先生的私人酒窖中，3瓶1942年份的瑟勒斯汀(Célestins)静静地躺在一个布满灰尘的小角落里，瓶身上覆盖着密密麻麻的蜘蛛网。一个人说道：把它们取出来吧，这几瓶酒在那里沉睡了太长时间，但不管怎样，其中至少此感到非常欣慰。之后，他决定把第3瓶也送给我，和那瓶经过重新封装的第2瓶酒一样，我如获至宝。要知道，这几瓶酒都是由他的父亲马塞尔(Marcel)亲手酿制的。

我有幸从亨利·博诺那里收获了好几箱他收藏的上好的年份酒，这款瑟勒斯汀珍藏酒就是早在1667年创立建成的教皇新堡酿制出产的最优秀的葡萄酒。这是一款不同寻常的好酒，酒体厚实，强劲有力，结构感强，单宁适中，醇厚浓郁，是教皇新堡颇具代表性的浓粹，闻上去有烤肉、胡椒、松露、佐料、侧柏、熏衣草、樱桃的混合香气，入口后尾韵悠长。而1990年份的1瓶"特别珍藏"则超越了我所品尝过的教皇新堡的其他所有美酒。能同亨利·博诺一起在他的厨房中或是在他那摆满了几乎变黑了的橡木桶的小酒窖中品尝美酒，神秘之感不言而喻。我结识这位纯朴而又热情的先生已经有十多年了，而我们又都曾经在阿尔及利亚战争中服役工程兵，有那么一刹那，我们恍然明白过来，正是这相似的经历，才把我们两人的关系又拉近了。他仿佛来自另外一个时代，很爱开玩笑，甚至有些过分，拥有法国南部居民特有的和善和难以模仿的口音。他还是一位垂钓爱好者和高雅的享乐主义者，深知如何将快乐与他人分享。

> "这款瑟勒斯汀珍藏酒是教皇新堡酿制出产的最优秀的葡萄酒。这是一款不同寻常的好酒，酒体厚实，强劲有力，结构感强，单宁适中，醇厚浓郁。"

有一瓶是没有变质的！确实如此。我们将第1瓶酒的瓶塞小心翼翼地拔了出来，酒瓶中立刻散发出来混合了凋零的玫瑰花、松露、香熏辛料以及灌木的复杂香气。酒裙略呈现瓦灰色，清澈有光泽，使人觉得它的酒龄其实还很年轻。酒体肥腻，口感丰盈醇厚，余香绵长，并混合有李子干、烤制杏仁和一股特殊的腐殖土壤的味道。随后，我们又将第2瓶打开，品质如初。品鉴过后，亨利·博诺将先前已经打开的第一瓶中的酒少量加入到了第2瓶中，并盖好酒塞，把整瓶酒递到我面前说："卡瑟耶，把它带回去，放到你的珍酿博物馆中去吧。"因为他知道，我会很好地将它保存在我的红酒天堂里，他也对

Châteauneuf-du-Pape，Célestins，Henri Bonneau 1942
亨利·宝诺酒庄
教皇新堡瑟勒斯汀珍藏 1942年

产地及等级： 法国罗纳河谷，教皇新堡
葡萄园占地面积： 6公顷。教皇新堡最优秀的区域是克罗(Crau)，整个区域被小卵石覆盖，那里90%的葡萄品种为歌海娜(Grenache)。
葡萄藤平均年龄： 40年
年均产量： 9 000瓶
最佳年份： 1978，1989，1990，1998，2001，2005.

这枚徽章象征罗马教皇，圣皮埃尔钥匙下的圆冠。它是教皇新堡法定产区的象征。

1942年：《犹太人最终解决方案》。斯大林格勒战役。

"维加西西利亚拥有迷人的完整的酒体结构：酒裙呈深红宝石色，伴有黑加仑子、香料、黑胡椒、烟草、松露、黑色浆果以及香草的混合陈年香气。"

自20世纪初以来，这款产自西班牙的葡萄酒就受到人们的一致追捧。这座葡萄园由董·艾罗·勒冈达·沙瓦先生(Don Eloy Lecanda Chaves)于1864年建造完成，为纪念庄园以前的主人们，因此得名为维加西西利亚(Vega Sicilia)，而并非与意大利的西西里(Sicile)有关。园区占地总面积为1 000公顷，而其中只有250公顷的土地用来种植葡萄。整个葡萄园坐落在海拔约600米的高坡上，土壤呈红色，由黏土和石灰石组成。在将波特山地区域划分之前，斗罗河(Ribera del Duero)将这片卡斯蒂亚斯(Castilian)葡萄园的山丘隔开了。赤霞珠的引进与运用赋予

了与其他所有斗罗河产区酒与众不同的酒体结构，因为在当地已经不允许继续扩充外来葡萄品种的种植面积了。这款酒需要在橡木桶中陈酿3年，之后在酿酒桶中再停留4年，最后灌装封瓶后还要再继续保存3年之后方可开瓶饮用，因此它的后味绵长持久。由于购买者不计其数，因此需要提前预订，且在漫长的等待之后，才能有机会在酒庄如愿以偿买到这款佳酿。这款红酒是由瓦仑布纳(Valbuena)而来，生长于地标冲击层之上，在橡木桶中陈酿两年后，再装瓶保存5年后投入市场，这正像它的名字所指示的一样。Unico Reserva Especial并不是一款年份酒，它是由1970、1985以及1990几种不同年份的酒混合调制而成，Le Lot 25于1999年灌装成瓶。其实，Unico只在个别优秀的年份中出产。维加西西利亚拥有迷人的完整的酒体结构：酒裙呈深红宝石色，伴有黑加仑子、香料、黑胡椒、烟草、松露、黑色浆果以及香草的混合陈年香气。更久远的一些年份酒则散发出焦糖、巧克力或甘草的味道。入口品之，

酸度适中，融化的单宁，细腻悦人，芳香四溢，且强劲有力。维加西西利亚是一款极其优雅、柔软、丰盈，但并不庸俗的美酒。

20世纪80年代时期，在我收藏的第一批葡萄酒中就包括一箱12瓶1968年份的维加西西利亚酒，这一年是较优秀的一年，这些酒仍旧是那样的年轻醇厚，很有被继续保到到2040年的实力。在圣-艾美利的洛朗·达索先生(Laurent Dassault)的家中，我有幸结识了酒庄的负责人帕斯卡·夏多奈先生(Pascal Chatonnet)。碰巧的是，他也极力向我推荐品尝维加西西利亚葡萄酒。

我因此决定去贝拉斗罗酒区一睹它的风采，去看看位于博德加斯(Bodegas)的平古斯(Dominio de Pingus)、佩斯克拉(Pesquera)和阿尔托(Aalto)酒庄，但维加西西利亚酒庄却不是那么轻易能够进入的，我只得空手而归，没能收获那瓶觊觎已久的帕斯卡·夏多奈先生向我提及过的1942年份酒。但几个月之后一天，帕斯卡·夏多奈邀请我一同去奥夏诺酒庄(Haut-Chaigneau)品酒，这是他在拉朗德·波美侯(Lalande Pomerol)户区的一个酒庄，原来这一夜他是为了赠予我这瓶著名的来自于维加西西利亚的佳酿，我有幸品尝的最佳年份有1968、1975和1994。

Vega Sicilia Unico 1942
维加西西利亚"独一珍藏" 1942年

产区：西班牙，斗罗河(Ribera del Duero)产区
葡萄品种：80%坦普拉尼罗(Tempranillo，也可称为Jinto Fino)，20%赤霞珠(Cabernet Sauvignon)
葡萄藤平均年龄：60年
年均产量：30 000瓶－100 000瓶
最佳年份：1942，1962，1966，1968，1970，1975，1985，1989，1990，1994，1998，2004。

1942年：瓜达尔卡纳尔岛争夺战。盟军登陆北非。甘地和尼赫鲁被监禁。

"你好，卡瑟耶先生，我是蒂埃里·布鲁安先生(Thierry Brouin)，我刚刚看到巴黎竞赛报用整整4页的篇幅来介绍您的酒窖，祝贺您啊！"布鲁安先生是勃艮第地区朗贝雷庄园的负责人，我每年都会怀着欣喜的心情去他的酒庄品尝美酒。他接着说道："您难道不知道在我的庄园的酒窖里，也储藏着许多像1937年份酒那样的珍酿么？您的酒窖被赋予了贵族头衔，成为世界上最负盛名的酒窖之一，在您下次光临的时候，我们邀您一起品尝这瓶年份久远的珍酿，以示祝

"我相信过不了几年，朗贝雷庄园酒就会成为世间稀有的佳酿。"

贺。"著名葡萄酒评论家米歇尔·道瓦斯(Michel Dovaz)在品尝此酒后写下这样一段话："战前时期朗贝雷庄园酿制的葡萄酒就像一篇篇难以忘怀的描写勃艮第的精彩的片断。"

在去往朗贝雷庄园的途中，经过莫里－圣－德尼(Morey-Saint-Denis)的时候我顺便取回了几瓶1.5升大瓶装的2005年份酒，在接下来的路上，我便暗自准备了无数条说服

布鲁安先生出让给我一瓶1937年份的朗贝雷庄园酒的理由。布鲁安在酒庄外面微笑着迎接了我，并开门见山地说："亲爱的卡瑟耶先生，我们已经了解了您的来意，您不必浪费口舌了，请放心，我早已为您准备了一瓶，您一会儿就可以将它带回您的葡萄酒博物馆中去了。"天啦，这正是我梦寐以求的愿望啊！在让－弗郎索瓦·巴赞(Jean-François Bazin)编撰的《年份葡萄酒的世纪》(Un Siècle de Millésimes)一书中有以下描述："1937年份的朗贝雷庄园酒就像是亚历山大麝香葡萄的指示标志，没有一丝波纹，光彩夺目，瓶身上的酒签由汉斯(Hansi)设计绘制。美酒入口有如回顾早已逝去却记忆犹新的精彩片断。"我虽然收藏了一瓶同样的酒，但是却始终没有合适的机会品尝它。继朱利(Joly)和罗蒂埃(Rodier)两大家族之后，酒庄再次易主，科松(Cosson)家族在1938年的时候接手了酒庄的经营。由于科松太太坚持拒绝铲除掉那些年龄很长的葡萄藤，酒庄的产量因此逐年下降，1960年份和1980年份的葡萄酒的品质也已经显然不能与罗蒂埃时期的年份酒同日而语了。1979年时，酒庄被阿尔萨斯的萨伊尔兄弟收购，而在1996年又转手出让给了来自科布朗斯(Coblence)的弗兰德(Freund)家族。家族全权委托酿酒师蒂埃里·布鲁安先生采取一切措施使葡萄园复苏起来。拯救行动首先从栽种一部分品质优秀的黑皮诺葡萄藤开始，并且产量控制缩减到每公顷3 000升，最后到葡萄的精挑细选，一丝不苟。我相信过不了几年，朗贝雷庄园酒就会成为世间稀有的佳酿。迈克尔·布罗德班特(Michaël Broadbent)给这款1937年份酒打了4颗星，并评价说："这是一款极其上好的佳酿，其他所有美酒都很难与之匹敌。"

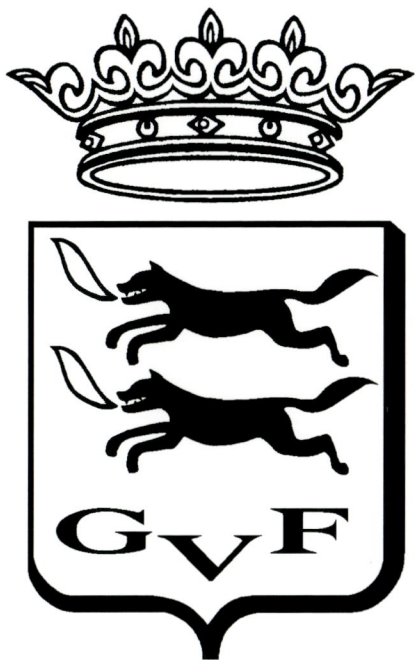

Clos des Lambrays 1937
朗贝雷园 1937年

产地及等级: 法国勃艮第产区，朗贝雷园自1981年被列为特级葡萄园
葡萄园占地面积: 8.7公顷
葡萄品种: 黑皮诺(Pinot Noir)
葡萄藤平均年龄: 40年
年均产量: 30 000至40 000瓶
最佳年份: 1911, 1920, 1923, 1929, 1937, 1945, 1949, 1990, 2002, 2005.

1937年：斯大林发动大清除。日本入侵中国。德意联盟。德国空军轰炸格尔尼卡。

近30年来，我时常来到拉马史酒庄(Lamarche)，特别是到大街园品尝那里的葡萄酒，我尤其喜欢这个庄园的名字。这个袖珍庄园位于特级葡萄园维森－罗曼尼(Vosne-Romanée)园的中间位置，右侧是拉塔希(La Tâche)，左侧为拉罗曼尼(La Romanée)、罗曼尼康帝(La Romanée-Conti)和罗曼尼·圣维旺(La Romanée-Saint-Vivant)。这片葡萄园曾经经常遭到人们的议论与嫉妒，但实际上弗朗索瓦－拉马史(François-Lamarche)在当时继承这片庄园的时候，园内的状况并不容乐观，亟待重新修整，例如要重新修建一个酿酒库，更新原有的酿酒设备与工具等。就这样，大街园葡萄酒的品质在逐渐地回升，到1990年已有明显改观，而1998年份酒的品质则更为上乘，其后的2002、2005和2006年份的酒则每每排在盲品酒会上名列前茅的位置。现在的弗朗索瓦已经把他的事业交付给他的女儿尼古拉(Nicole)和侄女娜塔莉(Nathalie)，这是两位朝气蓬勃的年轻女孩，她们继承了祖先对勃艮第的热爱之情，继承了那里的土地，也继承了早在1395年便在该地区盛行的葡萄品种：黑皮诺(Pinot Noir)。

"清澈的红宝石色，微微的红浆水果的诱人香气，酒体均衡，丝滑细腻中又不失强劲的口感，回味悠长，色泽呈现反光的橙色，这也正是该葡萄品种特有的颜色。"

尼古拉·拉马史抱着追求完美的目的而不懈努力，终于为大街园酿制出一款顶级葡萄酒：清澈的红宝石色，微微的红浆水果的诱人香气，酒体均衡，丝滑细腻中又不失强劲的口感，回味悠长，色泽呈现反光的橙色，这也正是该葡萄品种特有的颜色。

1990年的一天，我带来了一些波美侯酒区的葡萄酒，想以之换取几瓶弗朗索瓦·拉马史收藏的伊塞索(Échézeaux)。正是那次，我在他的私人酒窖里发现并开始注意这瓶1934年份的大街园酒。他只收藏有3瓶，而我每次经过的时候都忍不住多看它们几眼。而到了2005年，就剩下仅仅一瓶了。最终，弗朗索瓦还是将这最后一瓶送给了我，并对我说道："您所做的都是对葡萄酒文化遗产有益的事情。这是最后一瓶了，我们会将它重新封瓶，盖上质量最好的瓶塞。"值得一提的是，这瓶1934年份的大街园酒在勃艮第地区被认为是顶级的年份酒。

La Grande Rue 1934
大街园 1934年

产地及等级： 法国勃艮第，维森－罗曼尼(Vosne-Romanée，一级葡萄园)，自1992年大街园晋级为特级庄园
葡萄园占地面积： 1.65公顷
葡萄品种： 黑皮诺(Pinot Noir)
葡萄藤平均年龄： 40年
年均产量： 6 500瓶
最佳年份： 1934，1949，1959，1969，1978，1990，1993，1999，2002，2005。

1934年：毛泽东领导长征。斯塔维斯基事件。法国发生极右骚乱。

1963年在巴黎布尔热(Bourget)举办的国际航空展览会上，我有幸结识了尤里·加加林先生(Youri Gagarine，太空遨游第一人)，我和他亲切地握手，并得到了他的亲笔签名。出于对他的无限崇敬，我打算赠送给他一瓶1934年份，也就是他出生那一年出产的马桑德拉麝香葡萄酒。能够收获这瓶佳酿，还要感谢陪同我在1999年第2次参观马加拉

超甜葡萄酒都是在这里生产酿制的。麝香葡萄品种繁多，颜色可从白到红甚至是黑色，酿出的葡萄酒也各俱不同：里瓦地亚(Livadia)、马桑德拉(Massandra)、古尔祖夫(Gurzuf)、卡斯特尔(Kastel)、红石(Red Stone)、南海岸(Southcoast)、库纯克－朗拜(Kutchuk-Lambat)、阿卢卡(Alurka)、多利达(Taurida)。荣膺"世界最佳品酒师"称号的奥利佛·伯西埃(Olivier Poussier)曾这样描述1937年份的古尔祖夫：香气复杂，混合了花果茶和香薰的气息，入口有蜂蜡和黄色水果的味道。这瓶陈年葡萄酒及酒中水果干的香气完全可与一瓶陈年的曼德瑞恩·拿破仑(Mandarine Napoléon)相媲美。

> **"出于对尤里·加加林先生的无限崇敬，我打算赠送给他一瓶1934年份，也就是他出生那一年出产的马桑德拉麝香葡萄酒。"**

什(Magaratch)葡萄酒研究院时的随行翻译依莲娜·杜丽什娃(Helena Touricheva)小姐。借这次机会，我还参观了那里容纳着上百万瓶藏酒的大酒窖，这个酒窖好似一个葡萄酒天堂，仅在其中的一条隧道中，就沉睡着600种不同品种共计3万瓶佳酿。

参观结束，我选中了一瓶1968年份的酒将它带了回来，因为尤里·加加林先生就是在这一年故世的。在克里米亚这个葡萄酒的世外桃源中，马桑德拉酒庄酿制的超甜葡萄酒在世界上都是数一数二的。在这片富饶的土壤上，从古希腊时期开始，那里的人们便开始酿制葡萄酒，自此衍变出一套优质的葡萄栽培方法。这里保留着世界各地许多葡萄品种，一些顶级的

加加林先生赠送给我的明信片以及他的亲笔签名。

Muscat de Massandra 1934
马桑德拉麝香葡萄酒 1934年

产地及等级： 乌克兰，克里米亚(苏维埃社会主义共和国联盟时期)
葡萄园占地面积： 100公顷
葡萄品种： 麝香(Muscat)
葡萄藤平均年龄： 60年
年均产量： 100 000瓶
最佳年份： 1930，1934，1937，1938，1950，1966，1972，1975，1994，2000.

1934年：希特勒统治第三帝国。首次发现核分裂反应。阿加莎·克里斯蒂的《东方快车谋杀案》公映。

2004年的一天，依莲娜·杜丽什娃(Helena Touricheva)小姐给我来电话说："米歇尔，一些马桑德拉麝香葡萄酒将要在伦敦苏富比拍卖行(Sotheby's)进行拍卖，价格非常吸引人。马桑德拉酒庄现在急需资金，因为他们需要从软木供应商阿莫林集团(Amorim)那里选购一批瓶塞，用于一批陈酿的重新封瓶。"

马桑德拉酒庄早在1990年时就拍卖了一批葡萄酒，这也是酒庄第一次向西方国家出售它的酿酒。那次2004年的拍卖会上，一瓶1894年的赤霞珠以4 300欧元的高价被人拍走。而另一瓶1775年份的雪利葡萄酒(Xérès)则在2001年时以5万美金的天价出售，创下纪录。我也在拍卖会上购买了几款不同品种的酒：阿利蒂克(Aleatico)、巴斯塔多(Bastardo)、色帕拉维(Separavi)以及红麝香(Muscat Rouge)等。幸运的是，我还收购了一瓶1933年份的卡格瑞(Cagore)，这款酒非常稀有，因为也正是在1933年，此类酒在克里米亚诞生了。

让我们来了解一下卡格瑞酒的来历。这款酒最早产于法国的卡奥尔(Cahors)，与葡萄汁混合在一起加热至60摄氏度酿制完成，曾作为东正教教会的弥撒用酒。皮埃尔·勒格朗(Pierre Le Grand)曾被溃疡之痛整日缠

前苏联雅尔塔的涂漆首饰盒。

身，后饮卡格瑞酒用来治疗，效果显著。之后他便在阿塞拜疆兴建了一片栽种同种葡萄的庄园，交给由来自卡奥尔的葡萄种植者负责打理。这种卡奥尔葡萄是由已在克里米亚的阿宇达格(Ayu-Dag)地区有着2 000年栽种历史的色帕拉维葡萄品种衍变而来的新品种。色帕拉维葡萄酿出的红酒口感浓厚，单宁强劲，酸度适中，与卡奥尔的马尔贝克(Malbec)有些相似。我曾在马桑德拉酒庄品尝过这款1933年份的卡格瑞酒，该酒每升含有180克的糖分，使得16度的酒精浓度微

> "这款酒非常稀有，因为也正是在1933年，此类酒在克里米亚诞生了。"

显浓烈。酒裙略红几近琥珀色，色泽深厚，有着格林多(Corinthe)葡萄的茶叶和烟熏的特殊香气。入口酒体和谐，平衡感尤佳，有如玫瑰花瓣般细致优雅、丝滑如绸，香甜可口，有红浆水果和熟透了的树莓的味道。相对于它的酒龄来说，回味比较绵长，仍然可以再继续陈放好几十年。借此机会，我将卡格瑞酒几个优秀的年份酒都带回了我的酒窖中：1933、1936、1939、1944、1947、1951、1957以及1971。我也因此将马桑德拉酒庄最顶尖的近300个不同品种的葡萄酒收集得一应俱全了。

Cagore de Massandra 1933
马桑德拉卡格瑞葡萄酒 1933年

产地及等级：乌克兰，克里米亚(苏维埃社会主义共和国联盟时期)
葡萄品种：色帕拉维(Separavi)
葡萄藤平均年龄：70年
最佳年份：1933, 1934, 1937, 1938, 1950, 1966, 1972, 1975, 1994, 2000, 2001.

1933年：盖世太保成立。罗斯福新政。美国禁酒令颁布。电影《金刚》上映。

> "香贝丹酒的酒体尤其坚实强壮，入口回味无穷，可长久储存。"

　　在我的酒窖中收藏了勃艮第地区最主要的一些具有代表性的葡萄酒，但唯一缺少的就是二战前香贝丹出产的红酒，这也正是拿破仑最为钟爱的一款葡萄酒。这类酒在目前的市场上已是少之又少，因为在那个时期，很少有酿酒工艺师将葡萄酒灌装成瓶对外销售，然而阿曼·卢梭的祖父却早在1920年开始就积极地将酿制的葡萄酒灌入瓶中以便保存。我曾被邀请至武若庄园(Clos-de-Vougot)参加梅欧-卡慕塞(Méo-Camuzet)庄园建园50周年纪念活动，在那里我结识了一位葡萄酒的热衷爱好者，他尤其对克里米亚的超甜葡萄酒很感兴趣。我因此用我收藏的一瓶马桑德拉酒庄1910年份的白麝香酒(White Muscat)换取了他一瓶1933年份的香贝丹红酒。继阿曼·卢梭之后，他的儿子查尔斯(Charles)更是依靠自己的努力进一步提升了酒园酿制的葡萄酒的美誉，其中包括：吕绍特园(Clos-des-Ruchottes)、圣雅克园(Clos-

Saint-Jacques)、贝日园(Clos-de-Bèze)和格朗·香贝丹园(Grand-Chambertin)。这位杰出的葡萄酒酿造者与亨利·贾伊尔(Henri Jayer)和皮埃尔·拉蒙纳(Pierre Ramonet)一并被公认为是对战前时期的葡萄种植园了如指掌的伟大人物。他们酿出的酒大多保留了黑皮诺的特有品质，保持着其独特的反光的橙色，而并非是现代流行工艺一味追求的黑色酒体。查尔斯的儿子埃里克(Eric)在几年以前接过了父亲的大旗，继续经营酒庄，但老少两辈之间也曾产生了不少的分歧，但最终，父亲丰富的酿酒经验与儿子掌握的现代工艺相结合，终于酿造出非同一般的含有丰富香气，精致细微，柔软如丝的勃艮第地区数一数二的顶级葡萄酒。埃里克酿制的酒高雅奢华，顺滑如绸，酒体丰满、平衡，闻上去有种红色和黑色浆果的混合香气。香贝丹酒的酒体尤其坚实强壮，入口回味无穷，可长久储存。在人们眼中，这位酿酒师朴实无华，爽直并且温文尔雅，惹人喜爱。我非常高兴能在1985年的时候从他父亲那里购买到一整箱12瓶香贝丹酒，而如今疯狂追捧此酒的人不计其数，如果能够收藏几瓶，就已经非常了不起了。

Chambertin, Armand Rousseau 1933
香贝丹，阿曼·卢梭酒庄 1933年

产地及等级： 法国勃艮第，香贝丹特级葡萄园
葡萄园占地面积： 14公顷，其中香贝丹庄占地2.15公顷
葡萄品种： 黑皮诺(Pinot Noir)
葡萄藤平均年龄： 40－45年
年均产量： 8 800瓶
最佳年份： 1933，1937，1945，1949，1959，1978，1990，1996，1999，2002，2003，2005，2006.

1933年：位于委内瑞拉的萨尔托瀑布是世界上最高的自由落体淡水瀑布。

"为了得到这瓶1931年份的波特酒，我用6瓶1975年份、6瓶1982年份和12瓶1990年份的柏图斯庄酒与之交换！"

在一次品酒会上，我结识了克里斯汀诺·凡·则勒，也就是神秘的飞鸟堂酒庄的负责人。飞鸟堂于1715年创建，并从此开始酿制最优秀的波特酒，其中数Nacional年份酒最具代表性。借这个机会，我购买了一箱顶级的1963年份的Nacional酒，他还说过，1931年份的波特酒堪称是整个世纪难得一见的珍酿，对此，我也在法国《焦点》杂志1987年刊登的一篇文章中得到了证实：一瓶1931年份的波特酒当时的开价为38 000法郎，而当时的一瓶1945年份的木桐庄酒也只卖到3 500法郎。迈克尔·布罗德班特(Michaël Broadbent)在其著作《佳酿》中评价此酒为"年份波特酒中的珠穆朗玛峰"！而在另外一本由詹姆斯·萨克林(James Suckling)编著的《年份波特酒》中对1931年份的波特酒加以如下评价：色泽浓郁，犹如墨汁，是有史以来的顶级佳酿。葡萄园中这些未经嫁接的5 000株葡萄藤酿出的葡萄酒的产量虽然不多，但是每批年份酒都有其与众不同的特点，而1931年份的波特酒则被认为是20世纪最优秀的葡萄酒。我收藏的这瓶1931年份酒的原装铝箔瓶帽至今仍旧完好无损，而我也从来没有听说过还有其他同年份的波特酒的存在，难道这真的是世界上最后一瓶1931年份的波特酒？说到这瓶酒的来源，还是在1993年举办的葡萄酒及烈酒博览会上，我原本是希望寻找到一瓶1955年份的奔富格兰杰(Penfold's Grange)，但却偶然发现了一瓶1931年份的波特酒的踪迹。我听说一位英格兰人拥有这样的一瓶酒，便在与他相识之后，用6瓶1975年份、6瓶1982年份和12瓶1990年份的柏图斯庄酒与之交换，得到了我梦寐以求的心爱之物。

目前，这个酒庄由AXA葡萄酒业的塞利先生(Seely)主管经营，酒庄的酿酒技术更是在最近几年中突飞猛进，达到了前所未有的高度。我最钟爱的几个年份分别是：1963、1966、1970以及1997。

Quinta do Noval, Nacional 1931
飞鸟堂酒庄，国家园波特 1931年

产地及等级：葡萄牙，波特地区
葡萄园占地面积：2.5公顷
葡萄品种：Turriga Nacional, Sausao, Turriga Franca, Tinto Cao
葡萄藤平均年龄：前根瘤蚜虫病感染的葡萄所酿制
年均产量：如果该年条件良好，可以生产2 000瓶
最佳年份：1931, 1963, 1966, 1975, 1994, 1997, 2000, 2003.

1931年：《科学怪人》出版。英联邦创立。西班牙第二共和国成立。

1929

CHÂTEAU LATOUR

GRAND VIN

1ᵉʳ GRAND CRU POMEROL

Mᵐᵉ Edmond Loubat

Propriétaire

MEDAILLE D'OR

MISE EN BOUTEILLES
AU CHÂTEAU

IMP. B. ARNAUD . LYON . PARIS

我的费迪克奈堡(Feytit-Clinet)位于波美侯(Pomerol)拉图酒庄(Latour)的对面。所以我与莉莉·拉克斯特夫人(Lily Lacoste)非常熟悉。她在1961年继承了她姐姐，著名的鲁芭夫人(Madame Loubat)的遗产，成为拉图酒庄的所有者。鲁芭夫人将名不见经传的柏图斯堡(Petrus)改造成为一级名庄，并在1917年购买了拉图酒庄。我有幸与拉克斯特夫人在她美丽的宴客厅里多次共进晚餐，就是在那里我了解到了柏图斯堡的历史。

拉克斯特夫人在2006年拉图酒庄百年纪念的前夕去世。她处事分明，有时像小孩子一般淘气，但做起事来却十分警觉，她还会弹奏钢琴。对于我来说，能够结识并亲近这样的一位出众的夫人是多么荣幸！

我是在1975年认识她的，那年的柏图斯堡葡萄酒品质非常好。在那段时间里，夫人卖给我一瓶1961年柏图斯堡葡萄酒，那是我收藏中一直缺少的一瓶酒，那可能是1921年以来最好的一个年份。夫人还给了我一瓶1961年份波美侯拉图酒庄葡萄酒，并强调说："这是1961年波尔多葡萄酒中最好的一款！"我想这一点是毋庸置疑的。在这之

后，罗伯特·帕克给这款葡萄酒打出100满分的高分评价。对比这两个对于波尔多葡萄酒来说十分重要的年份，他的评价是："它的厚重感和丰富饱满的香气让人无法抗拒，与波尔多葡萄酒有些相似，综合了黑茶、子果、甘草的芳香，令人难以置信的浓郁，甚至比柏图斯堡葡萄酒还要优秀，余韵持久。"

"这是1961年波尔多葡萄酒中最好的一款！"

我的一瓶1929年份拉图葡萄酒也是从拉克斯特夫人手上接过的，它的售价是我们之间的一个秘密。那个时代生产的葡萄酒，产量很低，不积压葡萄，经历无休止的浸皮过程。然而在这之后，人们再也没有用过那样的方法酿制葡萄酒。对于这瓶1929年份的葡萄酒，被波美侯拉图酒庄和柏图斯堡的酿酒师让－克劳德·柏图(Jean-Claude Berrouet)在1989年认证为"葡萄酒中的奇迹"，充满活力和强劲的芳香。我最喜欢的年份是用1.5升大酒瓶(magnum)装的1982年份的拉图葡萄酒。

Château Latour à Pomerol 1929&1961
波美侯拉图酒庄 1929年&1961年

产区：法国，波尔多，波美侯
葡萄园面积：8公顷
葡萄品种：90%美乐(Merlot)，10%品丽珠(Cabernet Franc)
葡萄藤平均年龄：40年
最佳年份：1929，1947，1961，1982.

1929年：华尔街黑色星期四事件。南斯拉夫王国成立。纽约现代艺术博物馆正式对外开放。反共宣传漫画《丁丁在苏联》发表。

"这是一款采用单一葡萄品种、单一产区酿制的香槟酒，它的年份和产量取决于那年收获葡萄的质量，所以在90年中只生产了40多个年份的香槟酒。"

　　沙龙香槟是香槟酒中的里鹏(Le Pin)，是我最喜爱的气泡酒之一，另外两款分别是欧哥利屋也(Egly-Ouriet)和瑟罗斯(Selosse)。这3款香槟酒被划分为特别的种类，与其他著名香槟庄，如鲍兰哲香槟(Bollinger)、勒德雷尔香槟(Roederer)、库克香槟(Krug)等一同竞争。他们每个年份都仅生产几千瓶香槟酒。沙龙香槟起源于1911年，富有的酒商、美食家和百人俱乐部(Club des Cent)成员艾美·沙龙(Aimé Salon)为了个人品尝和与朋友分享，在一小块土地上种植了麦斯尼勒奥哲(Mesnil-sur-Oger)的葡萄品种莎当尼(Chardonnay)。1914年，他修建了庄园，直到1920年，沙龙香槟吸引了

著名的马克西姆餐厅(Maxim's)。这款白中白(Blanc de Blancs)香槟因为有足够的酸度适合长时间陈酿，因此它不需要经苹果酸乳酸发酵。它们被存放长达10年，直到大约第12年才会被拿出来销售。糖分含量少，这是一款可以保存时间较长的干香槟。另外这是一款采用单一葡萄品种、单一产区酿制的香槟酒，它的年份和产量取决于那年收获葡萄的质量，所以在90年中只生产了40多个年份的香槟酒。

　　1943年，在艾美·沙龙去世后，他的家族继承了这座庄园。直到1963年，庄园被卖给贝赛特·德·贝勒丰(Besserat de Bellefon)。沙龙家族在1988年加入罗兰特－皮埃尔(Laurent-Perrier)，但是这所酒庄被匿名经营着。

　　我从20世纪80年代开始对这款香槟酒产生兴趣，我收藏了很多著名的1990年份的1.5升大酒瓶(magnum)装的香槟酒。如果说，一生中必须喝一次库克香槟(Krug)，那么更不能够错过沙龙香槟(Salon)，特别是1995年份和1996年份，精致的气泡，让人欲罢不能。这两个年份的沙龙香槟酒很稀有，我很喜欢细细品味它们，唇齿留香，气泡在口中跳跃释放！1928年份的沙龙香槟是一款神话般的香槟酒，对于沙龙香槟来说，这是第一个让它们出名的年份，而对于今天的我们来说，它是永远完美的。

Salon Blanc de Blancs 1928
沙龙白中白香槟酒 1928年

产区：法国，香槟区(Champagne)
葡萄园面积：1公顷自有，其他买自麦斯尼勒(Mesnil)地区的合作商
葡萄品种：莎当尼(Chardonnay)
葡萄藤年龄：50年
平局产量：仅在优质年份生产，每年50 000瓶
最佳年份：1921、1928、1934、1947、1959、1961、1979、1982、1990、1996。

1928年：日本裕仁天皇登基。托洛斯基流亡海外。苏联第一个五年计划公布。老鼠米奇形象诞生。

"它拥有丰富和复杂的特色，香味超凡浓郁，综合榛子的焦香，奶油的香甜，新鲜杏仁的芳香和桃子的甜美。"

的最稀有的产品是黑中白香槟酒(Blanc de Noirs)，即白香槟酒所使用的葡萄品种为黑皮诺(Pinot Noir)，并且是未经过嫁接的。葡萄园中45公亩(并没有集中排列在一起)的黑皮诺，从19世纪起，根据收成，每年生产500瓶黑中白香槟。这款佳酿代表着三色旗的法国和法国葡萄古藤。该产区的第一瓶黑中白香槟酒产自于1969年。这款香槟酒是鲍兰哲这一系列香槟酒中最珍贵的一瓶。它拥有丰富和复杂的特色，香味超凡浓郁，综合榛子的焦香，奶油的香甜，新鲜杏仁的芳香和桃子的甜美。它的酿制过程是由一步一步精细的小步骤累计起来的，经过如此细致的加工才能生产出高品质的香槟酒。鲍兰哲庄的葡萄酒是在205升或者228升装的橡木桶中发酵，这些橡木桶由庄园的修桶工人不断定期对其进行保养。这些酒通过酵母陈酿，相对其他酒庄或产地，鲍兰哲庄陈酿时间更久，这样就使调配更加充分。苹果酸发酵(第2次为了减低酸度的发酵过程)并不系统化，这取决于不同年份的要求。陈年的香槟酒是存放在瓶口有软木塞封住的1.5升大酒瓶(magnum)中。这款酒的另一个特点：昂贵。这是由它的高品质决定的，这些酒不经过过滤，是香槟中最具权威的产品。

鲍兰哲庄的这款香槟酒充分表现出黑皮诺的特性：变化丰富，适宜久存。新近除渣(R.D)的一批酒已经被存放了很长时间，呈现出较高的酒精含量。最近这几年，购买古老年份的香槟酒成为了时尚。1980年的时候并不是这种情况，当时我是少数的对古老年份的香槟酒感兴趣的人之一，这些古老年份的香槟酒在拍卖市场上售价并不高。那时我在德鲁奥(Drouot)以800法郎拍得了一瓶1.5升大酒瓶装和两瓶普通装1928年份的鲍兰哲庄香槟酒。1.5升大酒瓶装的香槟酒，配合着鹅肝酱，气泡还未在口中消失，那金黄的颜色……为了留作纪念，在我的这本书中推荐一瓶1928年份的香槟酒。根据瑞典专家理查德·朱利安(Richard Juhlin)对4 000余种香槟酒的了解，他认为，在那些传奇香槟酒中，这瓶1928年的鲍兰哲庄香槟酒应该在1929年在斯德哥尔摩获得诺贝尔餐饮奖。

鲍兰哲庄(Bollinger)是由雅克·约瑟夫(Jacques Joseph)在1829年创建的家族式的酒庄。从那时起，他的后代一直都努力耕耘，收获着高品质的葡萄。到如今，葡萄园占地面积达163公顷，保障了生产的需求量，并且该片葡萄园所产的香槟90%都被划分为优质或者一等香槟。庄园现在由罗杰姆·菲利庞(Jerome Philipon)管理，并一直保持着其传统的文化和历史。葡萄园中60%的葡萄用于庄园生产的需要。庄园所产

Champagne Bollinger 1928
鲍兰哲香槟 1928年

产地： 法国，香槟区(Champagne)
产区面积： 160公顷
葡萄品种：
黑皮诺(Pinot Noir)，皮诺莫尼耶(Pinot Meunier)，莎当尼(Chardonnay)
平均产量： 每年份180 000瓶，其中30 000瓶新近除渣，1 500瓶产于法国葡萄古藤
最佳年份： 1928，1953，1959，1961，1969，1975，1979，1985，1990，1995，1996，2002.
个人推荐年份：
1959，1975，1990，1995，2002.

131

1928年：青霉素研制成功。拉威尔创作《波莱罗舞曲》。作曲家格什温创作《一个美国人在巴黎》。

2009年9月的一个清晨，我接到了一位老先生的电话。这么早他找我有什么事情呢？我心里疑问。"我的名字叫做维耶马格瑞特(Viellemarette)，我住在朗布依埃(Rambouillet)，我在电视上看到了介绍关于您酒窖的节目，实在是太棒了！我父亲只喝罗曼尼康帝(Romanée-Conti)、罗曼尼(Romanée)和香贝丹红葡萄酒(Chambertin)，

非常小，仅有0.85公顷，东边临近罗曼尼康帝和李其堡(Richebourg)。1826年起由林霞－贝雅(Liger-Bélair)公爵所有。罗曼尼酒庄生产的都是陈年葡萄酒，表现出勃艮第地区黑皮诺(Pinot Noir)变化丰富、适宜久存的特性。不久前这款酒由宝尚父子集团(Etablissements Bouchard Père)代理销售，其销量十分出色并获得了成功，所售年份从2000年开始，供应商是路易－米歇尔·林霞－贝雅(Louis-Michel Liger-Bélair)。

"犹如夜晚海岸边的珍珠。能够在有生之年品尝到一口在适宜的气候里酿制的如花蜜般甜美的维森罗曼尼(Vosne-Romanée)实在是太幸运了。"

那是拿破仑所喜欢的葡萄酒。他曾经是名医生，我们每周日都会在一起喝酒，而我比较喜欢罗曼尼。所以我有一份小礼物想送给您：一瓶1926年份的罗曼尼。1926年是我出生的年份，我没有孩子，我为这瓶酒将能纳入您所喜爱的收藏品而感到自豪。如果您到巴黎来，请记得来找我取这瓶酒。我们将很荣幸地邀请您共进午餐。"就这样，我获得了这瓶酒。

罗曼尼酒庄(La Romanée)的占地面积

一瓶红葡萄酒，色彩艳丽，充满红色和黑色水果的果香，紫罗兰的香气和辛香，多种不同味道融合在一起，口感强劲圆润并具有层次感……因此，对于我来说这款酒犹如夜晚海岸边的珍珠，我的好朋友—著名的葡萄酒行家迪迪埃·罗米约(Didier Romieux)曾经不断得跟我提起这款酒。能够在有生之年品尝到一口在适宜的气候里酿制的如花蜜般甜美的维森－罗曼尼(Vosne-Romanée)实在是太幸运了。罗曼尼酒园还是法国面积最小的法定产区。1926年是林霞贝雅家族对该产区拥有所有权100年纪念之年。

La Romanée 1926
罗曼尼 1926年

产地：法国，勃艮第，优质产区罗曼尼(La Romanée)
产区面积：0.85公顷
葡萄品种：黑皮诺(Pinot Noir)
葡萄藤平均年龄：55年
平均产量：每年3 500瓶
最佳年份：2002, 2003, 2005, 2006.

1926年：英国研制出第一台电视。

Траминер
урожая 1924 г.

Этот документ удостоверяет, что данное
виноградо 1924 года, выращенного
...лзяйстве института винограда и ви...
...до 1997 года в его коллекции.
...в регистрационном журнале.

...ор института, д.с./х.н.,
..., заслуженный дея-
...и Украины, чл.-корр.
...емии наук, академик
...аки УААН, академик
Республики

"……十分特别，口感相当集中，丰富饱满，油润，香味强劲……"

从1975年起，我就开始寻找一款优质的苏联产的葡萄酒。我是从一个朋友那里得知在克里米尔地区(Crimée)生产一款优质的葡萄酒，那片地区拥有33 000公顷的葡萄园。1997年的时候，我在巴黎请教了雅尔塔(Yalta)马加拉什(Magaratch)学院主任德热尼夫教授(Djenieev)。他是世界葡萄与葡萄酒组织O.I.V.(Oganisation Intenationale de La Vigne Et du Vin)的克里米尔的代表。得知他会在爱丽舍官(Elysée)被总统接见后，我便试图用电话跟他联系。我直接向他提出了到波美侯(Pomerol)和柏图斯(Petrus)进行参观。同一天，我到布瓦提埃(Poitiers)火车站找他，他跟他的儿子尤里(Youri)在一起。我们一同去了波美侯，在那里我带他们参观了许多酒庄，并且品尝了我收

德热尼夫(Djenieev)教授的手表，他的妻子在2003年时赠予了我。

藏的波美侯葡萄酒，接着我们回到我家，在那里我向他们展示了我的酒窖和我的收藏。我们当然还讨论了关于葡萄酒和葡萄品种的问题，同时品尝了一款吉佳乐世家穆林葡萄酒(Mouline de Guigal)，一款卢梭(Rousseau)香贝丹(Chambertin)和一款乐王吉尔(L'Évangile)，那天晚上他们在我家过夜。

在他们离开的时候，德热尼夫教授(Djenieev)交给我一瓶酒，说："拿着，卡瑟耶先生！我很欣赏您的葡萄酒收藏品。这是一瓶1924年份的葡萄酒，那一年列宁(Lénine)去世了，他是从马加拉什学院毕业的。这也是作为礼物送给希拉克总统先生(Chirac)的一款酒。如果能够在你这里收藏，是最好不过的了。可以为你留下一份克里米尔的记忆。还有我想邀请您在9月份到雅尔塔度假。"

我确实后来去了雅尔塔，并且送给他6瓶法国优质葡萄酒。在雅尔塔的那些日子里，他带我参观了学院和他在全世界搜集的3 500种葡萄品种的收藏。我品尝了大约50多种甜白葡萄酒，而这款马加拉什麝香甜白葡萄酒(Muscat de Magaratch)十分特别，口感相当集中，丰富饱满，油润，香味强劲。我所品尝的1937年份的甜白葡萄酒和1975年份的一样表现出新鲜的口感。

这瓶1924年份甜白葡萄酒比1975年份的还要早上50多年，这是学院里最后一瓶1924年份的马加拉什麝香甜白葡萄酒。他还送给我另外3瓶葡萄酒，分别是1931年份、1941年份(这是我们各自的出生年份)以及一瓶1945年份。我们的友谊一直维系着，直到他因为心脏病突发在1993年去世为止。他的夫人将他的金表留给我作纪念，那块表被摆放在我的博物馆中那瓶1931年份甜白葡萄酒的旁边。

Muscat de Magaratch 1924
马加拉什麝香甜白葡萄酒 1924年

产区：
乌克兰(Ukraine)，克里米尔(Crimée)
葡萄品种：麝香(Muscat)
葡萄园面积：1公顷
葡萄藤平均年龄：80年
每年平均产量：2 000瓶
最佳年份：1924, 1934, 1937, 1938, 1947, 1966, 1968, 1975.

1924年：法国女藏学家大卫·妮尔在拉萨。登山运动家Mallory和Irvine在登珠峰过程中不幸消失。超现实主义风格出现。

"入口润滑细腻，口感非常丰富饱满，散发着甘草、桑葚、蓝莓、李子果酱和巧克力的香味让人回味无穷。"

1816年，雷蒙·德埃缇·埃米尔(Raymond Etienne Amiel)获得了位于莫利(Maury)山坡上葡萄园的经营权。之后杜派家族(Dupuy)接手了这个庄园。1980年左右，我有机会认识了查理·杜派先生(Charles Dupuy)。我手上刚好有一些费迪克奈堡(Feytit-Clinet)的酒，我用它们跟杜派先生换了一箱他们家族的收藏，包括他所拥有的最后一瓶名贵的1924和一瓶1941(那恰好是我出生的年份)。在莫利的这片贫瘠的山坡的土地上，每年长达四分之三时长的光照和不断的西北风，使得这里的葡萄过度成熟并且水分较少，果汁浓郁甘甜。在发酵产生酒精之后，葡萄酒在酒窖里陈放大约8个月，然后置于密封的大酒瓶(Dames-Jeannes)中在阳光下进行陈酿。接着在大橡木桶中经过至少4年，有时可能长达15年的改进。最好的窖藏呈现出瓷砖或铜的复古色调，散发着咖啡、焦糖和辛料的气味，入口润滑细腻，口感非常丰富饱满，散发着甘草、桑葚、蓝莓、李子果酱和巧克力的香味让人回味无穷。由于它复杂的质感，那些非常古老年份的莫利酒让人回想起古老的波尔图年份。现在已经不能轻易找到这些古老的莫利酒。很多收藏家都在寻找这款酒，找到之后，常常在饭后品尝它，这使人回想起古老的波美侯时代。我恰好有机会品尝这款莫利酒，但是我保留下了对战争前那些年份的记忆。

Maury Mas Amiel 1924
马斯埃米尔莫利酒 1924年

产区：
法国，鲁西永(Roussillon)，莫利(Maury)
葡萄园面积：155公顷(莫利地区和鲁西永海边)
葡萄品种：90%的歌海娜(Grenache)
葡萄藤平均年龄：60年

1920年的开瓶器，顶端的小刷子用于清理酒瓶。

1924

137

1924年：土耳其世俗化改革。第一届冬奥会在法国夏蒙尼市举行。托马斯·曼发表小说《魔山》。

"厚重的红色酒裙,这款酒有着难以置信的陈化潜力。"

欧颂庄园(Château Ausone)坐落于圣－艾美利(Saint-Émilion)的山丘上,那里出产的葡萄品质极好。它的酒窖被建在大理石地质内,由庄园主艾伦·佛提耶(Alain Vautier)精细打造。欧颂庄园的名字来源于关于罗马诗人欧松纽斯(Ausonius)(310－395)的一个传说,这位诗人在这片地区拥有一间别墅。他不单在很多的诗歌中宣传葡萄酒,而且将爱好付诸行动,开拓了不少葡萄种植园,成为波尔多葡萄酒最早的先驱。相传欧颂庄园现时的园地就是当年欧松纽斯的故居,这就是欧颂庄园名称的来由。1790年,杜波依斯·查隆家族(Dubois-Challon)和佛提耶家族在这里建立了该庄园,而佛提耶家族(Vautier)在1990年获得了这片庄园的全部股权。在艾伦·佛提耶的管理下,该庄所生产的葡萄酒的品格得到了令人惊讶的提升,特别是2000年、2001年、2003年和2005年,这4个年份的葡萄酒。它们的价值已经几乎与柏图斯庄(Petrus)相同,而它们的数量几乎与里鹏庄(Le Pin)同样珍稀。欧颂庄园重新恢复了他们在1900年时建立的名声,找回

了它特有的品质。欧颂庄园的葡萄酒十分饱满、强烈,单宁融入其中,复杂并且非常细致,是相当纯净的一款葡萄酒。它表现出高贵、纯净、细致、高品质的特色。我们还可以闻到酒中樱桃、树莓、桑果、蓝莓、黑醋栗、辛香和甘草的香味。厚重的红色酒裙,这款酒有着难以置信的陈化潜力。1995年,迈克尔·布罗德班特(Michaël Broadbent)在品尝欧颂庄园1874年份葡萄酒时,给出了5星的极高评价(完美的质感和平衡)。他对1921年份欧颂酒庄的葡萄酒的评价独一无二,"散发着藻类和年轻运动员的气息!"罗伯特·帕克所表彰的2 100种酒中,2003年份和2005年份的欧颂酒庄葡萄酒得到了很高的评价。

佛提耶先生事实上是唯一一个不同意直接向我卖酒的人,他向我提供代理酒商的地址供我购买他庄园的葡萄酒,尽管我需要支付3倍或4倍高于酒庄直购的价格!为了购买那些极佳年份的葡萄酒,我花费了大量的财力,直到没有空间存放,并且酒商那里已经鲜有存货为止。然而,在1990年,我得到了一次机会,我向他购买5瓶古老年份(1921年和1937年)的葡萄酒,让我惊喜的是,他交给我了6瓶酒。"我额外卖给你这瓶1983年份的葡萄酒,这样刚好凑成一箱。你看,这是一个极佳的年份。"

Château Ausone 1921&1959
欧颂庄 1921年&1959年

产区:法国,波尔多,圣－艾美利(Saint-Émilion)优质产区,一级酒庄
葡萄园面积:7公顷
葡萄品种:55%品丽珠(Cabernet Franc),45%美乐(Merlot)
葡萄藤年龄:55年
每年平均产量:18 000瓶
最佳年份:1900, 1929, 1945, 1955, 1982, 1990, 1995, 1998, 2000, 2001, 2003, 2005.

1921年:朗德吕被判处死刑。中国共产党建党。结核病疫苗研制成功。

1921
Roger Salon

1927

1959

Châteauneuf-du-Pape
LES OLIVETS
APPELLATION CHÂTEAUNEUF-DU-PAPE CONTROLÉE

我第一次见到让-雅克·萨彭(Jean-Jaques Sabon)十分偶然。我由于在教皇新堡(Châteauneuf-du-Pape)的百年葡萄园中过度活跃，被那些小石子和鹅卵石铺成的路弄伤了脚。我所住的那家旅馆的工作人员十分负责，向我推荐了一位那里十分有名的治疗师。他的名字就叫让-雅克·萨彭！于是我们整晚都在谈论我们对葡萄酒的热爱，并且去他的酒窖参观了一圈。在一个昏暗的角落，我认出了两款古老年份的葡萄酒，分别是1921年份和1959年份。在教皇新堡产区并没有很多古老年份的葡萄酒，因为这并不是这个产区储存的传统。我恳求让-雅克把这些酒卖给我，他很绅士却果断地拒绝了我。

2009年初，我接受了多家电视和杂志的采访。没过多久，让-雅克打电话给我说："我从未想过你对葡萄酒竟然有这样的热情和执著，来吧，到教皇新堡来，我给你选了

两瓶很好的葡萄酒，它们值得作为你卓越的藏品。"于是，这两瓶伟大的年份—1921年和1959年的葡萄酒被列入了我珍贵的收藏。

萨彭家族(Sabon)始于17世纪的教皇新堡。塞拉芬·萨彭(Séraphin Sabon)是一位教皇新堡产区勒鲁瓦庄(Leroy)旁边的手艺人。在我认识让-雅克的时候，他正在生产第一个年份的葡萄酒—1996年萨彭的秘密(Secret des Sabon)，这是酒庄最珍贵的一款葡萄酒，所用的葡萄是在有110年树龄的老藤上接出来的。这个年份的葡萄酒只生产了1 200瓶。我所购买的2001年份和2007年份的所有葡萄酒都特别的出色。这是一款雄伟的、强劲的葡萄酒，它风韵、紧致、口感集中，出乎意料的滑腻。

它散发着辛香、桑果、樱桃、树莓、松露的香味，同时还伴随着巧克力的浓郁香气。单宁柔和并很好地融入了酒内，酒精含量也与众不同(有时会超过16度)。这些佳酿可以储藏50年。该酒庄所生产的葡萄酒种类并不多，一种珍藏版，需小心收藏，一种预定版，是一款具有男子气概的葡萄酒；还有一款奥利维(Olivets)，需要酿造14个月。

"这是一款雄伟的、强劲的葡萄酒，它风韵、紧致、口感集中，出乎意料的滑腻。"

Chateauneuf-du-Pape，Domaine Roger Sabon
1921&1959
罗杰·萨彭酒庄教皇新堡 1921年&1959年

产区：法国，隆河(Rhone)，教皇新堡(Châteauneuf-du-Pape)
葡萄园面积：45公顷
葡萄品种：65%歌海娜(Grenache)，神索(Cinsault)，幕尔韦德(Mourvèdre)，西拉(Syrah)
每年平均产量：70 000瓶
最佳年份：1959，1961，1978，1990，1998，2001，2005，2007.

1921年：意大利国家法西斯党成立。香奈儿推出N°5香水和小黑裙。

MONOPOLE
1945
Romanée Conti
VIGNE ORIGINELLE FRANÇAISE NON RECONSTITUÉE
Vigne Originelle Française non Reconstituée - Appellation Contrôlée
J. Mᶜ Duvault-Blochet
de Villaine & J. Chambon
Petits-Fils de J. Mᶜ Duvault-Blochet
ANNÉE 1945
Seuls propriétaires

"在我看来，1921年是20世纪中最好的年份，1929年以前的葡萄酒我只品尝过两次，而1937年也是一个很不错的年份。"

Romanée-Conti 1921&1945
罗曼尼康帝 1921年&1945年

产区： 法国，勃艮第，罗曼尼康帝 (Romanée-Conti)优质产区

葡萄园面积：

1公顷，80公亩，50平方米

葡萄种类： 黑皮诺(Pinot Noir)

葡萄藤平均年龄： 50年

产量： 每公顷25到30百升

每年平均产量： 6 000瓶

最佳年份： 1915, 1921, 1929, 1937, 1945, 1961, 1990, 1996, 1999, 2002, 2005.

在品尝过20多个年份后，个人喜欢1929年和1990年的罗曼尼康帝葡萄酒。

1985年的一天，我在葡萄酒专家埃里克斯·德·克劳埃(Alex de Clouet)的陪同下参加一个在纳伊(Neuilly)举办的罗曼尼康帝(Romanée-Conti)葡萄酒拍卖会。丰富的拍卖品，舒适的房间，让我很是放松。在我身旁的是亨利·萨勒瓦多(Henri Salvador)。他先买了一箱波玛村葡萄酒(Pommard)，然后买了一箱伏旧园(Clos de Vougeot)葡萄酒。

接着拍卖师拿出一瓶1921年份的罗曼尼康帝，真是太好了！这是我一生中见过的唯一一瓶，还有两瓶1945年份。这3瓶葡萄酒加起来一共是6 000法郎！亨利·萨勒瓦多出价9 500法郎，而我出价1万法郎。一锤定音，我得到了它们！伟大的1921年份，我估计其价格是2万法郎，还有那两瓶1945年份的葡萄酒。在我看来，1921年是20世纪中最好的年份，1929年以前的葡萄酒我只品尝过两次，而1937年也是一个很不错的年份。施慧娜·萨特克里夫(Serena Sutcliffe)写到："1921年是神秘和传奇的一部分。"米歇尔·贝塔尼(Michel Bettane)评价说："香料味，异国的香气，香水的精华气味，玫瑰花香，还有茶香，烟熏味和雪松味，这是一款华丽的酒，绝对令人难以忘怀。"而米歇尔·道瓦斯(Michel Dovaz)简洁地说："这是最伟大的葡萄酒，口感极为平衡，品质极

为高贵。"

罗曼尼康帝在勃艮第地区是十分著名的葡萄园，它建于17世纪。康帝王子在1760年买下这个庄园，并且以自己的名字命名。这个庄园如今属于维拉尼家族(Villaine)、罗驰家族(Roch)和勒鲁瓦家族(Leroy)。

1945年份的罗曼尼康帝也是一款十分优质的葡萄酒，它也有一个象征意义，即葡萄酒的胜利。另外，这是法国葡萄园衰落前的最后一个收获季节，人们细心照料被葡萄根瘤蚜(Phylloxera)所侵害的葡萄藤，但是努力是徒劳的，那一年是整个世纪中产量最少的一年，只有608瓶，多亏了花期提前，夏季足够炎热干燥。"我们不拔除任何一株葡萄藤，但是它们却越来越少。"让-佛朗索瓦·巴赞(Jean-François Bazin)写到。1945年对于葡萄酒来说，是奇妙的一年。以下是杰佛朗·特洛伊(Geoffroy Troy)在1990年的品酒评价："较深的颜色，令人赞叹的香气，东方香料混合着李子，热带浆果的香气。初尝满口水果香味，味道持久，这可能是勃艮第地区最好的葡萄酒之一。"克里斯提(Christie's)曾经在2007将一瓶1945年份罗曼尼康帝以48 140美元卖到日内瓦。我拥有的应该是经过认证的最后一批中的一瓶罗曼尼康帝，大部分收藏家收藏的这款酒都是赝品。我们在英国见过一些1947年份的葡萄酒，但其实那一年葡萄园休耕！一位收藏家在晚餐时为我们提供了一瓶古老的1948年康帝葡萄酒，但是其实并没有这个年份。重新种植葡萄园后生产的第一批葡萄酒是1952年份的。而他收藏的3个1.5升装大酒瓶1945年康帝是假的。事实上，我重新安置了所拥有的1944年罗曼尼康帝，安德瑞·诺伯来(André Noblet)确认说："由于1945年只有608瓶，所以不可能存在用1.5升大酒瓶装。"而我的1945年康帝是真的。25年前，这款酒没有贵到值得制造假酒，并且也从不可能被卖出。除了这瓶罗曼尼康帝，我还有这个酒庄生产的其他葡萄酒。色斑很平均，"这是最令人瞩目的地方"，罗伯特·帕克说。

1921年：爱尔兰自由邦成立。契科夫发表《海鸥》。法国葡萄酒产区优秀年份。

> "这是我父亲出生的年份。这瓶酒是我所收藏的柏图斯酒中年份最老的一瓶，我花了相当大一笔钱才买到它。"

这瓶1914年份的柏图斯是有一个故事的。我想得到它只因为那是我父亲出生的年份。这瓶酒是我所收藏的柏图斯酒中年份最老的一瓶，我花了相当大的一笔钱才买到它。它的酒标和现在柏图斯(Petrus)通常的酒标是不一样的，现在酒标上刻有圣皮德画像，他手中握着通往天堂的钥匙。这片产区最初是由阿诺德家族(Arnaud)建立的。在酒标上我们可以看到：

柏图斯·阿诺德波美侯顶级酒
荣获1878年和1889年世界博览会金奖
并在酒标上附上了两个奖牌的图样。

因为原始的酒标已经很难找到，我的这瓶1914年份的葡萄酒已经被现代的酒标重新包装。在我酒窖博物馆的橱窗里，这瓶酒讲述了我们家族的故事。1914年爆发了第一次世界大战，我的祖父约瑟夫(Joseph)在凡尔登(Verdun)负伤了。他是一名邮递员，但在下班后他同时也是一名理发师。他每天骑着自行车跑45公里的山路为村里送信，那些山路都是由碎石铺成的，由于不能骑车穿过农田，他不得不绕路走。他穿着短毛披肩，带着蓝色毡帽，一旦下雨，这些东西因为雨水至少会有20公斤重。我仍然记得他在下午重新出发前拧干身上的雨水，并在火炉前烤干衣服时的模样。我还保存着他皮质的小工具袋，那里面的东西是用来支付家族农场花销的，今天已经价值1 500欧。当我们的父母都去世以后，我才意识到他们所做的一切都是为了我们！一些作家为他们的父母写书纪念，而我，则一直在寻找1886年伊甘堡(Château d'Yquem)白葡萄酒，还有十分罕见的同年份柏图斯葡萄酒，这一年是我祖父约瑟夫出生的年份。我呢，生于1941年，那一年没有什么好酒，除了白马酒庄(Cheval Blanc)的葡萄酒，尽管那一年的白马酒庄葡萄酒没有1947年份的出名。

有3个并不著名年份的酒在我的酒庄收藏着，它们代表着对我十分重要的几个日子：1941年有一个美好的夏季，但是秋季收获时间却太晚，所以只有很少的产量；1914年份的葡萄酒很稀有，但是确是一个很好的年份；1886年，遭受了严冬和霉菌的侵袭，同时，收获时间太迟了。

Petrus 1914
柏图斯 1914年

我祖父的手表。

产区：法国，波尔多，波美侯
葡萄园面积：11.5公顷
葡萄品种：95%美乐(Merlot)，5%品丽珠(Cabernet Franc)(并不经常使用)
葡萄藤平均年龄：40年
每年平均产量：30 000瓶
最佳年份：1921，1945，1947，1950，1961，1982，1989，1990，1998，2000，2005.

1914年：巴拿马运河竣工。弗朗索瓦·斐迪南大公夫妇在萨拉热窝被暗杀。第一次世界大战爆发。

当我们说起罕见的小瓶装时，不能够忘记那些著名的雅文邑(Armagnac)。这种烈性酒的名字来自于日耳曼语"Herremann"，这是克洛维(Clovis)一位学徒工的名字，拉丁文的写法是"Arminius"，然后变成"Arminioc"，最终成为"Armagnac"。这片加斯科尼区(Gascogne)的葡萄园始建于公元267年，当时普罗布斯大帝(Empereur Probus)废除图密善大帝(Empereur Domitien)一个半世纪以前的禁令，重新种植了这片葡萄。雅文邑(法国最古老的烈性酒)在13世纪时已被熟知，曾被在蒙彼利埃(Montpellier)大学医学院部接受培训的天主教红衣主教维塔尔·杜福尔(Vital Dufour)评价为对身体健康大有益处：它"能溶解肾结石，治疗烧伤，缓解炎症，治疗咽喉炎"等。在一本书中所描述的40种功效中，甚至还包括孕妇适当使用的好处！现在医学发现雅文邑对于心血管疾病也很有好处。

产区面积15 000公顷，分布在3片土地上：西边下雅文邑(Bas-Armaganc)，这里产的酒丰富圆润；中央地区蒂娜雷丝(Tenareze)，这里产的酒绵长存放时间长；东边上雅文邑(Haut Armagnac)，葡萄种植并不密集，酒味活泼，新酒更适宜饮用。

与干邑经过两次加热蒸馏不同的是，雅文邑经过连续蒸馏，这样会带来更多的香气和更强的陈化能力。蒸馏过的雅文邑将被放置在容积为400—420升的橡木桶中进行陈化。

如果说干邑的一些年份很难寻找(因为有一段时期的专业禁止)，雅文邑却可以找到任何年份，例如在卡斯塔海特酒窖(Castarède)就能看到从1893年起的雅文邑。我最喜欢的雅文邑是拉波尔多利夫庄(Laberdolive)生产的。这个家族于1856年出现在热尔(Gers)大区卡邹鹏(Cazaubon)的埃斯库伯庄园(Escoubes)。从1893年起，宙耐酒庄(Jaurrey)白福儿(Folle Blanche)被种植在沙石地上，然而葡萄根瘤蚜(Phylloxera)一触即发。其他的酒庄，例如在皮隆(Pillon)种植的可伦伯(Colombard)和巴柯(Bacco)，拉波如尼(Labrune)种植的白玉霓(Ugni Blanc)和波尔多利夫庄(Laberdolive)40公顷的所有土地都遭受到了这场灾难。但是百年的蒸馏器用木头加热，烈性酒在橡木桶中被老化，使得损失并不大。

皮埃尔·拉波尔多利夫(Pierre Laberdolive)出让给我几瓶著名的1904年的雅文邑，这是能够销售的最古老的年份，都可以以滴来计价了。这瓶伟大的下雅文邑是由约瑟夫·拉波尔多利夫(Joseph Laberdolive)亲自蒸馏的，他被认为是雅文邑中的教皇。在被储藏在大坛子里之前，这瓶酒被放置于100升装橡木桶中发酵老化直至1967年，所以这瓶酒已经足够有年头了。

"这是能够销售的最古老的年份。"

Armagnac Laberdolive 1904
拉波尔多利夫雅文邑 1904年

产区：
法国，西南地区，雅文邑(Armagnac)
葡萄园面积： 40公顷
葡萄品种： 白福儿(Folle Blanche)，可伦伯(Colombard)，巴柯(Bacco 22A)，白玉霓(Ugni Blanc)
葡萄藤年龄： 40年
最佳年份： 1893，1904，1911，1923，1929，1942.

1904年：英法签署友好条约。第一张彩色照片诞生。

HERCEG WINDISCH-GRÄTZ LAJOS

SAROSPATAKI PINCZÉ

PATAK

从最开始卖这款葡萄酒，已经有30年了。通常情况下这款酒在假期末和不需要思考的时候卖得最好。1982年是一个极佳的年份，这一年这款酒被世人所熟知。当然，还是很少有人知道这款匈牙利托卡伊(Tokay)。原因很简单：在1956年苏维埃入侵后，所有的托卡伊都被损毁打破，而托卡伊的阿苏(Aszu)或者是艾森斯亚(Eszencia)都被禁止向俄国出售，目的是为了利于普通酒运往俄国市场。

1980年，一瓶托卡伊出现在一场拍卖会的一幅画作之后，那是一瓶1901年份的托卡伊。没有人认得它，我冒险用100法郎

去拍得它，一锤定音！其实如果我只叫到50法郎，它一样也会是我的。在我后面的一个人对旁边的人说："看前面的那个人，他疯了。"我感到很羞愧和脸红，但同时也很奇怪，因为我知道我即将得到一瓶如神话般年份稀有的葡萄酒。如同梵高(Van Gogh)的画作最初并不被人们欣赏一般。

回到家以后，我仔细检查了这一小瓶传统500毫升装托卡伊，我除去它的密封口，然后发现了匈牙利王子皇家纹章，这样的图样也出现在了酒标上。它就是我的梵高，一瓶有着浓厚历史的葡萄酒，就像卢浮宫一般的崇高。

这瓶酒包含了6个普托优(puttonyos，在匈牙利语里意思是装葡萄的筐子)，品质最优，仅次于号称每升800克含糖量的艾森斯亚。而且，这种酒多数由皇族成员饮用，如奥都哈勃斯娄汉尼大公(Otto de Habsbourg-Lorraine)，他是匈牙利最后一个国王的儿子，奥地利查尔斯一世(Charles 1er)；还有奥地利思蒂皇后(Zita)。

托卡伊的名字来源于近代一座位于乌克

兰和斯洛伐克交界的边境城市，也在匈牙利国歌中提到了。很长一段时间，这款葡萄酒享有巨大的声誉。沙皇派遣哥萨克骑兵的一支小分队将这种如花蜜般甘甜的饮品索玛维·迪科(Soma Vedique，梵语中长生不老

"这瓶酒包含了6个普托优(puttonyos，在匈牙利语里意思是装葡萄的筐子)，品质最优，仅次于号称每升800克含糖量的爱森斯亚。"

的意思)送到莫斯科，传说能够延年益寿，是庆祝用的葡萄酒，可以治疗伤痛，这款酒的成熟期较为缓慢，被储藏在托卡伊如迷宫般的酒窖里，盖着一块炭灰色布料。

我还收藏了一箱1972年份的托卡伊甜白葡萄酒，以下是我的评价："气味浓郁甘甜，口味芬芳、复杂，充满焦糖、无花果、浆果、烟草和咖啡的香气……酸度与甜度相互呼应。"芬芳的花蜜香就好像是从一位美丽女性身上散发出来的一样，而酒色就恰如金发女郎的头发一般耀眼。

Tokay 6 Puttonyos Otto de Habsbourg 1901
奥都德哈勃斯堡托卡伊6普托优 1901年

产区： 匈牙利，托卡伊(Tokay)
葡萄园面积： 6 000公顷，共15 000户葡萄园主
葡萄品种： 大部分是福尔明(Furmint)，哈斯莱威路(Harslevelu)和奥拓奈尔麝香葡萄(Muscat Ottonel)

1901年：维多利亚女王逝世。第一届诺贝尔和平奖颁发给红十字会的创始人亨利·杜南。梵高画作第一次向世人展出。

有一段时间，我一直在不断地向人出售我的费迪克奈堡葡萄酒（Feytit-Clinet）。有一天，我邮寄一箱红酒到巴黎的双叟咖啡馆（Deux Magots），这个著名的咖啡厅正在举办一场关于梅多克（Médoc）地区一些主要酒庄的画展。我驻足在玛歌庄的画展前，画做非常精致，画家也非常关注一些细节，落款签名为马克·德凯斯特（Marc Dekeister）。一位老先生出神地望着这幅作品，对我说："这位设计者是位好手！看看这座酒庄的外观设计。"

"这个酒庄的酒也不差"，我说。

"您说的很对。玛歌庄的葡萄酒，我酒窖收藏有200余瓶，包括1928年、1929年、1934年、1947年、1953年、1961年、1982年，都是伟大的年份。"

我对1953年那一瓶十分感兴趣。那是一个非常好的年份，同样也是玛歌庄庄主（Corinne Mentzelopoulos）出生的一年！

"您能卖给我其中一瓶我做收藏吗？"

"给我一箱您的波美侯（Pomerol），我就让你随便选一瓶作为交换。"

一个月后，我去了这位老先生位于马拉勒（Marals）的酒窖，在酒窖尽头，走过20多块石板，我看到了一箱箱排列整齐的玛歌庄葡萄酒放在橡木制的架子上。更加令人惊喜的是，我看到了一箱1.5升大瓶装的1928年份的玛歌庄。"我的祖父是一位艺术商人，他每年都会购买相当于一个橡木桶装的葡萄酒。您知道，那个时期这东西并不贵。我是1928年生的，但是这箱里面还有

1900年和1904年的葡萄酒。"我以为自己在做梦，1900年！多么完美的年份，这瓶酒必须是我的！在1999年，罗伯特·帕克写到："1900年的玛歌庄是不朽的。它犹如花蜜般甘美的味道，令人惊异的丰富度和难以置信的圆润度，使它的名声享誉了整个世纪。这款酒的香气饱满丰富。"他给这款酒打出100分的满分，并且可以再被陈化20－30年，实在是太过完美。接着那位老先生对我说："这瓶1900年份的玛歌庄，我都

不敢打开它。我是独自一个人，我已经喝完两瓶1.5升装，这是我的最后一瓶。但是如果您有一箱12瓶装的1982年或者1990年玛歌庄，我可以跟您交换。我每天都要喝一瓶酒的。在我这样的年纪，这些酒使我保持年轻，我的腿脚和眼睛还不错，而且我也不是聋子。"

1982年份得分98分，而1990年份也获得满分100分！而我只剩一箱1990年份的玛歌庄，但是我还是用它交换了那瓶1900年1.5升装玛歌庄。这瓶1900太珍贵了，更何况它还是1.5升大酒瓶装，瓶口用传统材料密封，它是真品，是最后一瓶，也将继续留存……因为市面上存在许多仿冒品，特别是翻新的假酒。至于世界上最贵的一瓶葡萄酒，应该是1787年份的玛歌庄，它被赋予500 000美金的高价，如果在餐厅被打破，将会获得225 000美金的保险赔偿！

1900年份的玛歌庄，是1.5升大瓶装三部曲中的其中一瓶，另外两瓶是1945年份的木桐庄（Mouton）和1947年份的白马庄（Cheval Blanc）。

"这瓶1900太珍贵了，更何况它还是1.5升大酒瓶装，瓶口用传统材料密封，它是真品，是最后一瓶，也将继续留存……"

Magnum Château Margaux 1900
1.5升装玛歌庄 1900年

产区： 法国，波尔多，玛歌村（Margaux），一级酒庄
葡萄园面积： 80公顷
葡萄品种： 75%的赤霞珠（Cabernet Sauvignon），20%的梅乐（Merlot），品丽珠（Cabernet Franc），小维多（Petit Verdot）
葡萄藤平均年龄： 35年
每年平均产量： 200 00瓶
被杂志《葡萄酒观察家》（*Wine Spectator*，国外著名的葡萄酒杂志）评选为20世纪12种最佳葡萄酒之一
最佳年份： 1900, 1928, 1953, 1982, 1986, 1990, 1996, 2000, 2005.

1900年：南非布尔战争。美国作家莱曼·弗兰克·鲍姆出版《绿野仙踪》。

当我1985年在德鲁奥(Drouot)的一次拍卖会上购得这樽水晶储水瓶时，同时在这次拍卖会中出现的还有1870年的Croizet、1811年的Paulet、1858年的Bisquit-Dubouche等。当时我没有意识到另一个样品，至少没有完全的意识到。实际上，这只由人工嘴巴吹制的、以巴卡拉水晶玻璃为材料的储

"正是这样一只由人工嘴巴吹出的瓶子有着一百年以上的悠久历史！"

水瓶正是19世纪(1873)首次问世的储水瓶的复制品，而现今的水晶瓶一般都是由机器制造的。水瓶形状各异，有鼓型的，歪曲细脖子型的，有百合花、小圆点型点缀其间或是横纹穿越其中的。毫无疑问，20世纪初期，上等的香槟都装在以巴卡拉水晶玻璃为材料的精致小瓶中。正是这样一只由人工嘴巴吹出的瓶子有着一百年以上的悠久历史！

鉴定这些古老的法国国王路易13世纪的古董，有一种简单方法：我们可以试着计算一般有23个齿轮在储水瓶的周围，而现代的瓶子一般只有20个齿轮。而且，现代的瓶塞通常成百合花形状，而以前的风格却是空心的并呈球形锯齿状。最后，古老风格的储水瓶的底部没有磨砂的 "Remy Martin Cognac France" 字样。

这种储水瓶曾与一个带有现代工艺色彩的、有着3种颜色的精致缀带的标签的小副瓶相伴，这瓶著名的白兰地酒于1938年7月21日在凡尔赛宫曾被法国皇家银行赠予英国国王殿下乔治六世和伊丽莎白女王。

据资深收藏者告知，这只小副瓶可以卖到与大储水瓶一样的价钱，Rémy Martin家族是白兰地Frapin中最尊贵的种类之一，并且收藏有最与众不同的、最古老之一的白兰地。我特别欣赏在1850年和1974年期间销售的白兰地酒，我成功地在德鲁奥拍卖会上购买了3瓶。在我的收藏中，有着几百瓶从1790年以来最好的白兰地家族的酒，其中几瓶已经保存下来为2030年一次家庭性质的品酒会做准备。

Cognac Rémy Martin Louis XIII 1900(environ)
人头马路易十三氏 1900年(年份不确定)

法定产区： 法国，沙亨特(Charentes)，科涅克产区(Cognac)

白兰地所采用的葡萄品种为： 10%白福儿(Folle Blanche)，90%白玉霓(Ugni Blanc)。市面上很少能发现纯100%的白福儿白兰地，因为在19世纪的时候，此种葡萄品种经历了严重的葡萄根瘤蚜病。

最佳年份： 1893，1929，1937，1939，1946，1947，1948，1957，1964.

1900年：弗洛伊德出版《梦的解析》。巴黎世界博览会。齐柏林飞艇研制成功。葡萄酒优秀年份。

"这两瓶甜白葡萄酒的口感依旧是那样的超群。古岱堡(Château Coutet)位于巴萨克(Barsac)产区，在1855年时被列为一级酒庄，而塔什酒庄(Château d'Arche)则是苏玳(Sauternes)产区的二级酒庄。"

这串水晶葡萄显示了葡萄在收获季节时的诱人颜色。

在经过了整整一个世纪的漫长岁月以后，这两瓶甜白葡萄酒的口感依旧是那样的超群。古岱堡(Château Coutet)位于巴萨克(Barsac)产区，在1855年时被列为一级酒庄，而塔什酒庄(Château d'Arche)则是苏玳(Sauternes)产区的二级酒庄。在陈酿过程中，这些酒被赋予了一种迷人的金黄颜色，或桃花心木的颜色，又或有一丝巧克力的棕色，这些一点都没有影响到酒体的复杂性以及它的独特品质，散发出一股木瓜泥、百香果、无花果铺、杏干、面包、松香以及蜂蜡的混合香气。

我有一位朋友名叫丹尼尔·阿勒(Daniel Hallée)，他是一个葡萄酒酒吧的老板，也是精品酒和陈酿酒的热衷爱好者。在20世纪80年代末的一天，他跟我说他认识一位来自日本的甜白葡萄酒的疯狂痴迷者。就这样，没过多久，我就在皮埃尔·沙戎(Pierre-Charron)街边的一个小餐馆里与他相识了。攀谈过后，得知他是三得利威士忌(Suntory)的合伙人之一，除了伊甘庄酒(Yquem)，他收集了许多苏玳产区的甜白葡萄酒。在他的酒窖中，收藏着整箱的19世纪出产的苏特罗酒庄(Suduiraut)、吉罗酒庄(Guiraud)、克里蒙酒庄(Climens)以及古岱酒庄的葡萄酒，且这些酒的品质仍然完好如初；另外他还收藏了许多威士忌以及干邑！正巧我也有不少年份久远的陈酿，我便用3瓶1942年份的雅文邑拉波尔多利夫(Laberdolive)换取了古岱堡1900年、塔什酒庄1893年以及一瓶1899年份的苏特罗庄葡萄酒。为了酒瓶的美观，这位日本酒商甚至将这些年份久远的酒瓶上的酒标一一进行了修复。再后来，我也曾品尝过同一时期出产的其他甜酒，例如1893年份的塔什酒，1904和1906年份的伊甘酒等，这些酒都给我留下了无与伦比的美好回忆。

Château Coutet 1900
Château d'Arche 1893
古岱堡 1900年
塔什酒庄 1893年

古岱堡

产地及等级：法国波尔多，巴萨克(Barsac)产区，一等酒庄

葡萄园占地面积：28公顷

葡萄品种：赛美容(Sémillon)，也有少量的长相思(Sauvignon)以及密斯卡岱(Muscatel)

葡萄藤平均年龄：55年

最佳年份：1929，1934，1949，1971，1988，1989，1997，2001.

塔什酒庄

产地及等级：苏玳(Sauternes)产区，二等酒庄

葡萄园占地面积：40公顷

葡萄品种：

赛美容(Sémillon)，也有少量的长相思(Sauvignon)。

葡萄藤平均年龄：40年

最佳年份：1893，1906，1921，1947，1959，1967.

1900年：毕加索举办第一次画展。居里夫人发现镭。普契尼的《托斯卡》问世。

这座17、18世纪时期的古堡四周环绕着由著名园林设计师勒·诺特尔(Le Nôtre)先生设计的花园，庄园的土壤非常肥沃，富含黏土、钙石以及硅石等物质，酿成的酒也因此含有丰富复杂的香气。庄园位于柏涅克产区，本属于冯克尼家族(Fontquernie)，后于1992年被AXA葡萄酒业收购。苏特罗庄酒是一款独一无二的葡萄酒，高贵典雅且丰满悦人，浓厚滑腻，酸度适中，可长久保存。1989年时，酒庄酿制出了一款"顶级乳液"(Crème de Tête)，产量很少，但品质堪比那些顶级的珍酿。我自己也在品鉴了几次以后，发觉这款酒甚至比同年份的伊甘庄酒更胜一筹，它以其优秀的品质在1899、1921和1928年份出产的顶级酒的行列之中名列前茅。我曾品尝过另外几个优秀年份的苏特罗庄酒，例如1947、1959和1967年份酒，其香气甚是复杂：蜂蜜、杏子、香蕉、

杏仁、焦糖、木瓜伐等。而给我印象最深的，则是1982年份的"顶级乳液"，与同年份的巴萨克(Barsac)和苏玳酒区(Sauternes)出产的同类酒相比较，后两者的品质则只能甘拜下风了。

我有幸得到了两瓶1899年份的苏特罗庄酒，为了使它们的保存时间更为长久，我在1995年时将这两瓶酒送回到酒庄重新更换了酒塞。我另外还有一瓶1900年份的苏特罗庄酒，酒瓶中酒的上沿与瓶塞之间只有1厘米的距离，我们可以想象得到，从另一种角度来说，甜白葡萄酒甚至可以使酒塞的保存时间更长一些！

> **"苏特罗庄酒是一款独一无二的葡萄酒，高贵典雅且丰满悦人，浓厚滑腻，酸度适中，可长久保存。"**

Château Suduiraut 1899
苏特罗酒庄 1899年

产地及等级： 苏玳(Sauternes)产区，一等酒庄

葡萄园占地面积： 86公顷

葡萄品种：

赛美容(Sémillon)，也有少量的长相思(Sauvignon)

葡萄藤平均年龄： 35年

最佳年份： 1899, 1921, 1928, 1947, 1959, 1967, 1982, 1988, 1989, 1990, 1997, 2001, 2005, 2007.

Puiforcat于1860年出品的水晶及银质水壶，用作滗清苏玳酒。

1899

1899年：荷兰海牙第一次国际和平会议举行。菲亚特汽车公司在都灵市创建。阿司匹林获得注册商标。

GRAND VIN
DE
CHATEAU LATOUR
1899

历史上，从对抗布列塔尼人和英国人的漫长的百年战争时期起，拉图酒庄(Latour)就已经被人们所熟知了。从17世纪开始，这片葡萄园就享有极高的美誉，18世纪时，葡萄园出产的葡萄酒就已经是波尔多产区最为

"是的，拉图酒是我最钟爱的产于梅多克酒区的葡萄酒。"

昂贵的酒。1787年，痴迷法国葡萄酒的美国前总统托马斯·杰弗逊(Thomas Jefferson)来法旅游，曾对拉图酒赞赏有加，将其与玛歌酒庄(Margaux)、拉菲(Lafite)酒庄以及奥比昂酒庄(Haut-Brion)一同列为一等酒庄。在之后的1855年的评级中更加强化了拉图庄在酒界的尊贵地位，这一时期的拉图庄由希刚家族(Ségur)掌管经营。但在1963年时，酒庄被两家英国公司收购，几经周折后，酒庄终于在1993年时由零售业巨头巴黎春天的老板弗朗索瓦·皮诺(Francois Pinault)收回经营权。

葡萄酒作家米歇尔·道瓦斯(Michel Dovaz)早在1735年时就在一本杂志中发表了一篇关于拉图酒庄的文章，而酒庄1899年份的葡萄酒早就人尽皆知。资深品酒师迈克尔·布罗德班特(Michaël Broadbent)在1976年时曾写道："这款酒以它妩媚的诱惑力以及清新自然的味道将所有人都'迷倒'了。"拉图庄葡萄酒与众不同的地方就在于它能够被长久封存而品质却经久不衰，就连普通年份的拉图酒也具有同样的特质。拉图酒酒体壮实，单宁强劲，浓郁醇厚，丰满厚重，需要等待20甚至30年才能完全释放出其特有的黑加仑子、松露、桑葚以及李子干的香气。我曾经在一次品酒会上同时品尝了上个世纪期间酿制的十多个不同优秀年份的拉图庄酒，就连20世纪初出产的普通年份酒的品质都十分优秀，散发出混合了灌木、牛肝菌和松露的混合味道。是的，拉图酒是我最钟爱的产于梅多克酒区的葡萄酒，尤其是1900和1949年份的拉图酒给我留下了深刻的印象。另外，1961年份酒也是那个世纪最具传奇色彩的佳酿之一。

这瓶1899年份的拉图酒被它的英籍主人在酒窖中储存了近50年，由于他也是伊甘酒(Yquem)的热衷者，故最终向我提议以这瓶1899年份的拉图酒换取我几瓶伊甘庄的葡萄酒。

Château Latour 1899
拉图酒庄 1899年

产地及等级： 法国波尔多，波亚克产区(Pauillac)，一等列级酒庄
葡萄园占地面积： 78公顷
葡萄品种： 79%赤霞珠(Cabernet Sauvignon)，18.5%美乐(Merlot)，1.5%品丽珠(Cabernet Franc)，1%小维多(Petit Verdot)
葡萄藤平均年龄： 50年
年均产量： 180 000瓶
最佳年份： 1870，1899，1900，1928，1949，1961，1982，1990，1996，2000，2003，2005.

1899年：德雷福斯事件。雷诺汽车公司创建。法国葡萄酒优秀年份。

在克里米亚(Crimea)马桑德拉庄园(Massandra)的酒窖中，酒龄最长的是一瓶1775年酿制的葡萄酒，其次是一瓶1837年份的酿酒。储存这些珍酿的酒窖于1894年建成，由7条相互平行、长度为150米的地下甬道组成。

沙皇尼古拉二世和他的皇室家族。

"我收藏的这瓶Lacrima Christi葡萄酒是那仅存的60瓶马桑德拉葡萄酒中的一瓶。"

道组成。那个时期的葡萄酒都是由沙皇王子Golitzin在酒窖中一手酿制的。

十年中，我经常以一些顶级的波尔多酒换取马桑德拉酒庄的葡萄酒，也是通过这些机会，我和酒庄的负责人尼古拉·鲍伊科(Nikolay Boïko)建立了良好的关系。一天，我正在马桑德拉的酒窖中参观，突然发现了几瓶不同寻常的葡萄酒瓶，在每个瓶颈的位置都镶有一个玻璃徽章，上面印着"利瓦迪亚，国王陛下珍藏"的字迹，因为这些酒都是来自沙皇尼古拉二世位于利瓦迪亚(Livadia)私人酒窖的珍品。据估计，现今能找到的流传下来的印有沙皇玻璃徽章的马桑德拉酒只有为数不多的60瓶了。那些历史悠久的马桑德拉葡萄酒堪称国宝级的珍酿，只有取得共和国总统维克托·尤先科(Viktor Youchenko)的特别允许后才可以进行买卖。

我收藏的这瓶Lacrima Christi葡萄酒是1897年——也就是马桑德拉酒窖建造工程接近尾声时期出产的葡萄酒，也是那仅存的60瓶马桑德拉葡萄酒中的一瓶。现在这瓶酒已经被我保存在我于2000年亲自参与建造的个人酒窖中去了。酿制Lacrima Christi del Vesuvio葡萄酒所选用的葡萄就生长在维苏威火山(Vésuve)的山坡上，传说魔鬼们聚集在那不勒斯(Naples)城中，耶稣在凝视他们荒淫无度的那一刻顺着面颊淌下了一滴泪水，这种酒也因此得名"基督之泪"。1866年，这种酒曾被划分为超甜型红葡萄酒，现今则被归为干白葡萄酒，且没有什么特点。与Lacrima Christi del Vesuvio不同的是，Lacrima Christ是西班牙国内酿制马拉加葡萄酒时由酒槽中自然流出的酒液(Vin de Goutte)酿制而成的。在意大利人与西班牙人正在为这款酒的真实原产地身份而激烈争论的时候，俄罗斯人却一点都不担心，他们仍旧在他们的国土上继续酿制波特酒、马拉加酒或是玛莎拉等顶级利口葡萄酒。那里种植着5 000多个葡萄品种，每个品种都有100株，8个葡萄园，每个园区占地面积都达到5 000公顷。马桑德拉完全是一个无人知晓的另一个世界，但这个世界却和我们的世界一样做着同样的事情。在我的个人酒窖中，收藏了世界各地顶级的佳酿，马桑德拉酒庄也同样年复一年地酿制着它的葡萄酒。但我们所了解的Golitzin王子亲手酿制的Lacrima Christi葡萄酒，只有极少的3个年份，这款酒还很年轻，且异常深邃，除了有香草的味道，还伴有杏干、无花果饯和焦糖的香气。这款利口甜烧酒的品质比我们熟知的苏玳酒(Sauternes)、朱朗松葡萄酒(Jurancon)或莱昂丘甜白(Coteaux-du-Layon)更为上乘。

Lacrima Christi, Massandra 1897
马桑德拉酒庄，基督之泪 1897年

产地及等级： 乌克兰克里米亚(Crimea)
(原属于俄罗斯)
葡萄品种： 意大利Lacrima Christi
葡萄藤平均年龄：
该片葡萄园已全部消失
该酒酒精度数为9.5度，并含有280克存留糖分。

1897年：勃拉姆斯逝世。有女性考入巴黎美术学院。

1895
CHATEAU-CHALON
BOURDY Père et Fils
Propriétaires
ARLAY (Jura)

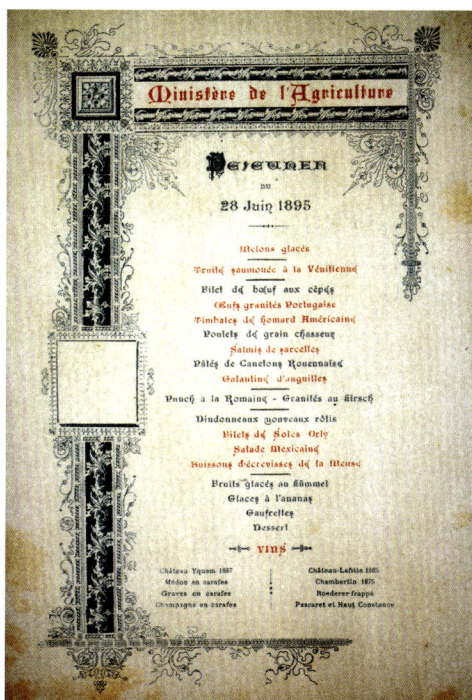

1895年专为农业委员会年会选用的菜单。

曾被评为2000年世界最佳侍酒师冠军的奥利佛·伯西埃(Olivier Poussier)先生向我特别介绍了夏隆堡酒区中的让·布迪酒庄(Jean Bourdy)。这个酒庄从1475年开始，所有25代家族成员都以酿制葡萄酒为生，其中尤为1895年份的葡萄酒最为引人注目，酒体丰满且回味无穷。在我的收藏中，已经有一些20世纪期间出产的优秀年份酒，例如1921和1947年份酒，但还从来没有一瓶1900年以前出产的布迪庄的葡萄酒。

我曾经向让－弗朗索瓦·布迪先生(Jean-François Bourdy)询问过，答案却是："卡瑟耶先生，我们也没有1900年以前的葡萄酒了，最后一瓶1865年份的葡萄酒也已经以3 940欧元的价格在不久前出售了。"当然，我不能就这样轻易放弃，在我的一再坚持下，布迪先生终于答应转让给我一瓶1895年份的家族珍藏，这是一瓶在根瘤蚜病还没有大规模袭击欧洲的葡萄藤以前出产的葡萄酒。我为能收获这瓶珍酿而欣喜若狂。夏隆堡酿制的酒有些类似雪利(Xérès)，都能被保存很长时间，就像这瓶1895年份葡萄酒一样至少还能再陈放100年。曾经有人开瓶品尝了一瓶来自梅耶·阿尔布瓦医生(Miller à Arbois)私人酒窖的1774年份的夏隆堡酒，味道仍旧非常的强劲。

夏隆堡酒被特别地存放在酒桶中进行长达6年之久的陈放过程，且在部分酒液挥发后也并不添加任何其他酒液，随着时间的流逝，在酒的表面甚至生成了一层有益的酵母：Saccharomyces Oviformis。这是一款敢向时间挑战的陈酿，入口强劲有力，主要散发出榛子、核桃、蜂蜜以及松脂的香气。最理想的品尝酒温在16度至18度，一瓶已经开启的夏隆堡酒却仍然能够持续保存几周甚至几个月，口感丝毫未变。一升黄酒，在经过木桶陈酿、挥发和装瓶后，剩下的酒液最终被灌装在仅有62厘升规格的矮胖瓶子里。

亨利·布维雷(Henri Bouvret)是夏隆堡著名的品酒师，他是这样描述1893年份的

"这是一款敢向时间挑战的陈酿，入口强劲有力，主要散发出榛子、核桃、蜂蜜以及松脂的香气。"

夏隆堡酒的：酒体油质滑腻，犹如提取自核桃的浓粹。他还建议我将夏隆堡酒与珍珠鸡蛋煎制的蛋卷，再配以新鲜的羊肚菌一起品尝，味道则更加完美。夏隆堡酒虽然不被众人所赏识，但却以它特别的味道和回味无穷的口感令人难忘。酒庄的葡萄园占地仅为50公顷，土壤由蓝灰色的石灰岩和泥灰岩组成，整个园区紧靠着一座悬崖边上，这使得那里的葡萄能够在充分成熟后再被采摘下来。园区的葡萄产量很有限，大约每公顷产量为2 000升葡萄酒。

Château-Chalon，Bourdy 1895
布迪酒庄，夏隆堡黄酒 1895年

产地及等级：法国汝拉(Jura)，夏隆堡酒区(Chalon)
葡萄园占地面积：整个酒区为50公顷，而布迪酒庄(Bourdy)只占其中的50公亩
葡萄品种：萨瓦涅(Savagnin)
葡萄藤平均年龄：60年
优秀年份：1865，1895，1921，1929，1942，1947，1959，1967，1971，1976，1983，1990.

1895年：卢米艾尔兄弟发明电影放映机。德国物理学家伦琴发现X射线。意大利物理学家马可尼实验无线电报成功。

我有一位朋友名叫安德烈·布维雷(André Bouvret)，他是我认识的汝拉酒区葡萄酒的顶级行家，他经常向我供应一些汝拉产区出产的葡萄酒，尤其是1921、1947和1959等年份的夏隆堡酒，原因之一是希望我的个人收藏内容更加丰富，另一个原因就是他希望通过我将这款夏隆堡酒推荐给我的朋友们，让他们了解这款酒的优秀品质，并告诉他们这款酒可以与孔泰干酪、一盘用羊肚菌烧制的菜肴，或是用法国布莱斯肥小母鸡炖蘑菇等美味菜肴一起搭配饮用更为绝妙。

一天，我们在巴黎的街边偶然相遇了，他冲我笑了笑，继而向我推荐了几瓶1893年份的麦秸酒。可是，这种酒在市面上已经绝迹了呀！他接着向我讲述了这几瓶酒的特殊经历。在1941年战争到来前夕，为了不让德国侵略者发现，一位葡萄园主在他家的地下埋藏了十几瓶用一种短颈大腹瓶灌装的麦秸酒。这几瓶酒被小心翼翼地埋了沙子下面，只有细细的瓶颈还隐约露在外面。就在这几瓶酒的旁边，庄园主也同样埋藏了一块小石

> "麦秸酒这个名字不是由酒的颜色得来的，而是将采摘下来的葡萄在压榨之前摆放在已经铺好了的麦秸杆上晾干，这个过程要持续几个星期甚至是几个月的时间。"

板，并在上面写下了这样一句话："德国鬼子别想把它们抢走！"埋好后，庄园主又在原地铺上了橡木地板，又放上火炉用以掩饰。直到70年后，家族的子孙们在不经意间翻开了那里的地板，这瓶被隐藏多年的酒才又重见天日。在那个时期，麦秸酒还不那么

值钱，我便以800法郎(120欧元)的价格购买了几瓶。就像夏隆堡酒一样，这些麦秸酒可以被轻松地保存至上百年。

麦秸酒这个名字不是由酒的颜色得来的，而是将采摘下来的葡萄在压榨之前摆放在已经铺好了的麦秸杆上晾干，这个过程要持续几个星期甚至是几个月的时间，等到葡萄差不多完全晾干后，这时榨出的汁液是非常稀少的，浓度自然也非常高了。

我曾经品尝过这款金铜色的麦秸酒，其香甜的口感至今仍然记忆犹新：酒中散发出大枣、木瓜酱、杏干以及核桃的香气。酒体强劲有力，丝滑可口，回味绵长。2008年，著名的吉加尔酒庄负责人马塞尔·吉加尔(Marcel Guigal)前来参观我的酒窖，我便邀他一同品尝了一瓶麦秸酒。在品尝之后，他连声称赞道："我还从来没有喝过这么美味的葡萄酒呢！"从我的角度来看，我只能说这种酒是独一无二的，一点都不像现在的那些麦秸酒，而在那些短颈大腹瓶中被封存了将近70年之后，味道依旧清新可口，香气扑鼻，完全可以和1921、1937或1967年份的伊甘酒一争高低。这真是一瓶值得保存数十年的美酒。

Vin de Paille du Jura，Bouvret 1893
布维雷酒庄，汝拉麦秸酒 1893年

产地及等级： 法国汝拉地区(Jura)
葡萄品种： 萨瓦涅(Savagnin)
葡萄园占地面积： 50公顷
葡萄藤平均年龄： 60年
优秀年份： 1865，1893，1921，1929，1947，1959，1983，1990.

20世纪用来导出储存在木桶中葡萄酒的黄铜材质的龙头。

1893年：新西兰，世界第一个给予妇女选举权的国家。葡萄酒优秀年份。

在一次难忘的拍卖经历中,我以总价1 200欧元的价格收获了6瓶雅文邑,它们被放在一个已经有些发霉的、几近变黑的木箱中,酒签上的字迹也只能依稀辨认;同样我还买到了几瓶1938年份的麦卡伦纯麦威士忌(MaCallan)。后来我才知道那次出售的所有酒品都是来自于巴黎丹东街(Rue Danton)边的一座名为"Harry's American Bar"的小酒馆。由于"9.11"事件的恶劣影响,在之后的一段时间里,美国民众已经不敢再到处出国旅行了,因此也再没有人来到这家小酒馆品尝3 000法郎一小杯的1938年份的威士忌了。

在我用来鉴定葡萄酒的个人实验室中,我依次将这几瓶雅文邑又重新细细地打量了一番:从酒瓶、酒签、铝箔瓶帽、酒体颜色,甚至到一些更为细小的细节我都没有错过,最后我可以判定,这几瓶酒确实是真品。接下来,我又咨询了雅文邑酿酒协会的专家,我甚至找到了位于热尔省(Gers)维克费真萨克(Vic-Fezensac)地区的日玛酒庄(Château de Gimat)中的弗朗索瓦·得·拉马埃斯特公爵(Comte François de Lamaëstre)的遗孀,她告诉我这种白兰地就像那些1989、1948或1830年份的同款白兰地一样,在15年前就已经消失了。在那个时期,一瓶1893年份的白兰地就已经售价13 000法郎了,它被灌装在具有巴斯克地区风格的钟形玻璃瓶中,酒标的上沿还用一个印有徽章图案的黑色石蜡加以固定。随后,公爵夫人向我展示了公爵先生的肖像,我顿时对这位酿制19世纪最优秀白兰地的酿酒师肃然起敬。以后,不论哪一天,当我将这瓶白兰地拿出来与朋友分享的时候,我更要将这一段历史,这一段记忆中的财富与他们一同分享。

这款雅文邑由根瘤蚜虫病感染前的葡萄酿制而成,其品质是不可替代的。美国人首先发现了砧木在葡萄种植中的重要保护作用,随后这种技术被广泛传播到世界各地,因此,和其他酿酒一样,这种白兰地的品质也不像以前那样神秘莫测了。另外,1893年份被认为是雅文邑酿造历史上最优秀的年份之一。

Armagnac, Lamaëstre 1893
拉马埃斯特酒庄,雅文邑 1893年

产地及等级: 法国西南,雅文邑地区
(Armagnac)

印有拉马埃斯特(Lamaëstre)边境总督名称的蜡章。

1893年:爱德华·蒙克出版《尖叫》。柴可夫斯基逝世。

2007年时，我曾作为贵宾被邀请至马桑德拉酒庄参加那里举办的一年一度的品酒大会，同时受邀的还有50余位品酒师以及马加拉什(Magaratch)葡萄酒研究院和马桑德拉酒区的研究员们。这之中的每一位来宾都被要求挑选一种酒品尝并从以下方面做出相应的评价：颜色、香气、口感以及余味等。马桑德拉酒庄每年的产酒量为600万升，其中甜烧酒品种有600个。从1897年，也就是马桑德拉酒窖建造工程接近尾声

以及1933年份的阿宇达格(Ayu-Dag)卡奥尔酒等，在克里米亚出产的许多葡萄酒中都能找到一些欧洲葡萄酒的影子。在这次品酒会上，我非常有幸结识了尼古拉·巴维兰科先生(Nikolaï Pavlenko)，他是一名教授、理学博士，同时还担任马加拉什葡萄种植研究学院化学部主任，是他向我极力推荐了这瓶1891年份的马桑德拉波特甜红葡萄酒，这是一瓶来自罗曼诺夫(Romanov)皇家酒窖的珍藏，也是马桑德拉庄园的第一款波特酒，由幕尔韦德(Mourvèdre)葡萄品种酿制而成。当然，另外两个葡萄品种赤霞珠(Cabernet Sauvignon)与穆雷斯特尔(Morastel)也经常用作酿制波特酒。

"这是马桑德拉庄园的第一款波特酒，由慕尔韦度(Mourvèdre)葡萄品种酿制而成。"

的时候开始，为了在每到12年末的时候，每种酒都能得到应有的鉴定，人们便研究出了一套循环品尝的方法，使每种酒在一定时间内都能得到检验。当某些酒经过品鉴后，这些酒便从收藏区中取出，另放别处。一些历史悠远的优秀年份酒至今还沉睡在"葡萄酒的天堂中"，例如1775年份的雪利葡萄酒(Xérès)，1837年份的马德拉酒(Madère)，1865年份的克里米亚麝香葡萄酒(Crimée Muscat)，1888年份的马桑德拉灰皮诺葡萄酒(Massandra Pinot Gris)，1891年份的里瓦利亚波特甜酒(Livaria Port)

位于黑海岸边不远的Aï-Danil是一个产酒的中心地区，那里酿造的波特甜红葡萄酒远近闻名，这里要提到与之有些相像的另一个地方：里瓦利亚(Livadia)，那里曾是沙皇贵族唯一指定的避暑胜地。2001年时，苏富比葡萄酒百科全书(Sotheby's)中的一位鉴赏家曾这样评价1891年份的波特甜红葡萄酒：酒体呈琥珀色，外加红宝石色的诱人色泽，柔滑细腻，有巧克力、黑樱桃的香气，灿烂迷人，还可以被保存更长时间。

Red Port, Massandra 1891
马桑德拉，甜红波特酒 1891年

产地及等级：乌克兰，克里米亚(原属俄罗斯)

葡萄品种：幕尔韦德(Mourvèdre)

葡萄藤平均年龄：80年

年均产量：未知

优秀年份：1893, 1899, 1902, 1903, 1945; Livadia: 1891, 1892, 1894, 1918, 1936, 1944, 1965.

1891年：兰波逝世。柯南·道尔《归来记》。卡内基音乐厅修缮一新。

提到这瓶马桑德拉葡萄酒，我便想起了一段二战时期的历史片段。一直到1897年，这瓶葡萄酒还与其他大量葡萄酒一起被安安静静地存放在沙皇王子Golitzin的酒窖中，但德军不断逼近，终于在1941年秋入侵了克里米亚，沙皇军队不得已制定了297团转移计划，这将近100万瓶葡萄酒也自然被全部装进木箱中，依次贴上标记并加印编号，然后被装入火车运往高加索以及中亚地区。

此后，再没有人知道这些葡萄酒是用哪种葡萄品种酿制的，人们只知道酒中含有一些蜂蜜，并且被灌装在典型的香槟酒瓶中，酒体浑浊不透光，近似黑色的琥珀色，又带有一丝暗绿色，闻起来蜂蜜味道极其浓厚，香气多变，口感浓烈，层次复杂，并有熏烧、香料、黑胡椒、烟草以及香脂的香味。入口后，甜味立刻覆盖了整个味蕾，有水果酱、无花果和李子干的味道，余味绵长，甚至可在口中停留两分钟之多。这是一款令人赞不绝口的美酒，保持了很好的酸度和清新的口感。这款酒还很年轻，仍可以再被保存十几甚至几十年。这款几近消失的葡萄酒现在只剩下为数不多的6、7瓶了，它是由沙皇王子Golitzin(1845－1915)首次酿制的，这位王子和亚历山大·耶格洛夫船长(Alexander Yegorov，1874－1969)一样，都是马桑德拉酒庄的手工酿制人。如今，酒庄的负责人尼古拉·鲍伊科(Nikolay Boïko)先生一直在努力保管着这几瓶国宝级别的葡萄酒，并监督着50余种不同种类的甜烧酒的酿制过程。其中当属1987和2003年份的品质最为卓越。

从1997年以后，我几乎每年都会来到马桑德拉酒庄，因为我在那里发现了这瓶稀有的珍品，我向鲍伊科先生表达了我对这瓶酒的极度热爱和不论多久都要得到它的足够的耐心。直到2005年，鲍伊科先生终于被我成功说服，以对外保密的友情价格向我出售了这瓶我梦寐以求的美酒。

"这是一款令人赞不绝口的美酒，保持了很好的酸度和清新的口感。"

Golitzin王子的肖像，沙皇尼古拉二世的酿酒师。

Massandra，The Honey of Altea Pastures 1886
马桑德拉酒庄，阿尔特·帕思图尔蜜糖甜酒 1886年

产地及等级：乌克兰，克里米亚(原属俄罗斯)
葡萄品种：未知
葡萄藤平均年龄：葡萄园已经消失
优秀年份：1886.

1886年：自由女神像建成。比利时工人起义。

这是一瓶非常具有传奇色彩的葡萄酒，因为自从1890年根瘤蚜流行病大肆横行过后，这种酒从此就消失了。罗伯特·德·郭兰纳先生(Robert de Goulaine)在其著作《稀有或已绝迹的葡萄酒品种》一书中曾对这款酒加以无限的赞美。知名酒专家吉尔·杜·彭达维斯(Gilles du Pontavice)也曾向我说过：能品尝一下19世纪出产的康斯坦提亚酒，是我20年来的唯一梦想。

一天，一位名叫马克·德克斯特(Marc

着的酒庄的继承人。随后，他带我参观了他的酒窖，但那里却并没有什么特别引人注意的好酒。但是他又告诉我，在地下室中的一个柜橱里，另外存放了一些特别的酒瓶。他带我来到了那里，我看到有许多空瓶杂乱地躺倒在一起，其中有萨慕思麝香(Muscats de Samos)、朗姆酒(Rum)、干邑(Cognac)等。在一个小角落里，还有3个黑色的小瓶，酒签甚至有些发霉。我仔细地辨认了一下酒签上的字迹："Constantia, J.P.Cloete, Cape

Van der Stel)选址建园，他探访各地只为精心挑选适合酿造甜酒的红、白葡萄品种。西蒙去世以后，庄园几经易手，被分成几块。再后来，临近酒庄的Hendrick Cloete先生将这片葡萄园买下，为了进一步改良葡萄园的品质，他先后引入种植了Pontac和White muscadel两个葡萄品种，得以酿制出享誉世界的葡萄酒，甚至拿破仑在流放到圣·伊莲娜岛的时候，也不忘时常饮用此酒以自我安慰。世界著名葡萄酒大师休·约翰逊(Hugh Johnson)曾写过这样的内容：19世纪初期的时候，比起伊甘酒(Yquem)、托卡伊酒(Tokay)或是马德拉酒，皇宫的贵族们更喜欢康斯坦提亚酒。不幸的是，葡萄园没有逃过1890年蚜虫害的突然来袭，庄园迅速衰败下来，庄园主也因此而自杀了。在此后长达90年的时间里，那里一直处于荒废的状态。随后，Lowell Jooste先生接手并重振康斯坦提亚酒庄。2008年时，我听说他要来访波尔多，便认定这是一个与他相识的再好不过的机会了，到时候，我还可以请他将我的那3瓶康斯坦提亚酒进行重新封瓶。约会地点定在了他下榻的酒店中，我对他说我曾经在1967至1970年时在南非工作过，但唯一遗憾的就是，我在当地的那段时间，没能收藏到一些康斯坦提亚酒。他却向我解释说，由于1900年的波尔战争，再加上酒庄被荒废多年和恶劣天气的影响，产量已是少之又少，所以想找到一瓶康斯坦提亚酒是绝对不可能的事情，除非可以去那些英国人的酒窖中碰碰运气。我收藏的5瓶，其中有两瓶就是我去英国旅行时找到的。我将这5瓶酒全部打开，邀请Lowell Jooste一同品尝：酒体的颜色呈桃花心木色，有的又仿佛李子似的黑色，闻上去优雅温柔，有果饯、木瓜酱、杏子和焦糖的香气，余韵冗长。在经过重新封瓶后，我现在拥有4瓶绝对完美的康斯坦提亚酒了(第5瓶用来填补其他4瓶的不足量)，现在，这几瓶酒至少还能再被陈放50年。

自1980年后，这片葡萄园被重新修整种植，克莱恩·康斯坦提亚酒庄和格鲁特·康斯坦提亚酒庄(Groot Constantia)继续酿制着康斯坦提亚甜酒，但这些酒已经不能与由感染根瘤蚜病之前的葡萄酿制的酒同日而语了。

> "这是一瓶非常具有传奇色彩的葡萄酒，因为自从1890年根瘤蚜流行病大肆横行过后，这种酒从此就消失了。"

Dekeister)的"城堡写真画家"向我提供了一个消息，他说在离我家大概有30公里远的地方，有一个酒堡，那里的酒窖是拱形的，酒窖的外面堆满了年份久远的但却空空如也的酒瓶。我们猜想，里面会不会还有一些没有打开过，保存完好的酒瓶呢？

就这样，我带着一瓶费迪克奈堡葡萄酒，前来拜访皮埃尔·拉高斯公爵(Pierre de La Coste)，他是这座几年以来都一直闲置

Town"。是康斯坦提亚酒！它们怎么会在这里？公爵向我解释说：19世纪末期的时候，公爵家族中的一员曾被法兰西共和国任命出使驻南非的大使，这名大使曾在康斯坦提亚酒庄居住过，因此得到了几瓶康斯坦提亚酒。就这样，我把这3瓶酒全部收入了囊中。

康斯坦提亚酒的故事起源于1685年，由一位政府工作者西蒙·范德斯代尔(Simon

Klein Constantia 1885
克莱恩·康斯坦提亚 1885年

产地及等级： 南非，康斯坦提亚酒庄
葡萄品种： 麝香(Muscat)等
葡萄藤平均年龄： 30年
年均产量： 30 000瓶
葡萄种植面积： 6公顷
优秀年份： 1987, 1989, 1992, 1995, 1997, 2001, 2002, 2004.

1885年：巴斯德发现狂犬病疫苗。柏林议会上安哥拉被划分为葡萄牙殖民地。维克多·雨果逝世。

要想找寻那些传世佳酿的踪迹，就一定要到那些酿制顶级白兰地的家族式酒庄中去碰碰运气，例如郎岱之家(Chez Landais)、戈捷之家(Chez Gauthier)或莫罗之家(Chez Moreau)等。但是，夏朗德(Charente)省的人们却总是那样的神秘、沉默寡言，对所有事情都异常谨慎，像保护家族的秘密那样保护着他们的干邑陈酿。那一天天气很好，我从一片葡萄园中穿过，呼吸着空气里特殊的气味，时而蹲下拾起一小撮泥土，时而轻轻抚摸从地下长出的葡萄藤。乡下的小路有些狭窄，崎岖迂回，盘旋而上，这里就是大香槟地区，一级酒庄的原产地。在更远处，一个小村庄被一片片松柏树环环围绕，看上去仿佛是一张明信片，那就是利涅尔索纳维尔村庄(Lignères-Sonneville)。我停下步伐，想多欣赏一下这美丽的景色。继续前行不远处，我来到了一座小房子的门前，那里的小狗首先迎接了我，再往里走，房子的主人便

出现在我的面前，他就是雷蒙·杜多农先生(Raymond Dudognon)。在向他讲明我的来意以后，他便邀请我一同品尝他的藏酒，一瓶、两瓶、直至第3瓶。后来我告诉他我是来寻找极品珍酿的，他便带我走向了酿酒库的深处，一个木酒桶静静地躺在那里，上面布满了蜘蛛网，他指着那个酒桶并轻轻地点了点头自豪地说道："这就是大香槟干邑，干邑酒的心脏！酒龄之长，是从我祖父母那里继承下来的似乎是亨利五世时期出产的干邑"。当时的雷蒙·杜多农先生已经是一个60岁高龄的老者了，他用一根他祖父曾经习惯使用的长橄榄形状的玻璃吸管从酒桶中汲取，并向我的杯中注入了少量的干邑酒，顷刻间，异国风味的香气顿时飘满了整个酿酒库，只尝了第一口，就已经使我着了迷，美妙的感觉难以言表。自1985年我第一次踏入他的酒庄，并带走了两瓶只有50年酒龄的干邑葡萄酒以后，随之而来的几年当中，我都会时不时地再次回来拜访他。久而久之，他开始同意出售给我一些60年，甚至70年酒龄的干邑，我们之间也从此结下了深厚的友谊。直到最后的某一天，在品尝了一些酒以后，我们从酒库慢慢

地走出，伴着明亮的月光，他赠送给了我一瓶他珍藏多年的1874年份的干邑葡萄酒。再后来，他前来参观了我的酒窖，当他看到他赠送给我的那瓶1874年份的干邑葡萄酒能和1805年份的拿破仑和1811年份的波莱城堡(Paulet)的葡萄酒并排放在一起的时候，表现得异常吃惊同时也更加自豪无比。

雷蒙·杜多农先生于2002年不幸辞世，他的女儿克劳迪娜(Claudine)接替了父亲的酿酒事业，并把他父亲的那只玻璃吸管和一瓶曾荣获"金质奖章"的干邑一同赠送给我。米歇尔·贝塔尼(Michel Bettane)曾写道："这瓶被授予金质奖章的美酒是我所知道的最负盛名的、最为香醇的干邑葡萄酒之一，堪称酒中的极品，可与1961年份的拉图庄酒或1949年份的木桐庄酒相媲美。"对我来说，这些评价还远远不够。另一款特别陈酿(Réserve ou Héritage)是大香槟区最独一无二的品种，就像用蒸馏方法提取木炭成型煤一样加工酿成，能在饭后品尝少量的特别陈酿，感受它的芳香醇厚，令人心驰神往。在不久前，特别陈酿刚刚在国际品酒会上得到19.5分(满分为20分)的高分，受到普遍的好评。

"这就是大香槟干邑，干邑酒的心脏！"

Cognac Dudognon 1874
杜多农干邑 1874年

产地及等级： 法国夏朗德，干邑地区
葡萄园占地面积： 11公顷
葡萄品种：
Montils，Soares(Colombard)，白玉霓(Ugni Blanc)，白福儿(Folle Blanche)
葡萄藤平均年龄： 40年
酒库存量： 10 000公升的干邑陈酿，可陈放长至100年
干邑陈酿品种： 经久陈年的珍藏佳酿(XO)，特级干邑，大香槟干邑白兰地，优质金牌干邑。

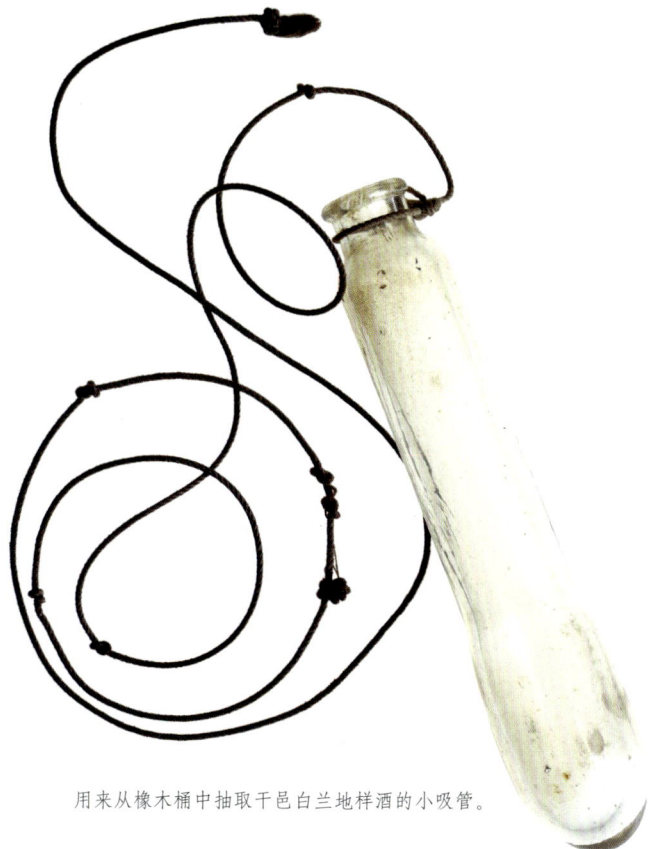

用来从橡木桶中抽取干邑白兰地样酒的小吸管。

1874年：法国禁止13岁以下儿童工作。印象派作品第一次展出。

玛丽·多梅尔格夫人，
将费迪克奈堡赠予我的恩人。

我在1979年的时候第一次品尝了费迪克奈堡的葡萄酒。那一年，我参加了在纽约举办的马拉松大赛，为了庆祝我获得第2 000名的排名，我邀请了一些来自马萨诸塞州(Massachusetts)的长跑选手一同品尝我带来的一瓶达索酒庄(Château-Dassault)的葡萄酒。而他们也带来了一些波美侯葡萄酒(Pomerol)，浓烈可口，这些酒是从一位来自马萨诸塞州林城的名叫多梅尔格(Domergue)的夫人那里购买的。说到多梅尔格夫人，就要介绍一下她的丈夫让-加布里埃尔·多梅尔格(Jean-Gabriel Domergue)，巴黎著名画家，他的兄弟名叫勒内·多梅尔格(René Domergue)，是一位90多岁高龄的善良老人，原居巴黎。勒内收藏了许多名家的绘画作品，数量之多已经占据了他整个的房间甚至酒窖。他那时唯一的亲人就是他兄弟的夫人玛丽·多梅尔格，她晚年的时候一直居住在费迪克奈堡中。勒内对自己收藏的葡萄酒无比自豪，曾数次邀请我到他家品尝。一天，他要求我帮他将几幅伯纳德(Bonnard)、勒纳尔(Renoir)和多梅尔格(Domergue)的作品挂在他家的墙上。1983年的一天令我至今记忆犹新，那是一个星期六的清晨，我正在帮助勒内从他的酒窖里把那些画作向外搬运的时候，突然发现了角落里的一箱葡萄酒，酒瓶的形状完全来自另一个世纪，仔细观察，上面全部被印上了"费迪克奈堡特级酒庄"的记号。这简直就是奇

迹，因为那是费迪克奈堡1870和1893年份生产的绝好陈酿。勒内对我说道："这是我的兄弟让-加布里埃尔收藏的，他只喜欢在一群脖子长长的美丽女子的陪伴下品尝那些可口的陈酿。由于您辛苦地帮助我把那些画搬出来，我决定送给您每个年份各一瓶酒，也许以后我还会送给您更多呢。"

> "酒的颜色如石榴般呈现迷人的红宝石色，伴随着咖啡、焦糖、松露、牛肝菌的混合香气，丰满的酒体和非凡的味道给我留下了难忘的印象。"

就这样，在1983年的一天，我将这两瓶1870和1893年份的费迪克奈堡酒带回了我的酒窖中，与其他几瓶1945、1947和1961年份的酒并排放在了一起。

后来，我获得了费迪克奈堡一半的产权，我的儿子又在1997年收购了另外一半产权。在1993年的时候，我和我的家人一同品尝了一瓶卓越的1893年份的费迪克奈堡酒：酒的颜色如石榴般呈现迷人的红宝石色，伴随着咖啡、焦糖、松露、牛肝菌的混合香气，丰满的酒体和非凡的味道给我留下了难忘的印象。费迪克奈堡位于著名的波美侯高原上，在卓龙庄园(Trotanoy)和拉图庄园(Latour)之间，土壤肥沃。因此，这款酒于1894年在巴黎能够获得金质奖章也就不足为奇了。在随后一段相当漫长的日子里，费迪克奈堡逐渐被人们所遗忘，但我的儿子杰里米(Jérémy)，一位出色的葡萄酒工艺学家，却一直将全部心血都投入在酿酒事业上，对此我感到无比自豪。直至2000年，费迪克奈堡才与乐王吉尔堡(L'Évangile)和拉康斯雍酒庄(La Conseillante)并列一起又被重新列入波美侯五大佳酿之一的行列之中，在2007年时，更是被罗伯特·帕克评价为可与花堡葡萄酒争艳，无与伦比的佳酿。

Château Feytit-Clinet 1870&1893
费迪克奈堡 1870年&1893年

产地及等级： 法国波尔多，波美侯
葡萄园占地面积： 7公顷
葡萄品种：
90%美乐(Merlot)，10%赤霞珠(Cabernet Sauvignon)
葡萄藤平均年龄： 35年
年均产量： 15 000－20 000瓶
最佳年份： 1893, 1900, 1929, 1945, 1961, 1982, 2005, 2006, 2008.

1870年：法普战争。甘比大乘气球逃出巴黎。法兰西第三共和国成立。

现如今，人们已经不再像以前那样酿制歌海娜超甜葡萄酒了，这些在教皇新堡酒区用百年树龄的葡萄藤以晚摘方式采集下来的葡萄粒酿制的歌海娜，产量很少，人们已经很难在市场上找到19世纪时期生产的歌海娜了。我的祖父曾经是一个泥瓦匠，祖母在名叫尚贝勒－巴彤(Chapelle-Bâton)的小乡村上经营着一家小酒馆，而我也就是在那里出生的。祖母在她的小酒馆里摆着一些陈年葡萄酒或一些餐后酒，供客人饮用。很多年以后，我在酒馆里的一个壁橱中发现了几瓶陈年葡萄酒，其中就有两瓶1868年份的歌海娜。这一次，我终于没有抵挡住美酒的诱惑，迫不及待地打开了其中的一瓶。酒体成红宝石色，略现瓦灰色，香气四溢，像极了陈化的茶色波特酒，紧致且复杂。品过之后，淡淡的味道仍许久缭绕，李子干、咖啡、甘草、无花果饯、可可粉等，形成了和谐的别具异国风味的混合香气。

在以前的尚贝勒－巴彤小城镇上有3家小咖啡馆。战争过后，我记得很清楚，人们会在傍晚的时候围坐在一起打牌消遣。这时，我的祖母就会带来一小筐香甜可口的斑皮苹果和一些核桃供大家品尝，人们一边喝酒，一边说笑，气氛甚是融洽。午夜的时候，我的祖父会说："在走之前，请大家再喝一点儿我的比诺甜酒(Pineau)吧！"他的意思是想邀请人们在"适度饮用"的前提下再多喝一杯以助酒兴（就像一些记者在文章中经常劝诫人们适度饮酒那样，可实际上却很少有人愿意听从）。

我们会通过古典艺术的鉴赏品位去品赏煮过的葡萄酒，这其中包括路奈特(Lunet)地区的麝香、法国鲁西荣产区的甜葡萄酒班涅斯(Banyuls)、波特(Porto)……

客厅中的生活艺术品，优美的风韵，精致的珍珠，橡木和乌木这些仍清晰可见，可我们也将在不久的将来无奈的面对它们的遗失。

> "品过之后，淡淡的味道仍许久缭绕，李子干、咖啡、甘草、无花果饯、可可粉等，形成了和谐的别具异国风味的混合香气。"

Grenache 1868
歌海娜 1868年

来源：法国，朗格多克酒区(Languedoc)或罗纳河谷酒区(Rhône Valley)南部
葡萄品种：歌海娜(Grenache)，天然甜酒。

我的祖父约瑟夫－路易·卡瑟耶(Joseph-Louis Chasseuil)。

1868年：日本明治时期。妥耶夫斯基发表《白痴》。克洛玛侬人出土。罗西尼逝世。

在马丽·特雷斯号台上存现的吸食鸦片的烟斗和冲头。

达索酒庄(Dassault)的一个老朋友尼古拉·波塔伯夫(Nicolas de Potapoff)向我介绍了一位名叫沙唐(Chastan)的先生，他是一位在中国海南部的一片海域中工作的"掘金者"，更准确地说是位于印度尼西亚的班加岛和勿里洞岛中间的加伯斯海峡(Gaspar)，也就是在那里，曾经先后有至少25只来自欧洲的船舶相继在这里沉没，那里简直就是来往于丝绸之路和香料之路上的水手们的坟墓！沙唐先生与他公司里的另一些当地合伙人一起，共同发掘了玛丽·特雷斯号(Marie-Thérèse)帆船的遗骸。那是1872年2月29日，一艘从波尔多出发去往西贡的三桅船，在一片暗滩上不幸触礁之后跌入20米深的海底深处。在沙唐的带领下，工作人员们打捞出了一大批葡萄酒，其中包括香槟酒、马德拉葡萄酒(Madère)、马拉加麝香葡萄酒(Malaga)以及波尔多葡萄酒(其中3 100瓶完好无损，2 000瓶破损流失)，随后还打

捞出一些用来吸食鸦片的烟斗和一些餐具，另外还有5个保险箱，2个罗盘以及1个温度计。其中还有一些拉路斯酒庄的葡萄酒，对于这些酒的识别还要多亏了酒箱上的文字说明，后又经过波尔多品酒学院的鉴定加以验证。在验证过程中，学院的教授勒内·比加苏(René Pijassou)先生在品尝后写道："该酒极为醇香，混合有柑橘、皮革、香料、烟草和枯叶的香气。酒体虽然有些失去光泽，却依旧浓厚、深邃，略显板栗之色。入口口感极为鲜明，但略欠醇厚，后味不够绵长，且有较重的咸味。"

80年代时期，所有这些打捞上来的遗物全部在波尔多的世界葡萄酒之城里拍卖一空。但沙唐先生还是将几瓶极品保留了下来，其中一瓶的原装锡箔瓶帽虽然早已被氧化，但密封程度绝不亚于当年，以至于该瓶酒的品质仍旧那样的优秀，令人难以置信。也正是由于这个原因，除这瓶酒之外的另外打捞上来的200瓶酒都被送回酒庄重新封瓶。就这样，我以一整箱2000年份的费迪克奈堡酒(Feytit-Clinet)的代价换取了他这瓶极品，我还有另外6瓶保存完好的拉路斯庄酒，经重新封瓶后焕然一新。1995年的一天，我将之前的那一瓶瓶帽被氧化了的拉路斯庄酒和其他一些19世纪末生产的梅多克葡萄酒(Médoc)一同开瓶品尝。130多年过去了，经最初遭遇沉船中国海底最终回归故乡的这瓶葡萄酒，虽几经磨难，但其品质却始终经久不变。

我非常喜爱圣－朱利安产区出产的葡萄酒，高贵典雅，饱满甜润，其中最出名的就是雄狮庄园(Léoville-Lascases)的葡萄酒。时至今日，我仍然对拉路斯酒庄1982、1986和1990年份酒的美味记忆犹新。

"我非常喜爱圣－朱利安产区出产的葡萄酒，高贵典雅，饱满甜润。"

Château Gruaud-Larose 1865
拉路斯酒庄 1865年

产地及等级：法国波尔多，圣－朱利安区(Saint-Julien)，二等列级酒庄
葡萄园占地面积：80公顷
葡萄品种：55%赤霞珠(Cabernet Sauvignon)，30%美乐(Merlot)，15%品丽珠(Cabernet Franc)，另有一些小维多(Petit Verdot)及马尔贝克(Malbec)
葡萄藤平均年龄：40年
年均产量：250 000瓶
最佳年份：1928，1945，1953，1961，1982，1986，2005。

1865年：美国南北战争结束。美国废除奴隶制。林肯总统被暗杀。《爱丽丝梦游仙境》出版。

> "闻上去有淡淡的香气，入口较干涩，有核桃的味道，回味持久，有些像雪利葡萄酒，干涩且厚实。"

在我心中，一直有一个疑问亟待破解：有一种被命名为祖科(Zucco)的白葡萄酒，铝箔瓶帽的顶端印着一个由3只排成螺旋桨状的女子的纤细美腿组成的标志。我曾经收藏了4瓶这样的酒，而我决定拿出其中的一瓶与我的朋友让·索里斯(Jean Solis)一同分享：闻上去有淡淡的香气，入口较干涩，有核桃的味道，回味持久，有些像雪利葡萄酒，干涩且厚实。让我们一起回忆一下这些酒的来历吧。那铝箔瓶帽上的标记出自意大利的西西里岛，至于酒的名字"祖科"，则是亨利·德·奥尔良(Henri d'Orléans)的一片葡萄园的名字。亨利就是路易-菲利普国

王(Louis-Philippe)的第5个儿子，更多的是被称为奥马公爵(Duc d'Aumale)，他的妻子本是他的堂妹，也就是两西西里王国(Deux-Siciles)的日耳曼公主。亨利非常富有，曾经是法国拥有土地面积最大的庄园主。公爵人生的前一部分在军队中度过，后来被法兰西共和国流放国外，在去世前将自己的尚蒂伊古堡(Château de Chantilly)赠送给了法兰西学院。他于1853年在巴勒莫(Palerme)买下了一大片土地，后在1897年扩展到6 000公顷，土地上耕种着小麦、橄榄树、柠檬树、开心果，这里还生产多种多样的葡萄酒，最著名的就是祖科。这是一款有些干涩、强劲且极其稀有的美酒，甚至用来酿制此酒的那片葡萄田里的葡萄都需要有人日夜守护。1866年，这款酒在巴黎的售价仅为3.35法郎，与一瓶不错的波尔多酒的价格不相上下。奥马公爵在1897年去世以后，他辛勤种植的葡萄田也随之消失了。对于以后的事情，就无从考证了，但这瓶祖科当仁不让被我列在了一百瓶顶级佳酿的行列当中。

酿制这款酒的主要葡萄品种似乎是安索利亚(Insolia)，在西西里的西部地区广泛种植。奥马公爵的故居就坐落在一个叫Terrasini的小村落里，而这个小村落现如今已经成为纪念公爵的博物馆了，我们在那里仍然能找到1875年份的祖科酒，而我收藏的那3瓶是保存时间最长且味道始终如一的珍品。

Vin de Zucco，dus d'Aumale 1865
祖科葡萄酒，奥马公爵 1865年

产地：意大利，西西里
葡萄品种：安索利亚(Insolia)
葡萄藤平均年龄：该葡萄庄园已经全部消失

1865年："苏人"起义。三K党成立。法国葡萄产区出现根瘤蚜灾害。

提起这瓶御鹿干邑白兰地，我便想起了一些似乎有些离奇的回忆。

1976年，我曾远赴莫斯科只为了与一位在之前一次旅途中偶遇相识的名叫塔玛拉的迷人女子再次相会。在一起随行的旅途中，我结识了一位名叫弗朗索瓦·杜勃莱(François Doublet)的法国人，而他此行的目的也是为了迎娶一名叫拉丽萨的女子。因为我会讲一些英语，他便请求我在办理一些繁冗的手续过程中充当翻译。在返回巴黎后，为了感谢我的帮助，他便邀请我到他在圣－克劳德(Saint-Cloud)的家中做客。

"这瓶酒是来自一个沙皇酒窖的珍藏。"

在他家中，他曾对我说："你其实也应该把那位美丽的塔玛拉娶回来，我会陪你一起再赴莫斯科的，我是戈尔什(Garches)医院的护士。另外，为了感谢你，我要送给你这瓶1863年份的干邑葡萄酒，我还有好几瓶这样的酒，因为拉丽萨与圣彼得堡的一个沙皇酒窖里的人非常熟识"。正说着，他便拉开了一个抽屉，里面存放了许多镶在金色木框中的五颜六色的图画，在这些画的旁边，还放着一把不小的厨刀，正是这把刀着实把我

吓了一跳。又过了一些日子，我受到巴黎法国国家情报监测部门的召见，接待我的先生名叫帕拉(Para)，他开门见山地问道："卡瑟耶先生，您愿不愿意接受去法国驻莫斯科使馆的工作机会？这样，您就可以与您的塔玛拉团聚了"。他的这个问题使我吃惊得有些发呆，他是怎么知道这些事情的？他继续说道："不要考虑的太多，卡瑟耶先生，我们知道您的一切。我们将会提供给您一份绝对令您满意的薪金。"就这样，我的生活被完全改变了，塔玛拉成为了我生命中最美丽的那个女人。一次，我向一位朋友苏什上校(Suche)讲述了我的这段经历，他当时是一名退役的警察，在达索(Dassault)的安全部门工作。听我诉说完以后，他斩钉截铁地判断到：这肯定和间谍活动有关。之后，我谨慎听取了他的建议并一一遵守。几个月过去了，我在一些报纸的头条上读到了一条惊人的消息，上面写着：弗朗索瓦·杜勃莱被刺杀者击中头部后毙命，这个具有双重身份的特工，根本不是什么护士，而是打着图尔奈勒餐厅(Restaurant des Tournelles)负责人的旗号，暗地里却是一个可怕的间谍。而周围众人的疑问一下都集中到了我的身上："在莫斯科的时候，你们曾经住在同一个房间里，那么先生，您又了解一些关于这个间谍的什么情况呢？"之后，拉丽萨一直被控制在弗路里－梅鲁吉斯(Fleury-Mérogis)区域内，但终究还是躲过了法律的起诉。

还是让我们回来关注一下这瓶1863年份的御鹿干邑白兰地吧，在瓶后的酒签上写着：运往至圣彼得堡·1909年4月28日·尼古拉二世珍藏特优香槟。

这瓶干邑白兰地因此具有特别的历史意义，对我来说也有很深的情感价值。30年后的2006年，我竟在莫斯科的一个奢侈品店中再次偶遇了塔玛拉……

Hine Cognac 1863
御鹿干邑 1863年

产地及等级：法国夏朗特(Charentes)，干邑地区

1863年：红十字会成立。法国远征墨西哥。新西兰黄金热。

在之前的章节中我曾介绍过，我的祖父母都在家乡的一个名叫尚贝勒·巴彤(Chapelle-Bâton)的小乡村里工作。而在那里出生的我，从12岁起，就成为了一个邮票的热衷收藏者，同时也寻找一些与集邮有关的各种历史资料。在成为世界稀有葡萄酒收藏家以前，我把所有精力都集中在这些贯穿1550至1850年间的羊皮纸质的历史资料中，每张羊皮信纸的里面是信的内容，经过折叠后，在信的背面就可以直接印上或刻上发信城市的名称作为信封使用，之后再用一条彩色丝带将信封包扎好后便可寄出。

"这瓶酒是法国最后一个国王的私人酒窖中的珍藏，独一无二。"

1990年时，我不得已以几枚盖有邮戳的稀有信封为代价，换取了这瓶1850年份的奥尔良路易·菲利普。事情经过是这样的：我正在德鲁奥(Drouot)街头的集邮小店中搜寻古董邮票的时候，结识了一位邮票古董商，非常凑巧的是，他也对16及17世纪间邮寄往来的羊皮信封很感兴趣，他的父亲也是一位邮票古董商，并收藏有一瓶被灌装在吹制玻璃瓶里的葡萄酒，在酒瓶的肩部刻有一个圆形的写有LPO(Louis-Philippe d'Orléans)首字母缩写的标志。我决定不惜任何代价，将这瓶极具历史意义的葡萄酒带回我的酒窖中，与1805年份的奥斯德利兹(Austerlitz)以及特拉瑞斯酒庄(Tuileries)的葡萄酒摆放在一起。

这瓶酒是这位古董商的父亲于1987年在凡尔赛宫里举办的法国轻骑兵团(Chevau-Légers)纪念品拍卖会上购买的。渐渐地，我对于稀有珍酿的收藏兴趣明显地超过了集邮的兴趣，以稀有信封交换葡萄酒的过程对我来说是非常痛苦的，不得已忍痛割爱。就这样，我出手了6个最稀有的信封。在我眼中，这些信封就是用丝带缠绕装饰起来的一封封小小的信纸。我至今还清楚地记得一个1570年的古老信封的模样，信封是用羊皮制成的，上面满是用鹅毛墨笔写下的字迹。但是我仍然还留有一些在那时期用马车从一个村落投递到另一个村落的信封，那时的人们还不知道自行车是什么样子。这瓶酒是法国最后一个国王的私人酒窖中的珍藏，独一无二，被封了蜡的酒塞仍旧保存完好，后基于家族传统礼仪，国王最后将这瓶稀世珍品送给了他的祖母。

Louis-Philippe d'Orléans 1850
奥尔良路易·菲利普 1850年

产地及等级：法国，勃艮第产区

证明这瓶酒是王室所有的徽章。

1850年：加利福尼亚州加入美国联邦。穿过哈德逊海湾和白令海峡之间。

读者们也许会问，在这本专门介绍顶级珍酿葡萄酒的书里，怎么还会穿插介绍一瓶香醋呢？但请不要忘了，这瓶香醋是由葡萄汁酿成的，自出产之日起已经过去了150年了，但其依旧顶级的品质完全可以和一瓶糖浆般的马拉加陈酿(Malaga)或是西班牙的雪利酒相媲美。如果可以的话，我倒是很愿意每天都享用一小勺，因为"口腔——一个可以发声的空腔，上帝赐予人类最重要的身体特征"里布满了识别各种味道的味觉器官以区分那些难以形容的又难以忘记的复杂味道。罗西尼(Rossini)称这款香醋治好了他的坏血病，而著名男高音歌唱家帕瓦罗蒂(Pavarotti)也是它的热衷者。人们常说，如果在一小块帕尔玛干酪(Parmesan)或是草莓上滴上几滴香醋品尝的话，会享受到一种意想不到的愉悦。这种绝妙的吃法还要感谢我的朋友卡洛斯·多斯(Carlos Dossi)，是他教给我怎样品尝传统的摩德纳(Modène)香醋。他长居在巴黎，是一位来自意大利米兰的享乐主义者，米兰也因火腿以及西施佳雅葡萄酒(Sassicaia)而更加出名。

摩德纳传统香醋是由焙烧过的葡萄汁酿制而成的，再经过漫长的醋化过程以及通过有规律的陈酿方法，也就是说在不同品种木

头打制的酒桶中依次保存并且逐渐浓缩：橡木桶陈酿一段时间后汲取80升，之后转入樱桃木木桶陈酿后汲取60升，白蜡树木桶陈酿后汲取50升，栗树木桶陈酿后汲取40升，桑树木桶陈酿后汲取30升，洋槐木桶陈酿后汲取20升，最后转入柏树木桶经陈酿一段时间后汲取10升。这一系列的转换被称为"填充"，依据规定，这个过程要经过至少12年的时间完成才能合乎标准，有些香醋的陈酿过程甚至长达30年，其品质就不言而喻了。

> "这瓶香醋自出产之日起已经过去了150年了，但其依旧顶级的品质，完全可以和一瓶糖浆般的马拉加陈酿(Malaga)或是西班牙的雪利酒相媲美。"

陈酿过程结束后，精华液体便被倾析至数个小罐子中，以每瓶10厘升的传统规格出售，每瓶的价钱也从150欧元至1 500欧元不等。这些好比"蜂王浆"的香醋的价格甚至比上好的鱼子酱的价格有过之而无不及，更能与

那些顶级厨艺中使用的只有在天边才能寻觅到的藏红花的价格相媲美。香醋顶级的酿造作坊当属莱昂纳蒂(Leonardi)以及佩德罗尼(Pedroni)了。

一些人对于香醋的追捧日趋热烈，一些香醋甚至被放到拍卖行中进行拍卖，其中有一位华裔饭店老板带来的一瓶10厘升的50年历史的香醋以最高价1 800欧元的价格拍卖。我有一位朋友名叫菲利普·高昂(Philippe Cohen)，是威泰庄园(Château Vieux Taillefer)的庄园主，还有另外一位朋友罗兰·卡佐特(Laurent Cazottes)，是手工烧酒酿制师，在这两位朋友的引荐下，我结识了迪纳罗集团(Dinaro)的代表，同样也是莱昂纳蒂庄园顶级香醋的进口商：罗萨娜(Rosanna)和帕斯卡·依特力(Pascal Irtelli)，我也因此有幸收获了这瓶拥有150年历史的顶级香醋。看到我对这瓶香醋的钟爱之情，他们便以非常优惠的价格出售给了我。像这样具有100或150年陈酿历史的香醋在市场上是绝对见不到的，只有在孩子的婚礼上，父母才会将一瓶珍藏的香醋送给两位新人作为结婚礼物。我所拥有的这一瓶已经是极其珍贵的纪念品了，也许要得到另外一瓶，我才能够有足够的勇气将第一瓶打开来品尝。

Vinaigre Balsamique，Leonardi 1850
莱昂纳蒂香醋 1850年

葡萄品种： 主要由摩德纳地区种植的Trebbiano和Lambrusco品种酿成，但其中也混合了其他几个品种。香醋呈深棕色，富有光泽，似糖浆般粘稠，香气复杂，沁人心脾，令人着迷，味道清淡，略带醋味，柔滑可口。

等级： 摩德纳(Modène)香醋，由葡萄酒醋和焙烧过的葡萄汁混合酿制而成，稍有酸味但香气扑鼻。

摩德纳传统香醋，仅由焙烧过的葡萄汁酿成，陈酿过程最少为12年。

本节所讲到的就是这种传统香醋，自一段时间以来，被原产地控制命名保护，并被认为是调味品。而另一种没有资格注明"传统"字样的，则仍旧被认为是普通食醋。

1850年：巴尔扎克逝世。非洲黑奴贸易结束。

HA BⁿE G. BONANN

1850

Siracusa

ecchio

1988年6月26日是一个星期日，在这一天，凡尔赛宫里的轻骑兵团长廊中，布吉瓦尔(Bougival)地区一个名叫Le Coq Hardy的饭店酒窖正要举办一场拍卖会，所拍卖的酒类之中有不少极富传奇色彩的美酒：木桐(Mouton)1859年份、伊甘(Yquem)1847年份、拉菲(Lafite)1865年份、雪利(Xérès)1847年份等。但其中我最感兴趣的一瓶，就是锡拉库斯(Syracuse)酒庄1850年份的一瓶葡萄酒！

我向一位名叫迪迪埃·瑟龚(Didier Segon)的内行酒商打听之后了解了一些情况，我对他说："这确实是一瓶非常稀有的酒，我和拍卖估价人之前一起品尝了一瓶，比伊甘强劲10倍，这简直是太不可思议了！"

另外一位爱好者接着说道："一瓶1847年份的伊甘已经价值5万法郎了，而这种锡拉库斯酒则更加稀少珍贵，你要是想得到这样一瓶酒，恐怕你要把你的存钱罐都要杂碎啰！"

在拍卖的那一天，我早早地就来到了会场，那里竟然没有什么人，因为大多数人都更愿意在这个天气晴朗的星期天出去散散步，而且，拍卖图录又由于邮递员的大罢工而没能及时发送出去。我不禁想到，我是多么幸运啊。拍卖会开始了，却没有一个人认识这瓶锡拉库斯酒，而那20多瓶19世纪出产的伊甘庄酒的光芒早已盖过了那瓶锡拉库斯酒。当拍卖到这瓶酒时，拍卖估价人首先从1 000法郎起价，我像其他人一样加价，心中却没抱太多的希望。当价格上涨到3 000法郎的时候骤然停止了，漫长的几秒钟过去了，仍然再没有人加价，这简直不可能！我不由自主地加到3 200法郎，这时，锤声下落，这瓶酒属于我了！

估价人继而问道："您要一瓶还是两瓶？"

我不假思索地回答道："以同样的价钱么？我两瓶都要！"

其实这两瓶锡拉库斯酒并不值什么钱，

而对于我这种并不那么富有的人来说，这两瓶酒花了我6 400法郎，相当于我一个月的月薪就这样消失了，这就是痴狂。我有些后悔，但却感到一丝欣慰，我的守卫员也不停地夸奖我的运气实在是太好了。

后来，我在那次的拍卖图录中读到了一小段关于这瓶酒的评论："锡拉库斯酒被认为是19世纪出产的超甜葡萄酒中的佼佼者，甚至可以与家喻户晓的西拉子葡萄酒(Shiraz)或康斯坦提亚葡萄酒(Constancia)相提并论。锡拉库斯酒是由颇受高度评价的麝香葡萄酿制而成，如今已经成为市场上的稀有酒类。酒瓶包装保存完好，我在1987年时开启了其中的一瓶进行品尝，美味可口令人称赞。"评论的最后是那位估价人的签名。

虽然酿制锡拉库斯酒的葡萄园已经在19世纪时消失了，但这种酒可以称得上是现今最稀有且最负盛名的葡萄酒，远远排在著名的康斯坦提亚葡萄酒或是塞浦路斯科姆玛迪尔(Commanderia)甜葡萄酒之前的位置。

20年过去了，这两瓶曾经是卢浮宫中的稀有珍贵纪念品始终被我小心翼翼地保存在酒窖中。

"这种酒可以称得上是现今最稀有且最负盛名的葡萄酒，远远排在著名的康斯坦提亚葡萄酒或是塞浦路斯科姆玛迪尔(Commanderia)甜葡萄酒之前的位置。"

Syracuse 1850
锡拉库斯葡萄酒 1850年

产地及等级：
意大利西西里，锡拉库斯酒
葡萄品种：麝香(Muscat)
特性：超甜葡萄酒，显油质，桃花心木色的酒裙，西西里出产的颇具历史意义的葡萄酒。

古代饮用葡萄酒的酒杯。

1850

1850年：澳大利亚黄金热。爱德华·万勃首次攀登了位于厄瓜多尔的钦博拉索山。

CHÂTEAU
BEL AIR-MARQUIS D'ALIGRE
GRAND CRU EXCEPTIONNEL
MARGAUX
APPELLATION MARGAUX CONTROLÉE
1850
P. BOYER, Propriétaire

Vin de Louise
1848
Soussans

1985年1月24日，凯·隆德梅尔(Guy Londmer)手持象牙锤，在专家马哈提也父子的协助下主持了在巴黎的一个葡萄酒拍卖会。拍卖品中有3瓶宝莱尔阿力格侯爵19世纪中期年份的葡萄酒。这3瓶酒使人们回忆起《走向世界》(Monde Illustré)杂志1858年9月25日那一期刊登的内容："两家最受欢迎的餐厅的负责人宣称，他们赞成向生产数量很少的波尔多地区某葡萄酒支付高额的价格，因为这是阿力格侯爵(Marquis d'Aligre)珍藏的并未用于商业交易的葡萄酒。我们将这一事件称之为'玛歌保卫战'(Margaux défendu)。事实上，这3瓶酒的瓶子是由放置橄榄油的玻璃瓶熔制而成的，瓶肩上印刻着两枚奖章，一个是"玛歌宝莱尔阿力格侯爵"(MARGAUX BEL-AIR MARQUIS D'ALIGRE)，另一个月牙花边内刻着"保卫离开"(DEFENDU D'EN LAISSER)。这里的"保卫"一词是一段阿力格侯爵传奇的缩写。阿力格侯爵是宝莱尔庄的所有者，这片庄园位于玛歌村(Margaux)产区。这片葡萄园并没有受到葡萄酒贸易的影响，它所生产的葡萄酒都是提供给庄园的朋友或者一些贵族的。在这位侯爵去世以后，曾出演过耐斯勒之塔(La Tour de Nesles)的演员弗莱德里克·盖拉赫代(Frédéric Gaillardet)和伊侬维勒伯爵(Comte d'Ignonville)买下了庄园里剩下的那些著名的葡萄酒，这些酒只有33瓶，然后他们将这些酒卖给了那两家餐厅。"还

要说明的是，阿力格侯爵的后代是一位在沙尔特(Chartres)的皮匠，夫妇两人拥有一片超过20 000公顷的土地。他们靠着生产、销售葡萄酒为生，并且在1855年世界博览会(Exposition Universelle)上展出了他们的葡萄酒样品，这也解释了为什么宝莱尔庄没有被

"这些酒色泽清亮，在储藏150年后呈现出卓越的酒色。"

纳入1855年梅多克(Médoc)产区分级。2000年，我品尝到了两瓶保存仍然很好的宝莱尔庄葡萄酒，它们已经被储藏了很长时间，但是这些酒色泽清亮，在储藏150年后呈现出卓越的酒色。

在1985年的这次拍卖中，12瓶这样的葡萄酒被展示出来，它们都被良好储藏并保

持着很高的品质。但是，没有人对它们感兴趣，于是我用7 200法郎的价钱把这4件拍卖品全部购回。在自己酒窖内经过仔细检查，我认出其中一瓶上面刻着印章，内容如下："玛歌柏麦厚侯爵宝莱尔庄"(MARGAUX BEL-AIR MARQUIS DE POMMEREU)。这位侯爵是阿力格侯爵的女婿，他最后继承了阿力格侯爵的遗产，成为这座酒庄的主人。这些酒中，只有这一瓶有这样的印章，而它是属于我的！

最后，我在1990年发现了第3批宝莱尔庄葡萄酒，幸好我认出了瓶上的传奇人物马克斯·卡拉索(Max Calasou)，这批酒只有30 000瓶。我在其中一瓶上发现了一个印章，上面写着"禁止出售"，而这批酒有一半已经被损坏了。它们是在罗克塔雅德酒庄(Chateau Roquetaillade)被偶然发现的，其中一些还是满瓶的。酒标上写着"路易斯·苏桑葡萄酒1848"(Louise-Soussans)(苏桑，今天我们称它为玛歌村，是发现宝莱尔庄的地方)。这个庄园很坚挺，它始建于1310年，是为了教皇克莱蒙特五世(Pape Clément V)的女婿而修建的，它从来没有被出售过。家里的一位朋友给了我两瓶完美的卡比亚庄葡萄酒(Carpia)，这个庄园的主人是让-皮埃尔·德巴里图尔特子爵(Vicomte Jean-Pierre de Baritault)。这两瓶酒是我的这位朋友用一箱1990年份飞卓庄(Château-Figeac)葡萄酒换来的，是他最喜欢的一款酒。

Château Bel-Air Marquis d'Aligre
Marquis de Pommereu 1850
Vin de Louise 1848
阿力格侯爵与柏麦厚侯爵宝莱尔庄 1850年
路易斯葡萄酒 1848年

产区：法国，波尔多，玛歌(Margaux)
葡萄园面积：17公顷
葡萄品种：

赤霞珠(Cabernet Sauvignon)，品丽珠(Cabernet Franc)，美乐(Merlot)，小维多(Petit Verdot)，马尔贝克(Malbec)
葡萄藤年龄：35年
收获率：稀少

1850年：李斯特指挥《瓦格纳的罗恩戈林》。

1848 г.

Украина, Крым, Ялта, ул. Мира, 6
...ональное производственно-аграрное объединение

МАССАНДРА

коллекционное вино

Мускат Люнель

> "吕奈尔麝香葡萄酒是法国朗格多克产区出产的一种利口酒，由颗粒很小的原产于希腊的麝香葡萄酿制而成。"

这瓶麝香葡萄酒是马桑德拉酒庄驻伦敦办事处负责人塞日·弗斯特(Sergei Foster)先生作为礼物送给我的，我是在马桑德拉酒庄年度品酒会上与他相识的。我曾带他到勃艮第和波尔多的一些葡萄园中进行参观，当然，我也带他参观了我的个人酒窖。就这样，我们成为了无话不谈的好朋友。

在参观结束后，他从汽车的后备箱中取出了一个上面印有代表马桑德拉酒庄的金色徽章的木盒子，之后便对我说道："卡瑟耶先生，请允许我把这瓶1848年份的吕奈尔麝香葡萄酒赠送给您。我本来是想一个人独自享受它，或者是用它来换取您几瓶柏图斯庄葡萄酒的，但我现在什么也不想了，我要把他送给您，因为我会自豪地看着这瓶酒被放入您那世界上独一无二的个人葡萄酒收藏馆中去。"

随后，他还向我介绍了一段苏富比(Sotheby's)葡萄酒百科全书中对此酒的一段描述："酒精度数为20.5度，每升含糖量为230克，酒裙呈偏红的琥珀色，焦糖布丁的香气异常扑鼻，闻起来令人舒爽，酒精之感非常突出，焦糖和咖啡的味道充满了口中，和谐、柔顺、平衡、余位绵长，果饮的后味尤其突出，清爽迷人，还有一丝完美的果酸回旋在口中。"

在马桑德拉酒庄中，这款酒好像只剩下仅有的3瓶了。塞日·弗斯特先生送给我的那瓶上面还标有"Duff Gordon and Co."的提名，这是Cadix地区一家酒商协会的名字。这个协会由一位名叫詹姆斯·杜弗(James Duff)的苏格兰人于1772年成立，他是当时驻Cadix的总领事。之后，他的侄子威廉姆·杜弗-高冬(William Duff-Gordon)继承了他的事业。这个酒商协会一直致力于将葡萄酒销往国外，并在俄罗斯设立一家办事处，取名"Osborne"，于1890年解散。但"Osborne"这个名字却像波特酒的名字那样被一直沿用下来，杜弗-高冬这个名字也由他的小孙子高斯莫·杜弗-高冬(Cosmo D-G.)和其妻露西(Lucy)两人的出名而再次被人瞩目，他们曾经是泰坦尼克(Titanic)海难的见证者，在巨轮沉没前，一艘小艇仅仅救出了12名幸运者，他们两夫妻就在其中之列。得救后，露西的随从秘书请另外11位幸运者在露西身上穿的那件救生衣上一一签下他们的名字，以作缅怀。2006年，这件救生衣在伦敦的拍卖价格为6万英镑。

吕奈尔麝香葡萄酒是法国朗格多克产区出产的一种利口酒，由颗粒很小的原产于希腊的麝香葡萄酿制而成。我们可以猜想，这瓶酒在被收藏入Golitzin王子的个人酒窖之前，应该准备是从法国输出，运往Cadix、伦敦或是汉堡的。

18世纪画有众人品酒图案的折扇。

Muscat de Lunel 1848
吕奈尔麝香葡萄酒 1848年

产地及等级：法国朗格多克(Languedoc)，
吕奈尔(Lunel)产区
乌克兰克里米亚(原属俄罗斯)
葡萄品种：麝香(Muscat)

1848年：巴黎起义反抗路易·飞利浦。法兰西第二共和国建立。

尼古拉(Nicolas)葡萄酒专卖店创始于1822年，1920至1985年间是专卖店最为辉煌的时期，甚至在马桑德拉酒庄的光辉逐渐暗淡的那段时间，尼古拉葡萄酒专卖店则代替了马桑德拉酒庄的位置。尼古拉的形象，尤其是在广告与海报中被不断地更新，1921

收藏有一瓶1848年份的波特酒，本以为它是一瓶被时间遗忘的再普通不过的葡萄酒，可谁知竟又是一瓶珍酿。这其实是一瓶顶级波特酒，在目录介绍中曾有这样一段描述："King's Port，皇家1848，甜美圆润，精致典雅，售价100法郎"。

在1929年的产品目录中，有两瓶1900年份的拉图庄酒和玛歌庄酒，售价均为200法郎。如果今天那两瓶梅多克酒区顶级酒庄出产的葡萄酒价钱上涨到每瓶1万欧元，那么那瓶1848年份的波特酒的售价自然也不会很低了。但是在我购买这瓶酒的那天，

"在我购买这瓶酒的那天，没有人愿意支付100法郎将它买走。"

年还推出了首部动画广告。专卖店每年发行的产品目录中都介绍了许多经过精挑细选的优秀陈年年份酒。许多年过去了，我收集了从1928年以来每年的产品目录，其中关于一战和二战期间出售的19世纪时期的顶级年份酒的观点和见解时常另我想入非非。在1929年发行的产品目录上，金色的封面上写着几行红色的字迹："尼古拉专卖店将首次推出其'顶级珍藏'的酒品目录，法国国土上最耀眼的珍宝，同样也是世界范围内独一无二、极其珍贵的收藏系列。"

看过这本目录，我才猛然想起我自己也

没有人愿意支付100法郎将它买走，可是今天，这瓶酒的价钱已经涨到了1 147欧元！为什么？因为当初人们觉得它是一瓶被放置了太久的酒，酒签也显得不够出众，而且在80年代的法国，波特酒还不那么被人所看好。但是，我却对这瓶酒情有独钟，也为此特意收藏了一系列顶级年份的顶级波特酒，例如1963年份的飞鸟堂国家园波特酒(Noval Nacional)(一整箱)、1927年份的威比特波特酒(Ramos Pinto)、1945年份的Croft和1948年份的泰勒(Taylor)等。

Porto King's Port 1848
波尔图国王波特酒 1848年

产地及等级： 葡萄牙，波尔图产区(Porto)

优秀年份： 1912, 1927, 1931, 1945, 1948, 1963, 1977, 1985, 1994, 1997, 2000, 2007.

上世纪30年代尼古拉专卖店推出的首字母缩合组成的品牌商标。

1848年：法国奴隶制度废除。夏多布里昂出版《墓畔回忆录》。

"庞马葡萄酒中美乐和赤霞珠两个品种占了相当大的比例，是梅多克地区独一无二的酿酒，与波美侯产区的某些顶级葡萄酒非常相似。"

我是通过庞马酒庄的葡萄酒来认识并了解庞马酒庄的，因为我收藏了一箱6瓶保存完好的1961年份的庞马葡萄酒。

上世纪80年代举办的一次拍卖会给我留下了好坏参半两种截然不同的回忆：好的回忆就是我能够在这次拍卖会上买下这瓶珍贵的1847年份的庞马酒；而不好的回忆就是我当时还比较拮据，只能想尽一切办法把看中的这几瓶酒买下，其中有庞马酒庄1961年份、拉菲庄1878和1891年份、木桐庄1868年份、波菲庄1870年份以及玫瑰山酒庄1893年份的葡萄酒。这几瓶酒足足花费了我两个月的工资！15年前，我曾在达索(Dassault)先生家中做过铜器匠，这么长时间过去了，幸好我的手艺还没有丢掉，因

此，为了多赚一些钱，在两个周末的时间里，我又重新拾起工具，将一辆辆受损汽车的铁皮重新打凿平整，同时，我还做了一些其他零碎的工作。人们常说：不付出就一无所获，我对此一点都没有感到遗憾。

庞马酒庄葡萄园，由英国庞马(Charles Palmer)将军于1814年创建，并在1855年巴黎世界博览会中列级三等酒庄，后由大银行家佩瑞(Pereire)接管经营。此后，葡萄园一度被粉孢菌(Oidium)感染。因此，庞马酒庄实质上已经没有资格列入三等酒庄了，但就我个人看来，我要把它列入二等酒庄，仅次于玛歌酒庄之后。因为庞马葡萄酒中美乐和赤霞珠两个品种占了相当大的比例，是梅多克地区独一无二的酿酒，与波美侯产区的某些顶级葡萄酒非常相似。颜色呈深宝石红色，酒体坚实，丰富圆润，浓厚稠密，单宁丰富，却仍非常柔软，入口即化。闻之有黑加仑子、紫罗兰、黑樱桃、李子和甘草的混合香气。19世纪酿制的年份久远的庞马酒中更是散发出牛肝菌、松露、侧柏甚至腐殖土壤的味道。1961年份的酒更是无与伦比，和1966或1983年份酒一样，都是各地美食家争相追捧的佳酿。我曾经有机会品尝过20几个不同年份的庞马酒，唯独没有领略过1961年份酒的风采。我对1928年份酒的印象很深，有明显的摩卡咖啡和生姜的味道。还有1966、1983和2005年份的酒，罗伯特·帕克曾断言说："2005年份的庞马酒到2050年以后才能渐渐变得成熟起来。"

Château Palmer 1847&1870
庞马酒庄 1847年&1870年

产地及等级：法国波尔多，玛歌村(Margarx)，二等酒庄(作者认为其已达到二等酒庄水平，实际目前是三等酒庄水平)

葡萄园占地面积：50公顷

葡萄品种：45%赤霞珠(Cabernet Sauvignon)，45%美乐(Merlot)，5%小维多(Petit Verdot)

葡萄藤平均年龄：40年

年均产量：120 000瓶

最佳年份：1961，1966，1982，1983，1989，2000，2005.

1847年：阿卜杜卡迪尔在阿尔及利亚投降。第一支三氯甲烷麻醉剂诞生。

"塞浦路斯科姆玛迪尔甜酒据说是世界上最古老的葡萄酒，在1191年时，狮心王理查德将这片土地交给了圣殿骑士们经营，此后，葡萄园逐渐形成，并使用‘Commanderia’作为庄园的名字。"

自从我听别人说起一位名叫弗朗索瓦·奥杜兹(François Audouze)的爱酒人士宣称要举办一次由无数陈酿美酒簇拥的奢华晚宴的消息以后，我就决定一定要联系到他，并希望去参观他的酒窖。那一天，他非常热情地接待了我，由于他对我的葡萄酒收藏馆也有所耳闻，我们便兴致勃勃地交流起来。他的酒窖是由水泥砖建造而成的，几千瓶葡萄酒被杂乱地摆放在各个角落，有优秀年份酒也有普通年份酒，还有一些极负盛名的珍酿：整整一箱1979年份的罗马尼康帝(Romanée-Conti)，20世纪初的伊甘酒，尤其还有两瓶1945年份1.5升大瓶装的罗曼尼康帝令我赞叹不已。对我来说，能够拥有标准瓶装的1945年份的罗马尼康帝已经让

19世纪时期的瓶口为鸟喙形状的锡制水壶。

Commanderia de Chypre 1845
塞浦路斯科姆玛迪尔甜酒 1845年

产地及等级：塞浦路斯
葡萄品种：混合了Mavron Rouge和Xynisteri Blanc两个品种

我感到很知足了。可是，酒庄的经理人安德烈(André Noblet)却向我解释道，其实罗曼尼康帝在1945年时根本没有出产过1.5升规格，只灌装了608瓶普通装葡萄酒。

听到此，我着实有些失望。我站在他的酒窖中向四周看了看，注意到了一些梨形的、但满是污垢的小酒瓶，其中一些被涂上了蜡加以保护，一些瓶子已经空了，但是却似乎还保留着一丝古老雪利葡萄酒或黄葡萄酒的余香，又有一些瓶子的酒签已经不见踪影了，还有一些瓶子的简明标签上写着"塞浦路斯(科姆玛迪尔甜酒)"，这正是我的收藏中所没有的却又梦想得到的珍酿。在经过一番攀谈之后，我开门见山地表达我希望得到两瓶塞浦路斯科姆玛迪尔甜酒，但弗朗索瓦坚决不同意，尽管我百般劝说，并愿意用马桑德拉陈酿或是1893年份的汝拉麦秸酒与他交换，他仍始终没有同意。

几个月后，弗朗索瓦来参观我的酒窖，酒窖中稀有藏酒的数量之多，品种之全，令他大吃一惊。这一次，他给我带来了一小瓶蜡封的35厘升的塞浦路斯科姆玛迪尔甜酒，作为回报，我回赠给他一大瓶1893年份的麦秸酒。就这样，我终于得到了这瓶我苦苦寻找30多年的科姆玛迪尔甜酒！

塞浦路斯科姆玛迪尔甜酒据说是世界上最古老的葡萄酒，在1191年时，狮心王理查德将这片土地交给了圣殿骑士们经营，此后葡萄园逐渐形成，并使用"Commanderia"作为庄园的名字。根据葡萄酒行家亚历克西斯·利斯先生(Alexis Lichine)的说法，他认为科姆玛迪尔甜酒应该是马德拉酒和玛莎拉酒(Marsala)的始祖。这种酒在1352年时曾作为皇家宴席用酒，后又抵住了土耳其入侵时期的战争摧残，即使是根瘤蚜病害也没能影响到此酒的传承。科姆玛迪尔甜酒是采用经阳光照射自然晒干的葡萄为原料，经"叠桶法"工艺(Solera)酿制而成。新近年份出产的此酒在当地并不难找到，但其实并不怎么值钱。但就1845年份的科姆玛迪尔甜酒来说，弗朗索瓦形容它为"精致完美"，有黑胡椒、甘草和蜜橘伐的香气。有人对另外一瓶同时期出产的科姆玛迪尔甜酒做了另外一番评价："闻上去有新鲜核桃、无花果伐的气味，入口有蜂蜡、蜜橘、小橙子以及焦糖的味道，这完全是来自另一个世界的柔美的力量。"

1845年：第一台轮转印刷机问世。梅里美出版短片小说《卡门》。夏尔·皮特埃尔·波德莱尔翻译了埃德加·爱伦·坡德诗篇。

桑赤先生送给我的1850年制造的陶瓷酒杯。

"佩德罗－希梅内斯是酿制世界上口味最浓郁的甜葡萄酒的品种之一，在酿造过程中，每升葡萄酒可产生最多400至500克未发酵的葡萄汁。"

2006年，我被正式邀请至雪利·德拉弗龙特拉(Jerez de la Frontera)，参加在那里举办的葡萄酒沙龙活动，这是一次以利口葡萄酒为主题的国际性盛会，活动期间还会有许多来自世界各地的甜品供宾客品尝。本次参展的3个国家，罗马尼亚、黎巴嫩和土耳其带来了1 000多种各具特色的葡萄酒。在会上，我结识了Bodega Toro Albala公司的经理安东尼·索卡特(Antonio Sorgato)先生，是他带我参观了蒙地拉－莫利斯(Montilla-Moriles)酒庄，并将我介绍给了酒庄的负责人、知名酿酒师安东尼·桑赤(Antonio Sanchez)先生。桑赤先生的收藏范围非常广阔，在他的珍藏馆中，甚至保存着一些带有爆炸性质的有毒的粉末。人们不禁问道："这到底是酒客里面有一个收藏馆，还是收藏馆里面包含一个酒客呢？"安东尼·桑赤

Pedro Xinénez,
Toro Albala 1844
佩德罗－希梅内斯 1844年

产地及等级： 西班牙，安达鲁西亚(Andalousie)，蒙地拉－莫利斯(Montilla-Moriles)

葡萄品种： 佩德罗－希梅内斯(Pedro Xinénez)

葡萄园占地面积： 75公顷

葡萄藤平均年龄： 40年

年均产量： 150 000瓶

最佳年份： 1844，1910，1939，1945，1961，1967，1971，1975。

先生简直就是一个酿制佩德罗一希梅内斯酒的天才。

我有幸参观了桑赤先生的葡萄酒收藏馆以及他收藏的古老年份珍藏。在那里，我看到的最古老的一瓶是1844年份的佩德罗一希梅内斯酒，而酒庄也是在同年建成的。在听我介绍了我的个人收藏馆之后，安东尼·桑赤先生赠送给了我一个装着5厘升葡萄酒的玻璃试管，里面装着酒庄酿制的最古老的、用经根瘤蚜感染后的葡萄品种Noria酿制而成的葡萄酒。另外，他还赠送给了我一瓶1844年份的佩德罗一希梅内斯酒，这些酒是从一个装有180升的大酒桶中取出来的。

佩德罗－希梅内斯是酿制世界上口味最浓郁的甜葡萄酒的品种之一，在酿造过程中，每升葡萄酒可产生最多400至500克未发酵的葡萄汁。酿制1升酒至少需要3千克的葡萄。葡萄在收获季节被采摘下来以后，会被均匀地铺在席子上自然晾干，同时经受着8月火热的太阳和来自大西洋凉爽的微风。葡萄酒在灌装以前，全部都要在橡木桶中陈酿。此酒浓密稠厚，余味明显且持久，完全可以再被陈放几个世纪之久。Bodega Toro Albala公司成立于1922年，公司建立在一座电力工厂之上，工厂里的隧道恰巧非常适合被改造成酒窖来保存各种酒类。酒庄生产了整个酒区30%的酿酒，并且收购了其他酒庄的全部酿酒。佩德罗一希梅内斯这个白葡萄品种是酒区的主要种植品种，也是Toro Albala酒庄唯一的葡萄品种。这种葡萄可酿制出干型葡萄酒，酒体非常强劲。如果酒签上标有P.X字样，说明在酿制过程中酒液被抑制发酵，酒液之上还会产生一种有益的白色霉菌—福洛(Flor)，以延长酒液的衰老速度。桑赤是一位很感性的人，身上有很多优点，是他邀请我同他一起品尝了1900、1910、1939和1945等20多个优秀年份的佩德罗一希梅内斯葡萄酒。而那瓶1939年份的酒给我留下的印象最深，香气多变，结构复杂，口感柔顺，有焦糖、烤布丁、摩卡和香脂的混合气味，回味无穷。

1844年：大仲马出版《三个火枪手》。莫尔斯发出人类第一封电报。

MASSANDRA

Mira str., Yalta, Crimea, Ukraine
National Industrial Agricultural Amalgamation

collection wine

Madeira
Old Ribeyro Sekko

这里我要介绍的是另一瓶马桑德拉酒庄的葡萄酒，没有比这一瓶更古老的同类葡萄酒了。1997年以来，我每年都要回到黑海旁边的马桑德拉酒庄去看一看那里的沙皇尼古拉二世的个人酒窖，在那个葡萄酒的王国里陈放着近3 000瓶各式各样的葡萄酒。我和那里的负责人尼古拉·鲍伊科(Nicolai Boiko)先生已经非常熟稔了，我每次去看望他的时候，都不忘给他带上几瓶原产法国的上好葡萄酒。2008年10月的一天，我将世界上顶级的侍酒师奥利佛·伯西埃(Olivier Poussier)介绍给鲍伊科先生。和伯西埃一同前来的，还有《特别报道》(Envoyé Spécial)摄制组的一行人员，他们此行的目的是为了录制一期有关世界稀有葡萄酒的报道。

"这里我要介绍的是另一瓶马桑德拉酒庄的葡萄酒，没有比这一瓶更古老的同类葡萄酒了。"

马桑德拉葡萄酒王国中有近600种不同种类的葡萄酒，而其中最稀有的就是那61瓶加盖有沙皇尼古拉二世印戳的绝世珍品。我已经有幸带走了其中的17瓶。但每次到此，还总是觊觎那仅存的5瓶1837年份的马德拉酒，这款马德拉酒是继遥不可及的1775年份的雪利葡萄酒之后另一款最古老的葡萄酒了。没有维克托·尤先科(Viktor Youchenko)总统的允许，任何人不可以私自买卖这些珍品。为期一个星期的采访有序地进行着，恰巧我的朋友塞日·弗斯特(Sergei Foster)先生也在那里，他是马桑德拉酒庄驻伦敦办事处的负责人。我向他明确表达了想得到一瓶1837年份马德拉酒的愿望，随后，他就把我的愿望转达给了鲍伊科先生，并对他说，不管怎样，法国电视台摄制组就在那里，那将是一个重大的时刻。采访的最后一天到来了，那也是令人意外的一天。那天，在品尝完三十几款顶级葡萄酒后，鲍伊科先生要求摄像师把镜头拉近一些，聚焦在一扇铁栅栏之前，那里就是"王国中的王国，圣地中的圣地"。接下来，他轻轻打开那扇铁栅栏，用带着白色手套的手，取出了一瓶1837年份的马德拉酒，并大声说道："我和尤先科总统通过电话了，我们都知道卡瑟耶先生拥有世界上最令人羡慕的葡萄酒收藏馆，我们这次不能再让他空手而归了，我要把这瓶1837年份的马德拉酒送给他；另外，1837年也是天才诗人普希金逝世的那一年。将这瓶酒带回去吧，法国电视台也会为这一时刻留下永久的回忆的。"

Madère de Massandra 1837
马桑德拉马德拉酒 1837年

产地及等级： 乌克兰，克里米亚(原属俄罗斯)

葡萄藤平均年龄： 80年

克里米亚出产的不同种类的马德拉酒有： Ai Danil, Massandra, Kuchuk-Uzen, Alushta, Koktebel, Crimean

优秀年份：

马桑德拉酿酒师亚历山大·耶格洛夫(Alexander Yegorov)(1874－1969)认为：1900, 1903, 1905, 1915, 1923, 1934, 1937, 1945, 1947, 1950, 1952.

1837

1837年：第一条连接巴黎与圣·日尔曼·昂莱市的铁路线建成。维多利亚女王即位执政。

"这片葡萄园位于岛上一片狭窄的火山斜坡上，这片土地上聚集着不同文化的小庄园主。"

马德拉岛(Madère)位于摩洛哥(Maroc)，从15世纪起就是葡萄牙的殖民地。这里有着亚热带的气候，对于葡萄园来说过于潮湿，且夏季过于炎热，马德拉这样的天气并不适宜生产佳酿。但是人们的辛勤劳作改变了这一情况，这片葡萄园位于岛上一片狭窄的火山斜坡上，这片土地上聚集着不同文化的小庄园主，例如在葡萄园的旁边就有着让人惊讶的香蕉树！葡萄酒的酿造技术仍然保留着。我们将马德拉岛生产的葡萄酒以葡萄品种为基础分为4种品质：赛斯阿尔(Sercial)(通常是干白葡萄酒)，维和德荷罗(Verdhelo)(半干葡萄酒)，布阿勒(Bual)(颜色鲜艳，甜味)和马勒弗瓦斯(Malvoisie)(大部分是甜白葡萄酒)。我们还忘了说至少60%的葡萄品种是廷塔内格拉摩尔(Tinta Negra Mole)，它是黑皮诺(Pinot Noir)和歌海娜(Grenache)的杂交品种，最近成为流行的葡萄品种。这里的红酒是由驶往亚洲的船只在这里停靠时留下的。为了填满葡萄酒留下的空间，便拿白酒补上，在回程的时候，我们发现这些白酒的品质更好了。晚些时候，人们发明了艾斯图法斯(Estufas)，将成熟的葡萄酒放入其中，持续6个月保持在40度和46度之间。然后将酒盛入橡木桶中在阳光下曝晒，有时经过20多年的酿制，会产出品质极高的葡萄酒。必须注意的是，高品质的马德拉酒是不经过加热的。根据品种的不同，马德拉酒的酒精含量在17度到22度之间，一般是甜白葡萄酒。它的酒裙颜色也由金黄色到巧克力色。干白葡萄酒的味道包含核桃、橙子、香草和杏仁，酸味非常均衡。而半干和甜酒则是丰富和圆润的，有极好的强度和复杂性，充满干果、蜂蜜、焦糖和香脂的香味。

在众多生产者中，有一间优质的生产公司名叫巴尔贝图(Barbeiton)，这家公司于1946年建立，却收藏有1875年这样古老年份的葡萄酒。但不幸的是，这些19世纪的葡萄酒基本上已经损坏了。大约在1985年，我开始对一些比较偏门的葡萄酒产生兴趣，例如马德拉(Madère)、玛莎拉(Marsala)、马拉加(Malaga)、波特(Porto)、康斯坦西亚(Canstancia)、科特纳里(Cotnari)、艾桑茨亚(Essenczia)……我花了650法郎从夏尔东(Chartron)的尼古拉斯酒窖购得了一箱12瓶的1835年马德拉酒，这是非常有名的酒窖，在乌克兰的马桑德拉(Massandra)也设有分店。

最近，我开始考虑让尼古拉酒窖的顾问计算这些酒的实际价值：这瓶古老的马德拉酒被定价300法郎，跟1870年份拉图酒庄(Latour)和1865年的拉菲酒庄(Lafite)的价钱一样。对于我来说，这瓶马德拉酒是一瓶极具收藏潜力的甜白葡萄酒。我所品尝到的最好年份是1863年的巴尔贝图－布阿勒(Barbeiton-Bual)，1916年的马勒弗瓦斯(Malvoisie)，它们一瓶被收藏于世界级酒窖克劳德·吉鲁瓦斯酒窖(Claude Gilois)中，而另一瓶则藏于亨里克斯酒窖(Henriques)。

Madère Impérial，Nicolas 1835
尼古拉马德拉帝国珍藏 1835年

产区： 马德拉岛(Île de Madère)
葡萄品种： 廷塔内格拉摩尔(Tinta Negra)
最佳年份： 1835，1863，1870，1875，1912，1916，1954，1966，1968.

1835年：安徒生开始撰写通话。哈雷彗星扫过地球。唐尼采蒂《拉美莫尔的露琪亚》。

ventennale

1860

Marsala Superiore

Denominazione di Origine Controllata

imbottigliato da

Marco De Bartoli

Samperi - Marsala - Italia

Product of Italy

È un pezzo di storia del mitico prodotto
Marsala Amodeo, affinato con metodi
antichi in piccoli fusti
e messo in bottiglia

500 ml ℮   18% vol.

Cod. ACCISA   TP A000095L   V.I.P.1.207.TP - L.186@2

Non disperdere il vetro nell'ambiente

"今天，这些古老的葡萄酒已经非常少见了，长时间的陈放使它们显示出本身的优秀特质，闻上去有蜂蜜、榛子、杏仁、甘草、无花果饯、焦糖和可可的香气。"

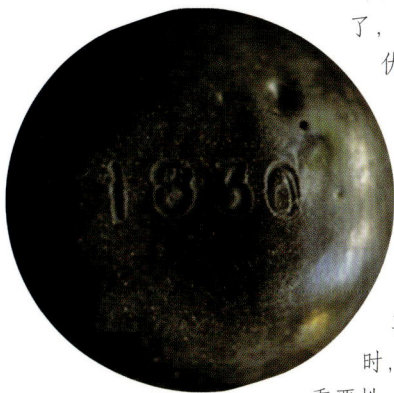

玛莎拉白葡萄酒最早在1773年由一位英国人John Woodhouse向葡萄酒中加入白兰地首次调配酿制而成，并大量运往英国境内。在拿破仑战争时期，是一位名为尼尔森(Nelson)的英国舰队司令使它变得大受欢迎。之后，在英国人的帮助下，朱塞佩·加里波第(Giuseppe Garibaldi)于1860年4月攻占了玛莎拉地区。

今天，这些古老的葡萄酒已经非常少见了，长时间的陈放使它们显示出本身的优秀特质，闻上去有蜂蜜、榛子、杏仁、甘草、无花果饯、焦糖和可可的香气。当我每次遇到一瓶陈年珍酿的时候，总是迫不及待地想把它购买下来。有人会问，这种酒现存还有多少瓶？依我看来，这种酒已经还剩不到100瓶了，再过不久，就会彻底消失了，到那时，人们才会注意到这个葡萄酒遗产的重要性。多亏了马尔克(Marco)的帮助，我才能有机会得到好几瓶1830和1945年份的

玛莎拉葡萄酒，我从来没有见过他本人，唯一的几次接触都是通过电话交谈，他被公认为是西西里酒区(Sicily)最优秀、也是最具创新性的葡萄酒酿造师。我唯一品尝过的是一瓶1945年份的玛莎拉酒，其品质令人惊叹。另外，我还收藏了几瓶著名的Florio酒庄酿制的葡萄酒。

玛莎拉白葡萄酒分为5个种类，其中有干白、半干和甜型。特酿(Fine)是最简单的葡萄酒，需要陈放1年后饮用；精酿(Superiore)需要陈放最少2年，比之前的特酿要更加丰富；而珍酿(Superiore Riserva)则要陈放至少4年以取得果干的香气；维珍(Vergine)葡萄酒需要在橡木桶中陈放至少5年，它在酿制过程中很少被搅拌，保留了干白的特质；最后一种是陈年老酒Stravecchino，需要酿制10年之久，酒精浓度达到18度。对于最后两种酒，都要选择完全熟透的葡萄进行酿制，可用的葡萄品种也很多样：白葡萄酒用Grillo, Inzollia, Catarrato；红葡萄酒用Nero d'Avola, Perricone, Nerello mascalese。这是一款开胃酒，同样也适宜搭配餐后甜点或母羊奶酪一起饮用。

Marsala de Bartoli 1830&1860
巴托利，玛莎拉葡萄酒 1830年&1860年

产地及等级： 意大利西西里，玛莎拉
玛莎拉红葡萄酒： Nero d'Avola, Perricone, Nerello Mascalese
玛莎拉白葡萄酒： Grillo, Inzollia, Catarrato
优秀年份： 1830, 1860, 1900, 1935, 1945, 1955, 1968.
优秀酒庄：
De Bortoli, Florio, Pelegrino

1830年：七月革命爆发，查理十世被迫退位。司汤达出版《红与黑》。柏辽兹的《幻想交响曲》问世。

"这瓶酒的品质实在是令人叹惊，有香草、茶叶、伞菌的独特香气，没有任何缺陷，酸度及酒精度适中，稍甜。"

一位信奉伊壁鸠鲁学说的朋友丹尼尔·阿雷(Daniel Hallée)将我介绍给了菲利克斯·克莱盖特(Félix Clerget)先生，他是勃艮第顶级庄园的负责人，他负责的酒庄有：伏旧园(Clos de Vougeot)、Volnay-Caillerets、Pommard-Rugiens等。还记得在上个世纪80年代的时候，菲利克斯曾经以4法郎的低廉价格向我出售过一些顶级葡萄酒。那时候，我们一起在酒库中品尝酿酒，一起开瓶品尝1929年份的Vougeot、1937年份的Rugiens……每次从他那里离开的时候，我都会买走满满一车的葡萄酒，为了感谢我，他也总会赠送给我一瓶上好的陈酿以示友好。

一天，我追问他在他所有收藏中最古老的一瓶葡萄酒时，他便把我带到了酒窖的地下二层，指着一瓶被一层深灰色的絮状物紧紧包裹住的1811年份的葡萄酒对我说："这是最后一瓶了，之前的那一瓶，已经在20年前和我的祖父一起喝掉了。那次品尝经历很是令人发笑，因为那是一次盲品，而我的祖父却真真实实是一位盲人！所有品尝者都被这瓶酒发出的凋零的玫瑰香味所倾倒了。"

实际上，这款酒中挥发酸的含量很高，在当时的情况下，似乎也还没有到达它的最理想的饮用时期。

我又问："您准备怎样处理这最后一瓶呢？"

他答道："我没有孩子可以继承它，所以它很有可能又要被继续陈放很久。瓶中的酒并不是那么重要，重要的是它的年份，1811年。既然您是一位葡萄酒收藏家，那么您想不想收下这瓶酒呢？"

我说："我非常好奇地想尝一下，看看到底是什么味道。"

那一天天气非常好，我们坐在院子里的井边上，菲利克斯看上去精神很好。就这样，我们将这瓶酒打开，一同品尝起来。那一天，我的运气实在是太好了。

他又说道："来吧，我们交换一下瓶塞。您可以先品尝一小口，用这段时间，我可以在酒签上给您画一张您的漫画，之后咱们再在这瓶酒中加入少量年轻的酒，给它添加一些年轻的气息。"

这瓶酒的品质实在是令人叹惊，有香草、茶叶、伞菌的独特香气，没有任何缺陷，酸度及酒精度适中，稍甜。"感觉太好了"，菲利克斯说道："与之前的那瓶完全不一样！"

就这样，我将这瓶注入了些许年轻酒的1811年份的Vougeot带回了我的酒窖。应该说在那个时期，还没有什么人愿意过多地关注这些古老的年份酒。不久后，菲利克斯逝世了，以后的每一年，为了纪念他，我都会开启一瓶从他那里购买的1976或是1978年份的Volnay-Caillerets。2009年12月5日，正值我生日那一天，世界顶级侍酒师安德烈亚斯·拉尔森先生(Andreas Larsson)来参观我的收藏馆，他也对这瓶1976年份的Volnay-Caillerets给予了很高的评价。

Clos de Vougeot, Félix Clerget 1811
伏旧园，菲力克斯·克莱日 1811年

产地及等级：
法国勃艮第，伏旧园(Clos de Vougeot)
葡萄品种： 黑皮诺(Pinot Noir)
优秀年份： 1929, 1959, 1978, 1999.

石头雕刻的圣文森像，葡萄酒保护神。

1811年：委内瑞拉宣布独立。拿破仑二世弗朗索瓦·约瑟夫·夏尔·波拿巴出生。

1811年出产的所有葡萄酒，无论白葡萄酒还是红葡萄酒，就算保存时间很长的烈酒，也都成为闻名的顶级陈酿，尤其是那些优质的干邑葡萄酒。因为在这一年中，被称作"拿破仑彗星"的大彗星扫过了地球的上空，但这颗彗星不像涉及哈雷彗星的报道一样随处可见。当时所有人都被"拿破仑彗星"长达1.76亿千米的慧尾所震惊。这瓶尼古拉雪利葡萄酒来自居住在沙朗通(Charenton)的尼古拉兄弟的酒窖，所有出自这座酒窖的葡萄酒的品质都是极其上好的。在尼古拉酒窖1929年首次发行的葡萄酒目录中，这瓶雪利葡萄酒的售价是250法郎，另外还有1870年份的玛歌庄酒售价为350法郎，1874年份的拉图庄酒为300法郎，而这瓶拉图庄酒在目前的价格则最少为5 000欧元。

在葡萄酒目录中，这瓶被列入"经典佳酿"行列的雪利葡萄酒当时只出售给个别顾客，因为只有这几位顾客能够享受酒窖提供的优质的售后服务，也就是说在决定品尝此酒前的一小时，尼古拉亲自将这瓶酒从酒窖

中取出，再送到顾客面前，经过仔细地滗析，并在检验酒的品质后，客人方可饮用。在1995年昂热举办的一次拍卖会上，我有幸以800法郎的价格买到了一瓶雪利葡萄酒，但当时我并不是非常了解这些古老雪利酒的真实价值。在那次拍卖会上，我也是唯一一个购买雪利、马德拉和马拉加酒的买家。我自认为我的运气太好了！而拍卖人却笑了笑，许多葡萄酒爱好者也不停地吵嚷着说："这个冒失鬼为什么花那样大的价钱买这几瓶已经过期了的、发酸的劣质酒？"

这之后，雪利酒获得了越来越多的美誉，19世纪出产的年份酒也变得越来越稀少，但仍有一些人不了解它的价值。雪利酒有几个不同的品种：Fino和Manzanilla白葡萄酒，精致甘甜，建议与烤大红虾一同搭配饮用；Amontillado和Oloroso，口感复杂丰富，呈诱人的琥珀颜色，干型，有焦糖、核桃的香气，其复杂、强劲的酒体最令人着迷，其次是一些甜葡萄酒，甜美，有桃花心木色，也有乌木色，散发出李子钱、大枣、咖啡、可可的香气，回味悠久绵长。这些酒都是那样的永恒，令人难以忘怀。

我在这里介绍的是那些雪利年份酒，这些酒都在同一个酒桶中进行陈酿，另外还有一种不是那么出名的叠桶法：在酿制过程中，先将稍年老一些的酒液灌入瓶中，再加入一些较年轻的酒液，这样周而复始循环添加酿制，结果就是，年老一些的葡萄酒培育年轻一些的葡萄酒。用这种工艺酿出的酒都是以较年老的葡萄酒的年份来定义该瓶葡萄酒的年份的。在雪利·德拉弗龙特拉(Xérès de La Frontera)每两年举办一次的葡萄酒沙龙上，我品尝过不少雪利葡萄酒，都给我留下了难忘的回忆。

> "这瓶雪利葡萄酒来自居住在沙朗通(Charenton)的尼古拉兄弟的酒窖，所有出自这座酒窖的葡萄酒的品质都是极其上好的。"

Xérès，Nicolas 1811
尼古拉雪利 1811年

产地及等级：西班牙，安达卢西亚(Andalousie)，雪利(Xérès)

1811年：拿破仑王朝统治达到鼎盛时期。

我收藏伊甘庄的葡萄酒已经有40年了，我拥有110种不同年份、近500瓶的伊甘庄白葡萄酒。1990年的一天，我认识了伊甘庄的主人，著名的美乐先生(Merlaud)。他告诉我他收藏了一瓶1811年的伊甘庄白葡萄酒，那是19世纪最好的一个年份，帕克先生给它的评分是100分，而满分也是100分，那一年有彗星出现。哎呀，就是这瓶酒，我

庄白葡萄酒，最终是我的了。它是最珍贵罕见的甜白葡萄酒，是苏玳(Sauternes)中的劳斯莱斯，曾受到托马斯·杰斐逊(Thomas Jefferson)和俄国沙皇的赞赏。

绿沙绿斯(Lur-Saluces)家族通过与伊甘家族的联姻在1785年成为了伊甘庄的主人，在1997年将其大部分股权转让给酩悦·轩尼诗—路易·威登集团(LVMH)之前，经历了史诗般的战斗。

> "它是最珍贵罕见的甜白葡萄酒，是苏玳(Sauternes)中的劳斯莱斯，曾受到托马斯·杰斐逊(Thomas Jefferson)和俄国沙皇的赞赏。"

已经找了10多年了。我在美乐先生位于波尔多梅里纳克(Mérignac)郊区别墅的阁楼上看到了这瓶酒。我仔细检查了这瓶酒，因为市面上存在着很多假酒，但是这一瓶，它是真的，完美极了。它被重新放置在酒庄里，我终于可以安心了。但是这瓶酒售价100 000法郎(大约是15 000欧)！

经过多次交涉，美乐先生同意用5瓶1921年份的伊甘庄白葡萄酒交换，这是20世纪里最好的年份(这样，我只剩下2瓶了)。那个时候，每瓶1921年份的伊甘庄白葡萄酒售价是3 000法郎，到了2008年，每瓶已经涨到5 000欧。而这瓶1811年的伊甘

到了收获的季节，葡萄被一个一个采摘，但是葡萄灰霉病的扩散却使葡萄开始腐烂。每公顷的收成不超过1 000升。在那些不好的年份，1930年、1951年、1952年、1964年、1972年、1974年和1992年，伊甘庄都没有产酒。品尝伊甘庄的白葡萄酒，根据不同的年份，可以品尝到不同的味道：菠萝、百香果、芒果、蜂蜜、甜橙果酱、杏仁、桃子、椰果、焦糖布丁；而且对于更古老年份的伊甘庄白葡萄酒，还有着焦糖、椰枣、榛子、黑醋栗、李子果酱、干无花果等的香味。伊甘庄白葡萄酒的这些香气可以保留超过250年。第一瓶被人们熟知的伊甘庄白葡萄酒产于1753年。我个人品尝过伊甘庄30多个年份的白葡萄酒，而我最喜欢的是1937年和1967年伊甘庄所产的白葡萄酒。

Château d'Yquem 1811
伊甘庄 1811年

产地： 法国波尔多，苏玳(Sauternes)，优等一级酒庄。1855年纪龙德省(Gironde)分级唯一一个优等一级酒庄

葡萄园面积： 100公顷

葡萄品种： 80%的赛美容(Sémillon)，20%的长相思(Sauvignon)

葡萄藤平均年龄： 30年，但是在很古老的土地上

平均产量： 每年100 000瓶

最佳年份： 1811, 1847, 1864, 1870, 1900, 1921, 1937, 1945, 1947, 1967, 1975, 1990, 2001, 2005, 2007, 2009.

1811年：葡萄酒的上好年份。贵腐甜酒上好年份。

当我还在美国达索公司(Dassault)工作的那段时间里，工程委员会组织过几次周末滑雪活动。1964年的一个星期六，在萨莫安斯(Samoens)的一家夜店里，我认识了一位美国姑娘，她的父亲是一位驻法美军基地的将军。她当时就读于布吉瓦尔(Bougival)的玛丽蒙学校(Marymount School)。我们一边喝着威士忌，一边聊天。她告诉我，在美国，她家住在"猫王"埃尔维斯·普莱斯利(Elvis Presley)的旧居，她还说道："在我们家，我爸爸经常喝1805年特拉法加海战(La Bataille de Trafalgar)时的雪利酒(Xérès)。"与她的交谈中，我了解到很多那个年代关于雪利酒的故事。

过了一段时间，我到玛丽蒙学校去找她。她非常喜欢说法语，我们谈到我的收藏，我告诉她雪利酒和我的马蒂尼老朗姆酒搭配起来让我回忆起我在军队的日子。

还是我从一位我会一直爱着的美丽姑娘那里收到的礼物。

如同玛莎拉葡萄酒(Marsala)一样，来自安达卢西亚(Andalousie)的雪利酒在法国并不出名。这款雪利酒分为3种不同口感：干，半干和甜。有很多的生产商生产这款酒，但是艾米丽奥·卢世涛(Emilio Lustau)是无可争辩的优质之选。30年以上的雪利酒并不容易寻得，所以我们称它为VORS(Very

用于装饰葡萄酒细颈瓶的瓷质饰品。

"如同玛莎拉葡萄酒(Marsala)一样，来自安达卢西亚(Andalousie)的雪利酒在法国并不出名。"

在天气十分好的一天，这位美丽的金发姑娘带给我一瓶1805年尼古拉(Nicolas)雪利酒。这瓶酒是被装在印有美国国旗的塑料瓶中。当时我并没有注意到这位极其富有的美国女孩送给我的这份礼物的价值。我们成为了很好的朋友，但是后来我们失去了联系。我如宗教信仰般地保存着这瓶酒，因为她拥有着数不清的故事。

当然，这瓶酒是属于杰出酒商尼古拉兄弟(Frères Nicolas)的。它是英国海军上将尼尔森(Nelson)在1805年10月21日击败拿破仑(Napoléon)的纪念品。这瓶酒是许多保存良好的古老年份雪利酒中的其中一瓶。这瓶酒

Old Rare Sherry 非常古老珍稀的雪利酒，使用英文简写作为西班牙雪利酒的名字，因为是英国人最先开始进行这款酒的贸易活动）。在19世纪，这款酒十分罕见。然而，最古老的雪利酒被珍藏在乌克兰克里米亚(Crimée)的马桑德拉(Massandra)。世界著名的品酒师奥利佛·伯西埃(Olivier Poussier)在2008年陪同我去了那里。我们在那里品尝葡萄酒并且给出了很高的评价。那次机会，我学习了如何品尝古老的雪利酒，一个优质的年份带来的特殊口感和口中长时间的余香给我留下了难以忘怀的印象，就像是回到了古代的夏隆堡(Château-Chalon)。

Xérès de La Frontera，Trafalgar 1805
雪利·德拉弗龙特拉，特拉法加 1805年

产地： 西班牙，安达卢西亚(Andalousie)，雪利(Xérès)

1805年：拿破仑在米兰加冕为意大利国王。特拉法加海战。贝多芬创作交响曲《英雄》。

Grande Fine Champagne

Réserve d'Austerlitz

1805

Château de Fontainebleau

1985年，一个朋友告诉我，在我们曾经去吃过几次饭的、位于布吉瓦尔(Bougival)的著名餐厅Le Coq Hardy里，珍藏有一些优质的干邑(Cognac)，特别是那瓶奥斯特里兹珍藏1805特优香槟(la Grande Fine Champagne Réserve d'Austerlitz)，其上标记着代表皇帝的字母"N"的袖章，即拿破仑(Napoléon)。1988年，我接到了凡尔赛(Versailles)轻骑兵画廊(Chevau-Légers)葡萄酒拍卖会的商品目录。我发现编号478号和479号便是上面所提到的两瓶著名的奥斯特里兹珍藏1805。

1988年6月26日，那是一个星期天，我在拍卖会场帮忙。拍卖会进行得很激烈，1859年的木桐·罗斯柴尔德(Mouton-Rothschild)拍出了102 000法郎的高价；1865年的拉菲·罗斯柴尔德(Lafite-Rothschild)拍出了8 500法郎的高价；1847年的伊甘庄葡萄酒(Yquem)拍出63 000法郎的高价；而1870年的伊甘庄葡萄酒也售到了10 600法郎的高价。这场拍卖会展示了500种珍贵的葡萄酒，但似乎没有人对烈酒感兴趣。我当时就想，如果两瓶1805年奥斯特里兹珍藏拿破仑级特优香槟干邑价格够低，我就有机会拍得。"478号，起价是1 000法郎！"这样的价位，即使我并没有很多钱，也是能够负担得起

的（而且这两瓶酒很有历史意义）。价格在不断上涨：1 200，1 500，1 800，还有人出更高的价钱吗？我叫出1 900法郎。嘭！一锤定音，酒是我的了！一瓶还是两瓶？我开始犹豫，最后决定，两瓶！其实我已经以2 950法郎拍得了1951年的柏图斯(Petrus)，2 800法郎拍得了1953年的柏图斯(Petrus)，4 000法郎拍得了1904年的伊甘庄(Yquem)。唉，为此我需要卖掉一部分我收藏的卡雷马里(Carré Marigny)邮票来支付这次的拍卖品。

但是这瓶酒来自特拉法加(Trafalgar)，记录着1805年12月2日在摩拉维亚(Moravie)南部，拿破仑一世以7万人的弱势兵力打败了9万俄奥联军强势兵力取得了奥斯特里兹战役的胜利。这期间，在法国干邑区，包括这两瓶酒在内的白酒开始了它们漫长的陈酿过程。拿破仑干邑(Napoléon Cognac)也成为了一个合法化的名称，它特指被陈放至少6年以上的新酒。但是1805年这个年份是神奇并且少见的。我把拍卖得到的这两瓶酒陈列在一个橱窗中，放在两封拿破仑亲笔信的旁边。这两封信分别写于1811年和1808年，而收信的对象则是拿破仑的儿子，当时意大利的国王。

"拿破仑干邑(Napoléon Cognac)也已经成为一个合法化的名称，它特指被陈放至少6年以上的新酒。"

Cognac Napoléon，Grande Fine Champagne Réserve d'Austerlitz 1805
奥斯特里兹珍藏，拿破仑级特优香槟干邑 1805年

产地：法国，夏朗德(Charentes)，干邑区(Cognac)

拿破仑签名的信札。

1805年：奥斯特里茨战役。刘易斯与克拉克到达太平洋。杰卡织机诞生。

> "上了年份的马拉加酒的味道是很有冲突感的，偏甜，柔滑，给人留下难以忘怀的印象。"

公元前6世纪，在西班牙马拉加地区(Malaga)周围和内陆的山丘上已经开始种植葡萄，这些葡萄既用来食用还用来酿造葡萄酒。那个时候，葡萄干深受喜爱，偏甜的葡萄酒被出口到世界其他国家。然而葡萄根瘤蚜(Phylloxera)的出现破坏了这一切，再加上内战彻底毁坏了大约10万公顷的葡萄园，直到1960年这片地区的葡萄园才得到了重建。在这片葡萄园中，洛佩慈兄弟庄园(Lopez Hermanos)十分出名。它是在1885年由萨尔瓦多·洛佩慈(Salvador Lopez)创建的。这个家族一直沿用传统的葡萄酒酿造方法：将葡萄在高处草原上晒20天，如同制造雪利酒的方法对葡萄进行挤压，由老酒做引子，酿造新酒。

传统的马拉加酒(Malaga)呈红木色、棕色或者是泛旧金色，充满着咖啡、干果、李子果酱、巧克力、甘草和焦糖的香气，入口柔滑，香味持久，拥有奢华的复杂性。"上了年份的马拉加酒的味道是很有冲突感的，偏甜，柔滑，给人留下难以忘怀的印象。"但是，已经找不到1900年以前的马拉加酒了。我的这两瓶收藏更加古老，它们来自于玛丽·泰蕾兹(Marie-Thérèses)的珍藏。1872年2月29日一艘大船在加斯帕海峡(Gaspar)苏门答腊岛(Sumatra)和婆罗洲(Bornéo)搁浅。这艘有着3只桅杆的大船，是在1871年11月2日从波尔多月亮港出发的，船上装载着葡萄酒、烈酒和上釉瓷器。这艘船直到1992年才被发现打捞。其中发现多瓶马拉加酒(37瓶满装，143瓶空瓶)，同时还发现古老的拉路斯酒(Larose)。我有幸认识了让－马克·查斯坦(Jean-Marc Chastan)先生，他是五角公司的老板，他曾经购买到在中国海搜索的特许权，经过多次协商，我终于能够用几个货箱的波美侯(Pomerol)换得他的两瓶马拉加酒。1918年的那一瓶，2005的时候在克里米亚(Crimée)马桑德拉(Massandra)的酒窖中品尝了，那种不知名的味道和冲突感在口中久久回味，让我感到这瓶酒还可以再珍藏至少50年。古老的马拉加酒已经找不到了，但是仍然可以在洛佩慈兄弟庄园品尝到20年珍藏的马拉加酒。另一瓶来自马桑德拉(Massandra)1914年的马拉加酒，被我于2009年12月5号在家中品尝了。陪同我品酒的是著名的品酒师安德烈亚斯·拉尔森(Andreas Larsson)，他认为这款酒卓越的品质给他带来了惊喜。

Malaga de La Marie-Thérèse 1800
玛丽·泰蕾兹珍藏马拉加 1800年

葡萄品种： 佩德洛·希梅内斯(Pedro Ximénez)，莫嘉特(Moscatel)(亚历山大地区的麝香葡萄(Muscat d'Alexandrie))

十九世纪的酒标。

1800年：法国用意大利领土交换西班牙控制的北美原法属路易斯安那。美国华盛顿国会图书馆建成。

VENDANGES DE LA REVOLUTION
1789

我在这瓶干邑(Cognac)上注明1789年，但是酒标上写着1790年。事实上，干邑的年份计算是从酿制所用的葡萄收获一年后开始的。

1994年，在南泰尔(Nanterre)的拍卖市场上，我坐在一位极具外省风情的夫人身边。我买了几瓶年份古老的葡萄酒。接着被拍卖的是3瓶干邑：1790年份的卢塞(Lozay)，1859年份的瓦赫兹(Varez)和1876年份的朗德(Landes)。

我就是为了这几瓶酒来的，至少我也要拍到一瓶1790年的干邑。酿制的葡萄是在1789年收获的，那年的白葡萄色泽十分纯净。拍卖开始了，价钱开始上升然后停下来，我身边的那位夫人一会儿叹气，一会儿点头，一会用手拍着膝盖……而我一直

"44度，超乎想象，卓越的熟酿技术，罕见的复杂性，丰富的香气，出众的色泽，优质的佳酿香槟。"

Cognac 1789
干邑 1789年

产区：法国，夏朗德(Charentes)，干邑区(Cognac)

冷静地等待着，最后我拍出高价，一锤定音。是我的了，这3瓶干邑是我的了！但是身旁的那位夫人叹息说："这是耻辱！这个价太低了！"我对她这么说表示很遗憾，她从不考虑储藏需要消耗的价钱。我很抱歉地看向她，她告诉我说，其实她原本打算买这3瓶酒珍藏在她位于圣－让－德安格里(Saint-Jean-d'Angély)附近的当皮埃尔－布东(Dampierre-sur-Boutonne)酒庄里的。她还告诉我说这3瓶酒是属于酒庄前任主人特希耶博士(Docteur Texier)的，这些酒被一代一代虔诚地收藏着，最后却因为养家糊口被卖掉了。

于是我到那个酒庄去了解更详细的情况。在镇上的档案室里，我找到了特希耶博士编写出版的词汇表以及他的照片。应我的要求，他的同事给了我一份复印件。让·特希耶(Jean Texier)博士，通过联姻获得了这座酒庄的所有权，这个酒庄长廊的天花板上印着神秘的炼金符号。"如果你想分享我们金色的光，那么再见；但是如果你想和我们分享所有，那么请带上你的诚意。不要指望从世界上带走些什么，也不要重复别人所讲的话。"特希耶博士在长廊上留下这样一段话。是他与阿赫尚宝·德葛艾丽(Archambaud de Grailly)合作开辟了这个镇上的旅游路线(皮埃尔酒庄在1924年对公众开放)。德葛艾丽是一个古老的家族，而让·德葛艾丽(Jean de Grailly)是家族中最著名的一个人物，他曾是英王统治时期阿基坦那大区的陆军统帅，并且是第一批获得勋章嘉奖的人。如此高贵的酒庄从未想过在1795年因为经济问题，作为国家财产卖给一名农场主。这个酒庄制造过白兰地，被拆过屋顶，被德国人在1944年放火洗劫过，还在2002年遭受了一场火灾。但是它一直都向公众开放，展示着它的历史和传奇。这瓶1789年的干邑，深藏在酒庄中，没有被德国人抢走，它的瓶塞被专家更换过，而专业的评价是"44度，超乎想象，卓越的熟酿技术，罕见的复杂性，丰富的香气，出众的色泽，优质的佳酿香槟。"

特希耶(Texier)博士，
在他的城堡中寻找到了这瓶1789年干邑。

1789年：法国大革命。《人权和公民权宣言》颁布。乔治·华盛顿当选美国第一届总统。

"您可以保证都过了两个世纪了，现在这瓶酒还是可以喝的吗？"

1987年在凡尔赛官，我参加了一次19世纪最名贵的葡萄酒及烈酒拍卖会。此次交易上有名贵的1864年的伊甘酒(Yquem)、1894年的罗曼尼康帝(Romanée-Conti)以及1961年的拉图酒(Latour)等。然而让我最欣赏的还是1735年汗兹波特酒。这支酒出现于拍卖临近尾声之时，许多人的资金都已经超出了他们的预算，并且已经在提前退场了，这给了我很好的机会，让我有幸购得此酒。估价拍卖师说此次拍卖的这瓶波特酒是战前的，价值3 500法郎。我饶有兴致地问他："您可以保证都过了两个世纪了，现在这瓶酒还是可以喝的吗？""我个人是不能向您保证的，实话实说，我感觉应该是不能再饮用了。"但是看到装酒的瓶子是如此的精致，我对自己说，3 500法郎就3 500法郎吧，还是要将它收归于手。

拍卖之时，没有一个人愿意叫价，这给了自己很大的勇气决定试一试。"如果1 500法郎能够得到它，那我就买下来，哪怕用来丰富我的收藏也值得呀。"啪！随着交易锤的一声响，成交！主持拍卖的先生随口而出："花这么多钱买这么个小玩意很划不来。"然而事实上，我做了一笔很划算的生意。我曾经品尝过1800年的波特酒，保存完好，仍然是非常出众的一个年份。英国专家古董酒书评专家迈克尔·布罗德班特(Michaël Broadbent)指出，1670年的波特是非常优秀的，而1811年的波特酒可以称得上是5星级的品质。

选择的时候要注意区分出3种类型的波尔图酒：Tawnies类型，LBV类型以及Vintage类型。而Vintage类型均是有年份的。这些年份波特酒只会在最优秀的年份才会被酿造，它们会像陈酿葡萄酒一样被卧瓶存放。如果遇到一般的年份，那么这些葡萄酿造出来的酒将会成为下一个Tawnies类型的混合酒(可以存放10，20，30或者40年……)。

Porto Hunt's 1735
汗兹，波特 1735年

产地：波特(Porto)，葡萄牙

一枚印有古罗马皇帝普罗布斯头像的钱币，他于3世纪，在图密善法令中禁止了在意大利以外的地区种植葡萄，而允许在高卢地区种植葡萄树。

1735年：洛可可风格风靡。拉莫歌剧《殷勤的印度人》上演。

Musigny Roumier | L'Extravagant de Doisy-Daëne | Les Sens du chenin Patrick Baudouin | Screaming Eagle | Corton-Charlemagne, Coche-Dury Champagne Krug | Harlan Estate | Ermitage Cathelin, Jean-Louis Chave Penfold's Grange | Amarone, Quintarelli | Work, André Ostertag | Jéroboam Clos Windsbuhl, Olivier Humbrecht | Sassicaia | Impériale Château Mouton-Rothschild | Magnum Château Le Pin | Montrachet, Ramonet | Richebourg Henri Jayer | La Mouline, Marcel Guigal | Trockenbeerenauslese, Egon Müller | Martha's Vineyard,Napa Valley | La Tâche | Magnum Château Lafleur Magnum Château La Mission-Haut-Brion | Château Dassault | Barbaresco, Angelo Gaja | Hermitage La Chapelle, Jaboulet | Château l'Evangile | Château Lafite-Rothschild | Château Rayas | Grands Echezeaux, Leroy | Trockenbeer-enauslese, Joh.Jos. Prüm | Brunello di Montalcino, Biondi-Santi | Château Musar | Grasevina | Tokay de Hongrie Eszencia | Magnum Château Cheval Blanc | Magnum Château Lafleur | Château Trotanoy | Magnum Petrus Château Haut-Brion | Magnum Château Mouton-Rothschild | Muscat de Massandra | Châteauneuf-du-Pape, Célestins, Henri Bonneau | Vega Sicilia Unico | Clos des Lambrays | La Grande Rue | Muscat de Massandra | Cagore de Massandra | Chambertin, Armand Rousseau | Quinta do Noval, Nacional | Château Latour à Pomerol | Salon blanc de blancs | Champagne Bollinger. V.V.F. | La Romanée | Muscat de Magaratch | Maury Mas Amiel | Château Ausone | Châteauneuf-du-pape, Domaine Roger Sabon | Romanée-Conti Petrus | Armagnac Laberdolive | Tokay 6 puttonyos, Otto de Habsbourg | Magnum Château Margaux | Cognac Rémy Martin Louis XIII | Château Coutet | Château d'Arche | Château Suduiraut | Château Latour | Lacrima Christi, Massandra | Château-Chalon, Bourdy | Vin de paille du Jura, Bouvret | Armagnac, Lamaëstre | Red Port, Massandra | Massandra, The Honey of Altea Pastures | Klein Constantia | Cognac Dudognon | Château Feytit-Clinet | Grenache | Château Gruaud-Larose | Vin de Zucco, duc d'Aumale | Cognac Hine Louis-Philippe d'Orléans | Vinaigre balsamique, Leonardi | Syracuse Château Bel-Air Marquis d'Aligre – Marquis de Pommereu – 1848 Vin de Louise | Muscat de Lunel | Porto King's Port | Château Palmer | Commanderia de Chypre | Pedro Ximénez, Toro Albala | Madére de Massandra | Madère Impérial, Nicolas | Marsala De Bartoli | Pommard Rugiens, Félix Clerget | Xérès, Nicolas | Château d'Yquem | Xérès de La Frontera, Trafalgar Cognac Napoléon, Grande Fine Champagne Réserve d'Austerlitz | Malaga de la Marie-Thérèse | Cognac | Porto Hunt's | Whisky MaCallan | Marie-Brizard du Titanic | Bénédictine début XXᵉ siècle, collection Maurice Chevalier | Rhum Lameth | Calvados Huet | Chartreuse | Gouttes de Malte

烈酒

2006年的时候，我在巴黎德鲁特(Drouot)街出席了一个葡萄酒拍卖会。这次拍卖会上的干邑(Cognac)、雅文邑(Armagnac)和苏格兰威士忌(Whisky)是我所见过最优质的。这一次我花光了银行账户内所有的钱，但是我收藏里仍然缺少一瓶酒：1938年份的麦卡伦苏格兰威士忌(Whisky Macallan)，这是继著名的1926年份之后最出名、最古老的年份了。大卫·考克斯(David Cox)寄给我一份酒单，他是珍贵稀有的麦卡伦苏格兰威士忌公司主管，是最权威的麦卡伦苏格兰威士忌的指导者。酒单内列

"木桶中发酵，1980年装瓶时酒精含量达到41.4度。"

出麦卡伦苏格兰威士忌的价位情况：1926年份估价50 000英镑，而这瓶1938年份估价6 000英镑。木桶中发酵，1980年装瓶时酒精含量达到41.4度，而存量仅仅只剩下60余瓶。

根据这份酒单报价，这笔生意需要花费1 000欧元。我对自己说，不论多么高的价钱我都要买下它，在法国很少有人知道这些古老的苏格兰威士忌是如此的稀少和昂贵，并且很少人收藏它，这次机会错过了就不会再有。但是还有两三个英国人围在苏格兰威

Whisky MaCallan 1938
麦卡伦苏格兰威士忌 1938年

产地：英国，苏格兰高地

士忌橱窗前讨论这瓶酒，所以我必须很快决定。我带着一个朋友(我们是在拍卖会上认识的)来到橱窗前，我对他说："这些酒很奇怪，而且它们的价钱非常昂贵！他们肯定是假的！"在旁边的其中一位英国人听着我的评价，而另一个非常惊讶，悄悄地看着我。我达到目的了，我确定我已经阻止了他们。

拍卖会开始了，我谨慎地选择了拍卖会场最后面的位置以便更好地观察，我为这瓶苏格兰威士忌而颤抖。起价是600欧元，我没有举牌，650欧，700欧，750欧，我任由价钱上涨，1 050欧，没有更高的了。我等待着，等着提出更高价钱的人。在象牙锤落下的刹那，我喊出"1 100欧！"，一锤定音，这瓶酒是我的了。"你想两瓶都要吗？"估价专员问我。"两个都要的话，算一样的价钱"，我和朋友悄声商量说。我把两瓶酒都买下了，这是一笔好生意。接下来，还有1940年份和1945年份的苏格兰威士忌，它们也是1 100欧元，这让我很惊讶，因为它们并没有1938年份那瓶那么出色。但我仍然每种买了两瓶，总共是6 600欧元。这简直是盗窃了，在英国这6瓶酒的价钱才能买到一瓶1938年份的麦卡伦苏格兰威士忌。

拍卖会在继续，我看到还有其他的拍卖品，但是我已经不想再买了，我已经有了这些苏格兰威士忌，足够了！接着拍卖的是6瓶1893年的雅文邑。起价是600欧，650欧，800欧，1 000欧，1 150欧……没有人出更贵的价钱了，我喊出1 200欧，铛的一声，是我的了。接着是人头马(Rémy-Martin)1724到1974年份的酒，每瓶都是250年窖藏的酒，600欧3瓶……铛！又是我的了。我想我真是做了一笔好生意，我是在后来才意识到我是做了一笔多么多么划算的生意：这些雅文邑和其他的一样，是拉玛埃斯特伯爵(Comte Lamaestre)收藏的，每瓶高于6年窖藏的售价是10 000法郎。但是我却用12 000欧买下了如此贵重的年份！我花了3周的时间来支付这些酒。我到哪里去找到这么多钱呢？我实在找不出，不能再像1987年那样，用4公顷的水果来换了。

最后，我的母亲借给我了一笔钱，但是还差2 000欧，一个朋友借我500欧，我卖了一份收藏的小说《图拉真的传奇》(Trajan)，我的儿子给我借了500欧……最后我的收藏中终于有了年份最古老的珍稀的苏格兰威士忌。

30年代贵族用来饮用威士忌的小口袋酒瓶。

1938年：纳粹德国与奥地利合并，组成大德意志。艾格峰的北侧被人类征服。

"你应该要和我们一起去，不然你可会后悔的，我们将会在船上饮用参有黄金的美酒！"路易·雷诺(Louis Renault)，这位著名的汽车制造家，同时也是泰坦尼克号引擎的制造者，满怀悔恨地未能参加豪华的泰坦尼克号在1912年4月10号由法国雪尔布(Cherbourg)出发的处女航程。

人们会问，这支参有金箔的酒究竟是什么酒呢？其实它就是玛丽-布丽查(Marie-Brizard)，当年产量仅有8箱，也就是限量96瓶加有金箔的烈酒。我们仅知其中有4箱并未送上船，但详细原因已无可考。另外被送上船的4箱酒当中，又有多少是被当时的上流社会乘客们消耗掉呢？我们仿佛可以看见，当时船上的贵妇人们穿着华服，配带着闪耀的珠宝钻石首饰，在轮船上的大厅灯光的照耀下，闪闪发亮着；她们悄悄为这些漂浮在天鹅绒般酒液里的金箔发出惊叹。而其中又有多少瓶仍然沉睡在大西洋里与一具1912年豪华的25匹马力引擎和船上其他货物(202箱烈酒，26个橡木桶的酒和230箱葡萄酒)相伴呢？

路易·雷诺是最后4瓶玛丽-布丽查的买主。其中两瓶已经被家族内的人饮用，而另外两瓶，则被其后代在1988年一场位于凡尔赛的雪弗雷艺廊(Galerie des Chevau-Légers)拍卖会中以2 700法郎的价格售出，

而买家，正是在下。

玛丽-布丽查女士因为照顾一位来自安地尔(Antilles)的旅行者而收到对方馈赠茴香药酒秘方作为谢礼，自此之后，这款酒在1755年开始在波尔多地区生产。十载过后，公司发展更加兴盛，也开发出一系列的烈酒饮料，例如完美的爱(Parfait Amour)、肉桂之水(Eau de Cannelle)等，仅在国王的餐桌上才会出现的饮品。因此当玛丽-布丽查这款酒出现在泰坦尼克这趟豪华美洲航线之旅的酒单上时，也是理所当然的。同时，泰坦尼克(Titanic)这款调酒的酒单，有幸被流传了下了：

以4人份的量做准备：
12cl的法国白兰地(Cognac)
12cl的桃子果汁
2cl的浓缩石榴汁(Grenadine)
2咖啡匙的玛丽-布丽查
香槟酒

在雪克杯(Shaker)混合上述前4项材料，冰镇后倒入长形的香槟杯，再注入香槟即可。

在酒中加入金箔是一项古老却又广为人知的步骤，一般称做"Dantziger Goldwasser"，源自于早期在Danzig城市(现称为Gdansk)的一种采用小茴香子(Cumin)熏过的茴香(Anis)来酿造的一款烈酒，而外人就以该城市名称为它命名，即为"Danzig"。自古以来，人们认为黄金有净化血液的功效，并且可食用，对人体并无危害。很显然的，一些炼金术士对这样的饮料很感兴趣。也因此有许多制造商试图制造这类含有金箔的烈酒，其中玛丽-布丽查的泰坦尼克便是其中之一。

当詹姆斯·卡梅隆(James Cameron)所拍摄的泰坦尼克电影上映时，玛丽-布丽查公司开价100 000法郎，想从我手中买回我在拍卖会上购得的玛丽-布丽查。但是当时我并没有同意，而后又有一位美国收藏家开价50 000美元想购买这支酒。一直到1990年，我遇见了泰坦尼克船上的最后一位生还者，哲学家米歇尔·纳瓦提(Michel Navratil)先生，在船难发生当年他仅有3岁。他向我购买玛丽-布丽查并同时赠予我几张照片和几本有题字的书，随后他在2001年过世。我是在将酒售给这位哲学家的几年过后，才得知玛丽-布丽查这支酒的故事，而那时还没有人提到泰坦尼克这部电影。

"玛丽-布丽查女士因为照顾一位来自安地尔(Antilles)的旅行者而收到对方馈赠茴香药酒秘方作为谢礼，自此之后，这款酒在1755年开始在波尔多地区生产。"

Marie-Brizard du Titanic 1912
泰坦尼克，玛丽-布丽查
1912年

烈酒类，由法国波尔多玛丽-布丽查(Marie-Brizard)公司生产。

1912年：中国最后一位皇帝溥仪让位。泰坦尼克号遭遇海难。

"这瓶利口酒生产于1863年新哥特式宫殿内，那里曾经是费康(Fécamp)本笃修道院(Abbaye Bénédictine)。"

这瓶酒于1989年12月17日在莫里斯·切瓦里亚(Maurice Chevalier)的位于凡尔赛的酒窖内被拍卖。这瓶酒给人留下很深刻的印象，不仅仅是它复杂的香味，还有它特别的存储条件以及酒标上D.O.M这3个字母，代表着拉丁语"Deo Optimo Maxmo"的缩写，意为献给至高无上的主，瓶口密封长条上用铅字印着红色的印章。这瓶利口酒生产于1863年新哥特式宫殿内，那里曾经是费康(Fécamp)本笃修道院(Abbaye Bénédictine)，它于法国大革命时期被损毁。从文艺复兴时期开始，修道士开始为佛朗索瓦一世(François 1er)制造这种利口酒。

1863年，亚历山大·勒格朗(Alexandre Le Grand)在一份古老的文件中发现了它的制作方法，它使用了27种植物和调料。制作工艺包括3次蒸馏，1次浸渍以及在用不同葡萄品种和糖浆调兑之前长达一年时间的浸皮过程。莫里斯·切瓦里亚非常喜欢伊甘庄酒，晚饭后他会坐在沙发上慢慢品尝他所购买的泵酒(Bénédictine)，也称为修士酒。以下是作家伯纳德·鲁瓦索(Bernard Loiseau)为酒类名录所写的前言："对于能够为莫里斯·切瓦里亚酒窖藏酒名录撰写前言，我感到很荣幸。莫里斯的魅力和风格深深地吸引了我，我十分喜爱他的幽默和精神，他已经成为了一位传奇的人物。今天，我无意中撞见他在哼唱'我的苹果'还有'情人节'。莫里斯·切瓦里亚十分喜爱葡萄酒，而他最喜欢的是酒中的传奇苏玳(Sauternes)，它是如此适合珍藏陈放。他所出售的最珍贵的收藏令

人震惊。"从此以后，伯纳德·鲁瓦索与莫里斯·切瓦里亚成为了挚友。

提到拍卖，我买到了两瓶泵酒和唯一一瓶1858年份特优香槟干邑毕思琪·杜布社(Bisquit Dubouché)，这是整个世纪最著名的年份。拍卖那天，我的心脏不停跳动，一直等待着计算出的价格，其他有钱的艺人和著名的志愿者也带来了切瓦里亚先生的纪念品。但是我没有任何遗憾，尽管我不能买到克劳德·佛朗索瓦(Claude François)拿出的酒，但在最后我认识了贝翰先生(Monsieur Perrin)，佳酿的业余爱好者。他跟我说他还有一些他伟大朋友克劳德·佛朗索瓦酒窖的藏酒，他留给我一个至少能够买到一瓶酒的机会。

那年的冬天，一顿美好的晚餐过后，在皮质的柔软的沙发上，没有比一瓶世纪初的泵酒或是查特酒(Chartreuse)更能释放一天的压力了。

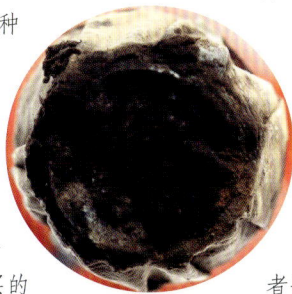

Bénédictine début XXe Siècle
Collection Maurice Chevalier 1900
泵酒莫里斯·切瓦里亚珍藏 1900年

烈酒类，由法国波尔多玛丽－布丽查(Marie-Brizard)公司生产。

莫里斯·切瓦里亚和他最珍贵的干邑白兰地。

1900年：《米其林指南》出版。第一场戴维斯杯比赛举行。

我在吉尼斯(Guinness)世界纪录上看到世界上最古老的被人们所熟知和品尝过的朗姆酒是1886年份的拉莫斯朗姆酒(Lameth)。在经过一段时间的寻找后，我知道它属于尚塔尔·昆特(Chantal Comte)，从事古老朗姆酒生意的专家，她把这瓶朗姆酒卖给了位于尼姆附近的拉都贝酒庄(La Tuilerie)。我在葡萄酒博览会(Vinexpo)上偶然看到了这瓶酒。但是她告诉我这是她剩下

姆酒，这瓶酒经过长期老化已经有50度，以下是她对这瓶酒的评价："呈现出令人称赞的琥珀色和黄晶色，散发着香草的甘甜清香和点燃的辛料的味道，品尝一口，充满水果的香气，有时还有烧烤的味道。最后，留在口中的是高雅的感觉，平滑的单宁味，百年老酒清爽的香气，喝过之后余香在口中久久不能散去。"有一个词来形容，就是完美！

"呈现出令人称赞的琥珀色和黄晶色，散发着香草的甘甜清香和点燃的辛料的味道，品尝一口，充满水果的香气，有时还有烧烤的味道。"

的唯一一瓶。第2年，她终于愿意将这瓶酒转让给我收藏。作为交换，我要提供给她几瓶两盎司大瓶装极佳年份的波美侯费迪克奈堡(Feytit-Clinet)。

关于这瓶朗姆酒的故事：这些1886年份的朗姆酒在勃艮第(Bourgogne)的一座酒庄内被找到，之前这些酒是被一位老人带往南美。这个酒庄庄主的女儿在墙上发现了一条裂缝，被一个铺在碗橱上的花毯掩盖住了。尚塔尔·昆特品尝过这瓶没有经过处理的朗

随着时间的推移，人们在拉莫斯发现了一个名为艾尔弗莱德·马力(Alfred Marie)的人，他来自皮卡迪(Picardie)的古老家族，他出生于1842年，在1916年去世，1870年任上尉，并且是位于夏朗德(Charente)马提尼克岛(Martinique)一家朗姆酒收藏店的主人。但是在1887年7月6日，他在巴黎开始销售他的品牌。1889年的世界博览会上，他向世人展示了他所生产的朗姆酒。

从皮卡迪到巴黎，从马提尼克岛到我在夏贝尔巴通的酒窖，途经夏朗德、南美、勃艮第和尼姆！这瓶酒几乎转遍了半个世界，就像是海盗将这瓶酒带到了世界各地一般。

Rhum Lameth 1886
拉莫斯朗姆酒 1886年

朗姆酒，由蔗糖蒸馏制成，马提尼克岛(Martinique)，法国安的列斯群岛(Antilles Françaises)

此酒的木质包装盒，它运用了多种异国木本制作而成，象征了朗姆酒的味道。

1886年：英国作家斯蒂文森出版《变身怪医》。可口可乐诞生。

正如很多葡萄酒爱好者一样，我曾经在年轻的时候有幸品尝过查特酒，只可惜没有对其倾注过多得关注。不容置疑，品尝这支酒是需要一定品酒经验的。1995年的一天，我在一个名叫德鲁特(Drouot)的城市里得知，一瓶查特·达哈可尼 (Chartreuse Tarragone)要卖到5 000法郎的价格。这让我觉得很不可思议，于是我便开始了了解这支酒的旅程。后来我得知，凡是叫做达哈可尼(Tarragone)的、1904年至1989年于西班牙制作并酿造的查特酒，是非常稀有的。这其中有3个原因：

- 与法国出产的以朗格多克酒区葡萄酒为原汁酿制的白兰地不同，达哈可尼的白兰地是由Priorat葡萄酒蒸馏酿制而成的；

- 在一些植物的选择运用上，其中包括一些当地植物，并不完全与法国国内酿酒师挑选的植物一致；

- 酒液的陈放条件也有所不同：恒温陈放。

我当时想到的是，我要不惜一切代价得到几瓶达哈可尼来壮大我的顶级酒类收藏队伍。一天，菲利普·福－巴克先生 (Philippe Faure-Brac)邀请我在一个名为"侍酒师的小酒馆"的餐馆中共进午餐，他曾在1992年获得世界最佳侍酒师的荣誉称号。餐后，我们一同参观了餐馆对面著名的奥热(Augé)酒窖。在那里，我见到了60多瓶黄色或绿色的1961或1974年份的达哈可尼葡萄酒，价钱从每瓶350至500法郎不等。在我幻想着把它们全部带走的一刹那，那里的店员也在用怀疑的眼神注视着我的一举一动。最后，我挑选了两瓶1944年份的Taillevent酒庄的酒，一百多瓶在两战期间曾在多维尔(Deauville)、巴黎以及图卢兹等地被拍卖过的葡萄酒。我那时并没有想利用这些酒来赚个大价钱，只是觉得这些酒终会有一天成为非常稀有的珍品，就像那些古老的朗姆酒或是玛莎拉葡萄酒(Marsalas)一样永远地消失了。在2009年，那些陈年的查特酒的价钱已经攀升到每瓶2 000至3 000欧元了。

随着时间的推移，我已经收藏了一系列陈年的1869和1989年份的查特酒了，这些都是非常优秀的陈酿。这里记载了一段2000年度世界最佳侍酒师奥利佛·伯西埃(Olivier Poussier)对该酒的评价："1910年份的查特酒，闻上去有焚香、石蜡、香料、绿茶和薄荷的香气。入口稠滑，酒体平衡，总体来说较丰富可口，余香持久，犹如'长生不老药'。"

当然，酿制这款"长生不老药"的秘方绝对没有任何人知道，是由130余种不同的植物提炼而成的，其中品质最为上乘的就是1963年出产的V.E.P(特别长期陈酿，Vieillissement Exceptionnellement Prolongé)。

1605年，酿制查特酒的配方由法国索雷斯(Maréchal d'Estrée)元帅传授给了巴黎的

"酿制这款'长生不老药'的秘方绝对没有任何人知道，是由130余种不同的植物提炼而成的。"

道士们。18世纪时，著名的伊赛尔(Isère)查特酒推出了"植物长生不老酒"，至今我们仍然可以找到一些标着71度或55度标志的小瓶装的查特酒。随后的大革命无情地冲击了那些道士们，但酿制配方却被神奇般地保留了下来。1838年，修道院黄酒40度在修道院中被酿制出炉。1903年，法国愈驱逐各教会组织，那些酿制查特酒的道士们便躲到了西班牙的达哈可尼城镇中。直到1929年，道士们才重返法国，首先在福华立(Fourvoirie)重新酿制该酒，后于1935年辗转到华弘(Voiron)继续酿制。

我曾有幸被邀请至华弘的蒸馏酒厂参观，在那里，我结识了东·贝纳(Don Benoît)先生，他是酒厂的代理人，同时也是蒸馏酒的酿酒师。他邀我一起品尝了十余款从1906至1971年份出产的查特酒，品尝后的感觉，至今难忘。

我收藏的一支最陈年的查特酒是1869年份出产的，它也是19世纪出产的唯一一款酒瓶上印有"Chartreuse"突起标志的酒。我得到这瓶酒的经历有些神奇，在这里我就不将之公布于众了。有时，我仍然会想起那些酿制查特酒的人的智慧，在我的记忆深处，一直还保留着东·贝纳先生对查特酒的一些评价："平静，喜悦，安定"。

出版商曾一度为这支酒出本书，向人们讲述它的故事。

Chartreuse 1869
查特酒 1869年

烈酒，法国，多菲那地区(Dauphine)，大夏洛特丝修道院(Monastere de La Grande Chartreuse)

1869年：俄国科学家门得列夫首创元素周期表。苏伊士运河通航。口香糖被申请为专利产品。

1865
CALVADOS
D'AUGE
NORMANDIE
Appellation
Contrôlée
40°
DISTILLATION DU
DOMAINE
PIERRE HUET
CAMBREMER (CALVADOS)
TÉLÉPHONE 9

1997年，我是费迪克奈堡(Feytit-Clinet)的一半股东，我经常收到一箱箱的葡萄酒作为地租。我的儿子在波尔多城买了另一半股份，为了偿还他的借款，我让他帮我储存了50 000瓶葡萄酒。他一家家的去卖这些酒，而我则去拜访一些古董商人和一些画廊鉴赏家。一天，我在圣－乌昂(Saint-Ouen)的跳蚤市场淘旧货的时候，发现了一个诺曼底风格的小型衣柜，非常的精致漂亮。它只有不到50厘米高。那个古董商人

"1865年对于古老的卡尔瓦多斯来说是优秀于其他年份的。"

愿意用1 000法郎卖给我，另外，送我一瓶免费的卡尔瓦多斯。最后，我把价钱讲到800法郎，我拿到了这个衣柜。在衣柜里我寻找到了一瓶用旧报纸包着的酒，上面用纸捻的绳子捆着，因为时间太久，一打开便尘土飞扬。我继续到处上门推销我的波美侯(Pomerol)：皮荣市场、马拉西斯等。当我回到家，我发现那瓶老酒竟然是来自坎布瑞

莫(Cambremer)的雨艾·皮埃尔酒庄(Huet Pierre)，它是著名的酒类生产商。经过小心翼翼的清洗多年沉积脏污的瓶颈，我看到了它的年份：1865年。这是多么大的惊喜啊！在我和雨艾酒庄的希瑞尔·马尚德(Cyril Marchand)联系了解情况后才知道，这瓶酒的价值可以买半打的衣柜！这个伟大的年份的酒已经消失很久了。后来，我带着这瓶酒去迪维尔(Deauville)参加一个拍卖会，估价在700欧元。19世纪的雅文邑(Armagnacs)或者干邑(Cognac)并不难见到，但是这个年份的卡尔瓦多斯就十分罕见了。而且1865年对于古老的卡尔瓦多斯来说是优秀于其他年份的。

这瓶酒的品级也十分完美，在我40年寻酒的过程中没有再见过比这更加古老年份的卡尔瓦多斯了。

Calvados Huet 1865
雨艾卡尔瓦多斯 1865年

苹果白兰地
产区：法国，诺曼底，卡尔瓦多斯 (Calvados)

可装于口袋中的小酒壶，便于旅途饮用。

1865年：巴斯德灭菌法出现。法国科幻作家儒勒·凡尔纳出版《从地球到月亮》。马特峰的瑞士一侧被英国探险家温伯尔率先征服。

1865

2001年，一位朋友从马赛致电来邀请我参加"法国·地中海"航线的最后一趟游轮之旅。那次旅行其实是一趟海上美食之旅，而我也正好想借此机会认识一些有趣的人，另外同时在这条船被送往回收场报废之前，顺道去取我酒窖里的最后一个收藏品，于是我便爽快地加入了他们的旅行。

经过马耳他(Malte)，我们在瓦勒特(La Valette)稍做停留。我同时注意到这里有零星散布的小片葡萄园。这里酿造的葡萄酒并不知名，产有少量的蜜思加甜酒(Muscat Doux)，但我仍然相信或许有机会在这里发现一瓶稀有的酒。经由他人介绍，我前往拜访当地一位葡萄酒爱好者。这位老先生的眼睛炯炯有神，一看到我，就对着我大喊："拿破仑万岁!你知道吗?我不喜欢英国人。"

这位爱好者的收藏包含了许多年份古老的酒，像是1860年的玛莎拉(Marsala)Vino Santo和20世纪初生产的查特酒(Chartreuse)等。但其中我对一瓶叫做马耳他古特(Gouttes de Malte)的酒特别感兴趣。

他向我解释这瓶酒的来由：原来这是他的曾祖父，一位马耳他君主追随者的收藏。根据这位爱好者的说法，仅有骑士团的骑士知道这支酒的配方，而且它采用一种非常稀有、现在已经绝迹的植物来制作。他手上现

有的这一支应该是在1850年左右生产的，但他不知道他的曾祖父以什么方式取得这支酒的，而它的名称"Goutte"即是烈酒的意思。

这些装在酒瓶里的褐色的液体，看来浓稠的几乎像油脂。我认为非常有资格成为我的收藏品之一! 于是，以一支陈年的查特酒价格为基准，我出价500欧向这位爱好者购买。但他却告诉我这支酒是非卖品，我花了好长时间说服他，但并没有成功。于是我离开他的住处，与游轮的其他团员会合，进行

"这些装在酒瓶里的褐色的液体，看来浓稠的几乎像油脂。"

之后的景点观光行程。我们在城市里逛着，参观了以大理石板建造、具有艺术感的教堂；埋葬着为国争光的骑士们遗体的区域。但我的思绪始终停留在那位葡萄酒爱好者的家中。这瓶马耳他酒十分具有历史价值，实在非常吸引我。但是我们的船在两个小时后就要离开这里! 于是我擅自脱队，又回到了爱好者的住处，进行另一个回合的谈判。到了最后，我说："拜托您，爷爷，请以1 000欧的价钱卖给我吧! 让我能将马耳他的回忆加入我的收藏品里。"

最后，老先生终于松口，他认为我比骑士还要固执，但他很喜欢这样的性格。他今年已有80岁的高龄且膝下无子，没人可以继承他的酒藏，所以把这酒直接送给我了!

感谢老天! 我终于得到这瓶珍贵的纪念品。而且还会得到由司令官赠予的最后一瓶法国酒以及一小片的船骸(被老先生用来当作镇纸)。

这支酒由于年代久远，蒸发量多，使得该酒高度仅达酒瓶的肩部而已，我决定要进行换塞以确保其质量不变。我也趁这个机会和现任的全球最佳侍酒师，同时也是查特酒爱好者，安德烈亚斯·拉尔森(Andreas Larsson)共同品尝这支美酒。

倒入酒杯后，一股非常强烈的香气袭来，无法一一识别它们，却又出人意料的具有完整的层次感。我们的杯中仅有几滴酒的份量，但糖浆般的液体仍然能够吸附在杯壁上。我开始闻到了花香、田野气息、香料、药草、东方香精、肉桂、姜、松树脂、雨后的热带雨林等味道。酒精浓度很高，口感滑腻并强烈，至少比一般陈年的查特酒高出10度以上。它的味道渗入我的味蕾，并将我完全征服。

Gouttes de Malte 1850
马耳他，古特酒 1850年

烈酒

1850年：地球人口超过11.7亿。查尔斯·狄更斯出版《大卫·科波菲尔》。

在此让我们重新来回顾一下我的这100瓶神话般的葡萄酒。这本书汇聚了葡萄酒史上最珍贵的美酒，这是特别地为我们的下一代而做出的一个惊人选择。这次的参观到这里已经结束，我将重新关上这世界上最美丽最顶级的酒窖的大门。最高级？这并不是我自吹的，而是从迈克尔·布罗德班特(Michaël Broadbent)或安德烈亚斯·拉尔森先生(Andreas Larsson)这样的世界顶级品酒师的口中传出来的。

这35 000瓶全是品质非凡的葡萄酒，无一例外地处于接近完美的储存状态下。

我打算活到100岁，这样可以和我的子孙们一起品尝1947年的白马庄，并且将我这些珍藏遗赠给基金会。这个世界上大部分的人都只想即将来到的下一周该做什么，而我在想如何为人类做点什么，我在想将300年老葡萄酒的基因储存下来并传承后代。创建一个博物馆又何尝不可呢？正是，一个博物馆，或者一个名酒收藏馆，存放着真正灌装完整的名酒，这正是我人生的目标啊。在这已经逝去的四十载春秋中，我一直追寻着仅存的、已然消逝的珍贵种苗还有古老的名品。在不远的过去，这些葡萄酒在拍卖落标后被批量的低价处理，就像那些1900年代的艺术品收藏家们收购无人问津的18世纪大师的画布一样，我也以同样反向的方式和潮流作赌。随后，我的这些藏品相继出现在各大行业刊物上。通过麦可·波德本、罗伯特·帕克这样的专家以及互联网，这些珍贵葡萄酒的信息被传播到了全世界。今天我已不可能再创建这样一个酒窖，葡萄酒已经被化为炒卖的产品，而那些新兴的富豪们已经消费了大部分的稀有名酒。

距今150年，托卡伊、锡拉库斯、马德拉、玛莎拉、康斯坦提亚、马拉加等其中一些著名的葡萄酒已经消失殆尽，被一些新问世的葡萄酒所替代。随后，葡萄酒酒质产生了变化，而将随之而变的还有：例如勃艮第，200前酿制的是勃艮第淡红葡萄酒，50年前它开始渐变为酸涩型，30年前的味道则越来越趋于清淡，10前酒体却又过为浓郁……以此来看，一切皆有可能，但我希望我能够将它们一一保存下来。

如果我的酒窖仅储存陈年的美酒，这已经足够使它成为一个稀有的酒窖了。但是出现在报道中的著名且陈年的美酒不过是冰山的一角。这只是对一个囊括了世界顶级酒庄出品的2 000瓶顶级葡萄酒的收藏集的一个概述。人们将发现我的藏品集中包括了所有上述这些顶级葡萄酒。人们还将惊奇地发现，这不仅是一个回忆酒窖，而且还是一个未来酒窖：一半藏于此处的葡萄酒不到25岁。最后人们还会发现，这个酒窖是一个葡萄酒世界发展的忠实倒影：它不仅仅只窖藏了从19世纪以来的法国或欧洲的葡萄酒，同样还窖藏了世界各地的葡萄酒。40年前，它开始窖藏意大利和西班牙美酒；20前，它迎接了新世界葡萄酒的到来；然而最近，它又开始接收东欧的美酒。

站在这样一个独一无二、传奇般的宝库里，就好像一只脚站在过去消逝的时光里，另一只脚站在未来的希望中；我为后人准备着这个明日的顶级酒窖。怀着愚公移山的信念，我将填满我的地下博物馆，就像两个世纪前俄国沙皇所做的那样。同时我还希望我所做出的这些选择将被下一代鉴证其价值，就像1900年代的那些艺术品收藏家的选择一样流传后世。在此，我真诚地希望我的酒窖能成为一项能够表现人类文明和精神的项目延续下去，因为它并非只是一项喜好而已。重新打开那扇大门，就在现在，这样一本称得上酒窖百科的书，它里面的知识、内容在将来的一天会创建一个世界葡萄酒及葡萄酒精神的收藏博物馆。

250 winemakers... (the perfect wine cellar)

My collection is composed of 35,000 bottles, 1,000 magnums and 100 jeroboams and imperials produced by the most prestigious winemakers in the world.

The appellations followed by an asterisk indicate the rarities.

ARGENTINA 阿根廷

Archaval Ferrer: *Altamira, malbec* 2002.
Chacayes: 2002.
Bodega Catena Zapata: *Nicolas cabernet sauvignon* 2001, 2004, *Argentino malbec* 2004, *Alta cabernet* 1996, *malbec* 1997.

AUSTRALIA 澳大利亚

Armagh: 1995, 1996, 1997, 2001.
Hardy: *Bastard Hill, chardonnay, pinot* 1994, 1997, *Eileen shiraz* 1993, 1994.
R.Blinder: *shiraz* 2004, 2005.
B.Bruthers: *S.G.N* 1982.
Chambers Rosewood: *Rare muscadelle, Rare Muscat, special Tokay, S-G-N.*
Clarendon Hills: *Astralis* 1996, 2000, 2001, 2003.
D'Arembert: *Dead Arm* 1998.
De Bortoli: *Noble One* 1982, 1985, 1990, 1993, 1996, 2000, 2001. *Botritis.*
Glaetzer: *Amon-Ra* 2006.
Greenock Creek Vineyard & Cellars: *Roennfeld Road shiraz* 1998, 2001, *Roennfeld Road cabernet* 2003, *Creek Block shiraz* 2004, *Alice shiraz* 2006.
Henschke: *Hill of Grace from* 1992 *to* 2005. *Cyril* 2005.
Leewin Estate: *chardonnay Art Sevie* 1990.
Meshach: *shiraz* 1994.
Noon Winery: *Eclipse cabernet sauvignon* 2005, 2007, *shiraz reserve* 2006.
Penfold's: *Grange* 1983, 1985, 1988, 1989, 1990, 1991, 1992, 1993, 1994, 1995, 1996, 1997, 1998, 1999, 2000, 2001, 2002, 2003, 2004, 2005.
Petaluma: *chardonnay* 1997.
J.Ridooch: *cabernet* 1993.
Rosemount Estate: 1992, 1994, *cabernet* 1994.
Rusden: *Black Guts shiraz* 2003.
Taltarny: *cabernet* 1991.
Torbreck Vintners: *Run rig, descendant* 1997, 1998.
Veritas Winery: *Hanich shiraz* 2004, 2005.
Michaël Wynns: *shiraz* 1994, 1998.
Wild Duck Creek: *Duck muck shiraz* 2002.
Yalumba: *Octavius* 1997.

AUSTRIA 奥地利

F.Artinger: *essencia ruster Ausbruch* 1995, 1999.
Erbacher: *vendanges tardives* 1976.
Weigut Franz Hirtzberger: *riesling singeriedel* 2002, *gruner vetliner* 2003, *Riesling TBA* 2005, 2006.
Weingut Alois Kracher: 1991 *TBA,* 1992. *Cuvee* N°9, 10, 11, 13.
Weingut Josef Nigl: *riesling* 2002.
Landauer: *welchriesling icewine* 1988, 1992, 1997, 2003.
H.Lunzer: 1997, 2000.
Nekowitsch: *schilfwein* 1998, 1999, 2000.
Opitz: *eiswein selection de grains nobles* 1992, 1993, 1994, 1998, 2002, 2003.
Weingut Franz Xavier Pichler: *Riesling keelerberg TBA*2003, *riesling Unendlich* 2005 *GR. Veltliner M.FF marag* 2005.
Weingut Prager: *riesling Smaragd* 2000.
Shandel: *Ruster rulander selection de grains nobles* 1988, 1989.
Wenzel: *Ruster Ausbruch TBA* 1981, 1991, 1999.
Brundlmayer: *Gruner vetliner kaferberg* 2004, 2005, *Alte Reben riesling* 2004.

CANADA 加拿大

Inninskillin: *Icewine* 1989, 1991, 1995, 1996, 1997, 1998.
Château des Charmes: *Icewine Vidal* 1999.
Pillitterl: *chardonnay, tiesling, icewine* 1995.
Colio: *Icewine Vidal* 1993.

CHILE 智利

Alka: *Carmenere* 2003.
Alma-Viva: 1996, 1997, 1998, 2007.
Concha -Y-Toro: *Melchor* 1995, 1996, 1997.
Cousino Macul: *Finis Terrae* 1995, 1996.
Errazuriz: *Chadwick Sena, Kai, Don Maximiano,* 1996, 1997, 1999, 2006, 2007.
Lapostolle: *Clos Apalta* 1997, 1999, 2000, *merlot Alexandre* 1999, 2000.
Luigi Bosca: *verdot* 1997.
Montes: *Alpha M.*1996, 1997.
Valdivieso: *'V'*1998.
Tarapace: *Millenium* 1997.

FRANCE 法国

● CHAMPAGNE
Bollinger: *RD, vieilles vignes francaises,* 1928, 1981, 1985, 1988, 1990, 1995, 1996, 1999.
Egly-Ouriet: 1999, 2000.
Henirot: 1928.
Jacquesson: 1990, 1995, 1996.
Krug: *Clos du mesnil et grande cuvée* 1982, 1983, 1985, 1990, 1995, 1996, *Clos d'Amdon-nay* 1995, 1996.
Laurent perrier: *grand siècle* 1990.
Moët et Chandon: *Dom Pérignon* 1971, 1988, 1990.

Montebello: 1928.
Piper-Heidsick: 1933.
Pol Roger: *brut vintage, chardonnay vintage* 1961, 1996.
Roederer: *Cristal, blanc de blancs,* 1990, 1996, 2000, 2002.
Ruinart: *Dom Ruinart* 1990.
Salon: 1928, 1971, 1982, 1983, 1988, 1990, 1995, 1996.
Selosse: *Origine* 1990, *Sudstance* 1999.

● **ALSACE**
(SGN=sélecton de grains nobles)
Marcel Deiss: *gewurztraminer, riesling, Bergheim* 1989, *Shonenburg* 1989, *tokay, riesling, gewurztaminer Quintessence* 1989, *grand cru Atenberg de Bergheim* 2005, *grand cru Schoenenbourg* 2005.
Hugel: 1976, 1989.
Kreydenweiss: *tokay, riesling gewürz-traminer SGN* 1989.
Kientzlere: *tokay, riesling SGN* 1988.
Seppi Landmann: *vin de glace* 1990, 1993, 2001, 2005, *gewürztraminer and Riesling grand cru Zinnkoepflé SGN* 2007, *sylvaner Vallée Noble vin de glace* 2007.
Muré: *Clos Saint-Landein vendanges tar-dives* 1997.
Ostertag: *sélection de grains nodles Work* 1989, *Barrique de Zelberg Work* 1992, *gewurztrztaminer Fronholz SGN* 1990, 2007, *riesling Heisenderg SGN* 1990, *Riesling Muenchberg SGN* 1990, 1995, *Riesling grand cru Muenchberg.*
Schlumderger: *sélection de grains nodles* 1971, 1989.
Maison trimbach: *Clos Saint-Hune* 1971, 1983, 1989, 1990, 2001, 2004.
Domaine Weinbach: *Quintessence et selection de grains nobles* 1989, 1995, 2001, 2002.
Domaine Zind-Humbrecht: *tokay Clos Jeb-sal SGN* 1989, *Rotenberg* 1989, *Heimbourg* 1989, *Rangen* 1989, *Riesling Clos Windsbuhl SGN* 1989, *Gewurztraminer Schoenenbourg SGN* 1989. *Pinot gris Clos Windsbuhl SGN (trie Spéciale)* 2005.*Jéroboam gewurztraminer Clos Windsbuhl* 1989, *Riesling Clos Saint-Urbain SGN* 1995.*Riesling Sec Rangen de Thann Clos Saint-Urbain* 2005, 2007. *Gewurztraminer grand cru Hengst SGN* 2007.

● **LOIRE VALLEY**
Mark Angéli: 1989, 1990.
Fatrick Baudoin: *Essence, maria Juby, Après Minuit* 1997, 2002, 2005.
Domaine des Baumard: *Quart-de-chaume* 1989, 1990.
Château de bellerive: *Quart-de-chaume* 1988, 1989, 1990.
Domaine Brancereau: 1990.
Clos de la Coulée de Serrant: 1983, 1988, 1989, 1990.
Didier Dagueneau: *Pouilly-Fumé Silex, Pur Sang, Astéroïde, Maudit* 1989, 1990, 1995, 2005, 2006.

Philippe Delesvaux: *Anthologie Carbonifera* 1990, 1996, 1997.
Philippe Foreau: *goutte d'or, 1re trie, réserve,* 1947, 1989, 1990.
Château de fesles: *Bonnezeaux* 1988, 1989, 1990, 1997.
Château de fosse-Sèche: *Réserve du Pigronnier* 2000, 2002, 2005, 2007.
Domainehuet: *Le Haut-Lieu, Le Mont, Le Clos du Bourg, Cuvée Coustance,* 1959, 1988, 1989, 1990, 1997, 2003.
Charles Joguet: *Chinon cuvée de la Dioterie* 1989.
Domaine du Landreau: *Coteaux du Layon Chaume* 1990.
Jo Pithon: *Ambroisie, Les Bonnes blanches, Quart-de-chaume,* 1994, 1995, 1996, 1997, 1999.
Clos Rougeard: *Le Bourg* 1990, 2005.
Vincent Ogereau: *Nectar* 1989, 1990.
Pinon: *Jasnières* 1989.

● **RED BORDEAUX**
Château Angélus: 1982, 1988, 1989, 1990.
Château Ausone*: 1921, 2937, 1259, 1961, 1970, 1971, 1982, 1983, 1988, 1990, 1995, 1996, 2000, 2001, 2003, 2004, 2005, 2006, 2008.
Château Beauregard: 1982, 1989, 1990.
Château Beau-Séjour Béoct: 1989, 1990.
Château Beauséjour-Duffau: 1988, 1990, 2000, 2005.
Château Belair: 1989, 1990.
Château Beychevelle: 1928, 1945, 1947, 1986.
Château Bourgneuf-Vayron: 1982, 1988, 1989, 2000.
Château Brane-Cantenac: 1928, 1989, 1990.
Château Canon: 1985, 1988, 1989, 1990, 2000.
Château Canon-La-Gaffeliére: 1988, 1989, 1990.
Château Carbonnieux: 1928.
Château Certan de May: 1982, 1985, 1988, 1989, 1990, 2000, 2005.
Château Cheval-Blanc*: 1929, 1941, 1945, 1947, 1953, 1955, 1961, 1964, 1970, 1971, 1975, 1982, 1989, 1990, 1995, 1996, 1998, 2000, 2001, 2005.
Château Clinet: 1947, 1988, 1989, 1990, 1998, 2000, 2005, 2006.
Château Cos d'Estournel: 1928, 1955, 1970, 1982, 1989, 1990.
Château Dassault: 1959, 1961, 1962, 1971, 1982, 1988, 1989, 1990, 2005.
ChâteauDucru-Beaucaillou: 1961, 1982, 1988, 1989, 1990.
Église-Clinet: 1985, 1989, 1995, 1998, 2005, 2006, 2008.
Château Feytit-Clinet: 1870, 1893, 1911, 1928, 1929, 1947, 1949, 1952, 1959, 1961, 1964, 1975 and all vintages from 1976 to 2007 in 12-bottle cases.
Château de Fieuzal: 1988, 1989, 1990.
Château Figeac: 1941, 1982, 1988, 1989, 1990, 2000.
Château Gazin: 1982, 1988, 1989, 1990, 2000.

Château Gombaude-Guillot: 1989, 1990.
Château Graci: 2000, 2001, 2005.
Château Gruaud-larose: 1865, 1982.
Château Haut-Bailly: 1926, 1982, 1988, 1989, 1990.
Château Haut-Brion: 1926, 1945, 1947, 1961, 1964, 1970, 1971, 1975, 1982, 1985, 1988, 1989, 1990, 1997, 1998, 2000, 2001, 2003, 2005.
Château Haut-Tropchaud: 1982, 1988, 1989, 1990.
Château HoSanna: 2000, 2005, 2006.
Château La Conseillante: 1982, 1988, 1990.
Château La Croix de Gey: 1982, 1988.
Château La Dominique: 1945, 1946, 1988, 1989, 1990.
Château Lafite Rothschild*: 1878, 1891, 1918, 1959, 1961, 1970, 1971, 1975, 1976, 1982, 1985, 1986, 1994, 1995, 1998, 1999, 2000, 2001, 2003, 2005.
Château Lafleur*: 1947, 1950, 1955, 1959, 1961, 1966, 1971, and all vinyages from 1975 to 2006 in 12-bottle cases.
Imperials 1985, 1988, 1989, 1990, 1995, 1998, 2000.
Les Pensées de Lafleur: 1998, 2001.
Château La Fleur de Gay: 1982, 1988.
Château La Fleur-Petrus: 1961, 1975, 1982, 1985, 1988, 1989, 1990, 1995, 1996, 1998, 1999, 2000, 2001, 2006.
Château La Gaffelière: 1988, 1989, 1990.
Château La Mission-haut-Brion: 1959, 1961, 1975, 1981, 1982, 1989, 2000, 1001, 2005.
Château La Mondotte: 1996.
Château La Pointe: 1982, 1988, 1989, 1990.
Château Latour*: 1894, 1899, 1923, 1943, 1961, 1964, 1971, 1975, 1982, 1989, 1990, 1994, 1996, 1997, 1998, 1999, 2000, 2001, 2003, 2005.
Château Latour à Pomerol: 1961, 1982, 1988, 1989, 1990.
Château La Tour-Haut-Brion: 1982, 1988, 1989, 1990.
Château La Tour-Martillac: 1989.
Château La Violette: 1982, 1988, 1990, 2006, 2008.
Château Le Gay: 1982, 1988, 1989, 1990.
Château Le Bon Pasteur: 1982, 1988, 1989, 1990, 2000.
Château L'Eglise-Clinet: 1982, 1988, 1990, 2006, 2008.
Château Léoville-Barton: 1988, 1989, 1990, 2000, 2005.
Château Léoville-las-Cases: 1900, 1921, 1945, 1982, 1988.
Château Leoville-Poyferre: 1870, 1988, 1989, 1990, 2000, 2005.
Château Le Pin*: 1982, 1988, 1989, 1990, 1993, 1995, 1996, 1997, 1998, 1999, 2000, 2001, 2002, 2004, 2005, 2006, 2007.
Château L'Evangile: 1961, 1982, 1985, 1989, 2000.
Château Lynch-Bages: 1970, 1982, 1985, 1989, 1990.
Château Magdelaine: 1989, 1990.

Château Margaux*: 1900, 1924, 1929, 1945, 1961, 1966, 1970, 1975, 1976, 1979, 1981, 1982, 1983, 1986, 1988, 1990, 1995, 1996, 2001, 2005.
Château Montrose: 1893, 1898, 1921, 1928, 1970, 1988, 1989, 1990.
Château Mouton-Rothschild: 1868, 1953, 1961, 1970, 1971, 1975, 1981, 1982, 1986, 1989, 1995, 1996, 1998, 2000, 2001, 2003, 2005.
Château Nenin: 1924, 1982, 1989, 1990.
Château Palmer: 1847, 1870, 1875, 1928, 1961, 1966, 1970, 1975, 1928, 1961, 1966, 1970, 1975, 1982, 1988, 1989, 1990.
Château Pape-Clement: 1989.1990.
Château Pavie Macquin: 2000.
Château Pavie: 1921, 1975, 1989, 1990, 2000, 2001, 2003, 2005.
Château Pavie Decesse: 2000, 2003, 2005.
Château Petit Village: 1982, 1989, 1990.
Château Pichon-Lalande Baron de Longuel-ille: 1955, 1982, 1989, 1990.
Château Pichon-Lalanden Comtesse de Lalande: 1970, 1989, 1990.
Château Rouget: 1928, 2000.
Château Talbot: 1989.
Château Tertre-roteboeuf: 1989, 1990, 1995, 1996.
Château Troplong-Mondot: 1985, 1989.
Château Trotanoy*: 1945, 1947, 1961, 1966, 1970, 1971, 1975, 1976, 1978, 1979, 1980, 1982, 1985, 1988, 1999, 2000, 2001, 2006, 2008.
Château Trotte-Vieille: 1989.
Clos du Clocher: 1982, 1990.
Clos Fourtet: 1988, 1989, 1990, 2000.
Clos L'Eglise: 1989, 1990.
Clos Rene: 1982.
Domaine de Chevalier: 1982, 1988, 1989, 1990, 2000, 2005.
Petrus*: 1914, 1924, 1928, 1934, 1939, and all vintages up to 1969 in doubles and from 1970 to 2006 in 12-bottle cases.
Imperials 1985, 1988, 1989, 1995, 2005, 2006, 2007.
Vieux Château certan: 1961, 1982, 1985, 1988, 1989, 1990, 2006.

• WHITE BORDEAUX GRAVES
Château de Fieuzal: 1989, 1990.
Château Haut-Brion: 1989, 2003, 2004.
Château Laville-Haut-Brion: 1982, 1990.
Château Pape-Clement: 2000, 2005.
Château Smith-Haut-Laffite: 2000.
Domaine de Chevalier: 1975, 1983, 2001, 2006.
Y de Yquem: 1983.

• BORDEAUX DESSERT WINES
Château d'Arche: 1893, 1906, 1983, 1988, 1989, 1990.
Château Bastor-Lamontagne: 1988, 1989, 1990.
Château Caillou: 1921, 1937, 1947, 1961, 1967, 1975, 1983, 1988, 1989, 1990.
Château de Cerons: 1989, 1990.

Château Climens: 1921, 1928, 1929, 1953, 1961, 1971, 1976, 1983, 1986, 1988, 1989, 1990, 2001, 2003, 2005.
Château Clos Haut-Peraguey: 1983, 1988, 1989, 2001.
Château Coutet: 1899, 1900, 19281934, 1947, 1953, 1955, 1959, 1983, 2003, 2005, *Cuvee Madame* 1971, 1981, 1986, 1988, 1989, 1990.
Château Doisy-Daene: 1924, 1953, 1959, 1970, 1983, 1988, 1989, 1990, 2003. L'Extravagant 1990, 1996, 1997, 2001, 2003.
Château de Fargues: 1975, 1988, 1989, 1995, 2003, 2005.
Châteaum Filhot: 1921, 1928, 1929, 1934, 1937, 1953, 1971, 1983, 1988, 1989, 2001, 2003.
Château Gilette: 1921, 1949, 1955, 1961.
Château Grillon: 1947, 1949.
Château Guiraud: 1959, 1961, 1967, 1983, 1988, 1989, 1990, 2003, 2005.
Château Haut-Bergeron: 1983, 1989, 1990, 1997, 2001.
Château Lafaurie-Peyraguey: 1959, 1983, 1986, 1988, 1989, 1990, 2001, 2003, 2005.
Château La Rame: 1988, 1989, 1990.
Château La Tour Blanche: 1921, 1957, 1967, 1983, 1988, 1989, 1990, 2001, 2003, 2005.
Château Les Justices: 1990.
Château de Malle: 1988, 1989, 1990, 2001, 2003.
Château Raymond-Lafon: 1983, 1988, 1989, 1990, 1997, 2003.
Château de Rayne-Vigneau: 1900, 1929, 1941, 1988, 1989, 2001, 2003.
Château Nairac: 1988, 1989, 1990.
Château Rabaud-Promis: 1906, 1926, 1988, 1989, 1990.
Château Rieussec: 1929, 1937, 1947, 1975, 1983, 1986, 1988, 1989, 1990, 2001, 2003, 2005.
Château Sigalas-Rabaud: 1961, 1962.
Château Suduiraut: 1899, 1900, 1928, 1937, 1947, 1949, 1962, 1970, 1971, 1983, 1988, 1989, 1990, 2001, 2003, 2005, Crème de Tete1982, 1989.
Château d'Yquem*: 1811, 1821, 1865, 1885, 1894, 1895, all vintages from 1900 to 2007 in doubles, and since 1970 in 12-bottles cases.imperials 1986, 1988, 1989, 1990, 2005, 2007.

• RED BERGUNDIES
Domaine des Duce d'Angerlille: *Volnay Clos des Ducs, Champans,* 1990, 2002, 2005, 2006.
Domaine du Comte Armand: *Pommard Clos des Epeneaux* 1990, 1999, 2000, 2002, 2005, 2006.
Domaine Jean-Marc Boillot: *Pommard*1990.
Bouchard Pere et Fils: *La Romanée* 1999, 2003, 2005.
Domaine Charlopin: *Chambertin* 1990.

Domaine Bruno Clair: *Chambertin* 1988.
Clos des Lambrays: 1937, 1989, 1990, 1999, 2000, 2002, 2003, 2005, 2006.
Clos de Tart: 1990, 1999, 2000, 2001, 2002, 2003, 2005, 2006.
Domaine Jean-Jacques Confuron: *Romanée-Saint-vivant, Clos de vougeot,* 1999, 2002, 2005.
Domaine Cathiard: *Romanée-Saint-vivant, Vosne-Romanée Les Malconsorts,* 1999, 2003, 2005, 2006.
Domaine Drouhin-Larose: *Bonnes-Mares* 1990.
Domaine ClaudeDugat: *Griotte-Chambertin, Chapelle-Chambertin, Charmes-Chambertin,* 2004, 2006, 2007.
Domaine Dugat-py: *Chamberth, Mazy-Charmes-Chambertin,* 2002, 2003, 2004, 2005.
Domaine Dujac: *Clos Saint-Denie*1988, 1990.
Domaine Engel: *Clos de Vougeot*1999.
Domaine Sylvie Esmonin: *Gevrey-Chamberth Clos Saint-Jacques*2005.
Domaine Faiveley: *Corton Clos des Certons-Faiveley*1990, 1999, 2002.
Domaine Henri Gouges: *Nuits-Saint-Georges Clos des Porrets Saint-Georges,* 1999, 2000.
Domaine Groffier: *Chambolle-Musigny Les Amoureuses, Bonnes-Mares,* 2005.
Domaine Anne Gros: *Echezeaux et Richebourg*2000, 2002, 2005, 2006.
Domaine Grivot: *Richebourg*1988, 1989, 1990.
Louis Jadot: *Chapelle-Chamberth, Echezeaux, Charmes-Chambertin, ClosSaint-Jacques,* 1979, 1985, 2000, 2002, 2005.
Domaine Henri Jayer: *Richebourg, Echezeaux, Vosne-RomanéeCrosParentoux,* 1978, 1990, 1993, 1995.
Domaine des comtes lafon: *Volnay-Santenots* 1990.
Domaine Lamarche: *La Grande rue*1934, 1988, 1990, 1999, 2000, 2005, 2006.
Domaine de La Pousse d'Or: *Volnay Clos des Soixante Ouvrees*1990.
Domainede La Romanée-Conti*: 1870, 1904, 1915, 1921, 1929, 1944, 1945, 1959, 1966, 1971, 1976, 1978, 1985, 1989, 1990, 1991, 1995, 1996, 1998, 1999, 2000, 2001, 2002, 2003, 2005, 2006, *jeroboamLaTache1996, jeroboam Romanée-Conti* 2000.
Domaine Hubert Lignier: *Clos de La Roche, Charmes-Chambertin,* 1999, 2000, 2003, 2005, 2006.
Domaine Liger-Belair: *LaRomanée*1926, 1947, 2002, 2003, 2004, 2005, 2006.
Domaine Leroy: *Grands-Echezeaux*1959, *Romanée-Saint-Vivant, Corton-Renardes, Clos de La Roche, Richebourg, vosne Aux Brulees, Nuits-Saint-Georges Aux Boudot,* 2000, 2002.
Domaine Meo-Camuzet: *Richebourg, Vosne Romanée Cros Parentoux, Courton, Clos Vougeot,* 1988, 1989, 1990, 1999, 2000, 2003, 2005, 2006.

Domaine Mongeard-Mugeret: *GrandsEchezeaux, richebourg,* 1988, 1989, 1990, 1993, 1996, 1999, 2005.
Domaine Denis Mortet: *Chambertin*1999, 2002, 2004, 2005.
Domaine Mugnier: *Chambolle-Musigny Les Amoureuses, Musigny,* 1990, 2003, 2004, 2006.
Domaine Pacalet: *Charmes-Chambertin, Ruchottes-Chambertin, Gevrey-Chambertin, Lavaux Saint-Jacques,* 2005, 2006.
Domaine Perrot-Minot: *Chambertin-ClosdeBeze, charmes-Chambertin, Mazoyeres-Chambertin,* 2002, 2003, 2005, 2006, 2007.
Domaine Ponsot: *ClosdeLaRoche, ClosSaint-Denis, Griottes-Chambertin,* 1989, 1999, 2001, 2002, 2005, 2006.
Domaine Emmanuel Rouget: *Vosne-Romanée Cros Parantoux*1999, 2000, 2002, 2003, 2005, 2006.
Domaine Roumier: *Bonnes-Mares, Musigny,* 1988, 1989, 1990, 1998, 2004, 2005, 2006, 2007.
Domaine Armand Rousseau: *Chambertin1933, Chambertin, Clos de Beze, Clos des Ruchottes, Mazis-Chambertin, ClosdelaRoche, ClosSaint-Jacques,* 1988, 1989, 1990, 1999, 2000, 2002, 2003, 2005, 2006, 2007.
Domaine Serafin: *Charmes-Chambertin, Gevrey-Chambertin Les Cazetiers,* 2002, 2005, 2006.
Domaine de Serafin: *Chambertin, Gevrey-Chambertin Les Cazetiers,* 2002, 2005, 2006.
Domaine de Vogue: *Musigny*1989, 1990, 1999, 2000, 2002, 2003, 2005, 2006.

● **WHITE BURGUNDIES**
Domaine Henri Boillot: *Corton-Charlemagne* 2006.
Domaine Bonneau du Martray: *Corton-Charlemagne*2006.
Domaine Pere et Fils: *Montrachet*1990, 2000.
Domaine Coche-Dury: *Meursault-Perrieres, Corton-Charlemagne,* 1996, 1998, 1999, 2000, 2001, 2002, 2003, 2005, 2006, 2007.
Domaine Marc Colin: *Montrachet*1989, 1990, 1996, 1998, 1999.
Domaine Dauvissat: *Chablis Les Clos, Les Preuses,* 1989, 1990, 2005.
Louis Jadot: *Chevalier-Montrachet Les Demoiselles,* 1978.
Domaine des Comtes Lafon: *Meursault Perrieres, Montrachet,* 1983, 1989, 1990, 2000, 2005.
Marquis de Laguiche: *Montrachet*1989, 1990.
Domaine Anne Leflaive: *Montrachet, Batard-Montrachet, Chevalier-Montrachet,* 1983, 2000, 2002, 2005, 2006.
Domaine Niellon: *Batard-Montrachet,* 1990, 1999, 2006.
Domaine Ramonet: *Montrachet*1979, 1983, 1989, 1990, 1999.
Domaine Ramonet: *Montrachet*1979, 1983, 1989, 1990, 1999.
Domaine Raveneau: *Chablis Les Clos, Montee de Tonnerre,* 1989, 1990, 2005, 2003.

Domaine Roulot: *Meursault Perrieres et Charmes,* 2005, 2007.
Domaine Etienne Sauzet: *Montrachet, Batard-Montrachet,* 1990, 1999, 2000, 2002, 2005, 2006.
Domaine de Baron Thenard: *Montrachet*

● **RED RHONE**
Château de Beaucastel: 1995, 1999, 2000, 2003, 2005, 2006, 2007.
Domaine Henri Bonneau: *ReservedesCelestins*1942, 1989, 1990, 1995, 1998, 1999, 2000, 2001, 2003, 2005.
Chapoutier: *Hermitage, L'Ermite, LeMeal, LePavillon, Cote-RotieLaMordoree,* 1945, 1988, 1989, 1990, 1999, 2003, 2005, 2007.
Les Cailloux: *Châteauneuf-du-pape*2005, 2006, 2007.
Domaine Charvin: *Châteauneut-du-Pape*2005, 2006, 2007.
Domaine Chave: *{includingHermitageCuveeCathelin}:* 1988, 1989, 1990, 1998, 1999, 2000, 2003, 2005, 2006, 2007, *straw wine* 1989, 1990, 2003.
Domaine Clape: *Cornas* 1978, 1990, 1999, 2001, 2005.
Domaine Freres: *Cote-Rotie, Hermitage Les Bessards, La Landonne,* 1999, 2003, 2005, 2006.
Jean-Michel Gerin: *Cote-rotie Les Grandes Places, La Landonne,* 2003, 2005, 2007.
Marcel Guigal*: *Cote-Rotie, La Mouline, La Landonne, La Turque,* 1976, *and all vintages from 1978 to 2006 in 12-bottle cases.*
Paul Jaboulet Aine: *Hermitage La Chapelle1945,* 1961, 1983, 1988, 1989, 1990, 1995, 2000, 2003, 2005.
Domaine de La Janasse: *Châteauneut-du-Pape, Cuvee Chaupin, Vieilles vignes,* 2003, 2004, 2005, 2006, 2007.
Domaine de La Mordoree: *Châteauneuf-du-Pape, La Plume du peintre, reine des bois,* 2000, 2001, 2003, 2005, 2006, 2007.
Château La Nerthe: *Châteauneuf-du-Pape, Cuvee des Cadettes,* 1989, 2005.
Domaine de La Vieille Julienne: *Châteauneuf-du-Pape*2000, 2003, 2005.
Domaine Les Cailloux: *Châteauneuf-du-Pape, canteniavintage,* 1998, 2000, 2001, 2003, 2005, 2006, 2007.
Le Vieux Donjon: *Châteauneuf-du-Pape* 1998, 2003, 2005, 2007.
Domaine de Marcoux: 2001, 2003, 2004, 2005, 2007, *Châteauneuf-du-Pape vieilles vignes.*
Clos du Mont-Olivet: *Châteauneuf-du-Pape, cuvee du Papet,* 1990, 1998, 2003, 2004, 2005, 2006, 2007.
Michel Ogier: *Cote-rotie Belle Helene* 2005, 2006.
Clos des Papes: *Châteauneuf-du-Pape*2000, 2003, 2004, 2005, 2006, 2007.
Domaine du Pegau: *Châteauneuf-du-Pape, cuvee Da Capo,* 1990, 1998, 2000, 2003, 2005, 2007.
Château Rayas: *Châteauneuf-du-Pape*1959, 1978, 1988, 1989, 1990, 1995, 1996,

1997, 1998, 1999, 2000, 2001, 2003, 2005.
Domaine Rene Rostaing: *Cote-Rotie, Cote Blonde, La Landonne,* 1999, 2001, 2003, 2005.
Domaine Roger Sabon: *Châteauneuf-du-Pape, LeSecretdessabon,* 1921, 1959, 2000, 2001, 2003, 2005, 2006, 2007.
Clos Saint-Jean: *Châteauneuf-du-Pape, Deus ex-Machina, La Combe des Fous,* 2005, 2006, 2007.
Domaine Santa-Duc: 1995, 2001, 2003, 2005.
Domaine Pierre Usseglio: *Châteauneuf-du-Pape, Reserve des Deux Freres, cuvee Mon Aieul,* 2001, 2003, 2005, 2006, 2007.
Domaina du Vieux Telegraphe: *Châteauneuf-du-Pape*1976, 1998, 2001, 2003, 2005.

● **WHITE RHONE**
Domaine Chave: 2005, 2006.
Beaucastel: *RoussaneV.V*1990.
Château Grillet: 1988, 1990, 1996, 2005, 2006, 2007.
Marcel Guigal: *ex-Voto,* 2003, 2005.

● **JURA**
Château-Chalon: Bourdy: 1895, 1911, 1921, 1928, 1942, 1947, 1964, **Macle**1983, 1988, 1990, 1997, **Bouvret**1964, 1967, 1975, 1976, **Rolet**1990.

● **SOUTH-WEST, LANGUEDOC AND PROVENCE**
Mas Bruguieres: 1998.
Alain Brumont: *Château Montus*1988, 1998, 2000*jours*1994, *cuvee XL*1995, *Cuvee des Cimes*1987, *Bouscasse*1988, 1989, 1998;*Pacherenc Frimaire*1996, *decembre*1990.
Domaine Cauhape: *Jurancon, Ouintessence du petit manseng, folie de janvier,* 1988, 1989, 1990, 1998, 1999, 2000, 2001, 2005.
Château du Cedre: *Cahors Cuvee G.C.*2001.
Domaine du Clos des Fees: La Petite Siberie 1999, 2000, 2002.
Clos des Truffiers: 2000.
Coume del Mas: *Banyuls Ouintessence* 2001, 2003, 2005, 2007.
Château de Cremat: 1988, 1989.
De Volonta: *Maury* 1925, 1932, 1939.
Domaine Gauby: *La Muntada* 1998, 1999, 2000, 2007.
Domaine de L'Aigueliere: 1998, 2000.
Domaine de La Grange des Peres: 1999, 2000, 2002.
Château de La Negly: *La Porte du Cie/*2000, 2001.
Château Lagrezette: *cuvee Le Pigeonnier* 2000, 2001, 2005.
Mas Amiel: *Maury*1924, 1941, 1954.
Mas de Daumas Gassac: 1982, 1985, 1989, 2005, 2006.
Château de Pibarnon: 1989, 1998.
Domaine Plageoles: *Gaillac Vin d'Autan*1983, 1988, 1989, 1990, 1997, 2001, 2002, 2005, *vin de voile*1981, 1983, 1987, 1998.

Producteur de Plaimont: *Pacherenc Saint-Sylvestre* 1992, 1994, 1995, 1996, 1997, 1998, 2000, *Madiran plenitude* 2001, *Fete de Saint-Mont* 2005.
Château Pradaux: 1989, 1990, 2001.
Puig Parahy: *Rivesalte* 1875, 1890, 1898, 1900, 1910, 1930, 1936, 1940, 1945, 1971.
Château Simone: 1990.
Domaine Tempier: 1989, 1990, 2007.
Château Tirecul-La-Graviera: *Cuvee Madame* 1995, 1997.
Domaine de Trévallon: 1988, 1990, 1998.

● ARMAGNAC
Domaine de Boingnères: 1955, 1959, 1964, 1971, 1974, 1978, 1984, 1988.
Castarède: 1893, 1900, 1924.
Corcelet: 1907.
Gelas: 1941.
Domaine de Jouanda: 1914, 1919, 1920, 1929.
Laberdolive: 1904, 1911, 1923, 1929, 1935, 11942, 1954, 1970, 1976.
Lamaëstre: 1893.
De Maillac: 1928.
Samalens: 1891, 1904.

● COGNAC
Baulon: 1976.
Bisquit-Dubouché: 1904, 1918, 1958.
Brillet: 1900.
Camus: 1878.
Croizet: 1870.
Delamain: 1930. *Réserve Familiale.*
A.E.Dor: *N°9.*
Dudognon: 1874, *Ancêtre, Héritage Henri IV centenaire.*
Frapin: 1893, *Rabelais, Extra.*
Paul Giraud : 1959.
Goury: 1780.
Hennessy: N°1.
Hine: 1863, 1914, *Family Reserve.*
Landes: 1859.
La Peyrouse: 1900.
Clos de L'Aumônerie: 1893, 1896.
Lozay: 1790.
Monet: 1865.
Morton: 1893.
Moyet: 1823-1923, 1848, 1880-1920.
Napoléon: 1805, 1811.
Nicolas: 1855.
Château Paulet: 1811.
Pinet Castillon: 1918, 1920.
Premier Empire: 1909.
Rémy-Martin: 1900, 1924, 1974.
Reynard: 1893.
Robin: 1865.
Sainte-Marie: 1867.
Tuileries: 1905.
Varaize: 1859.
Vidal: 1906, 1910.

● CALVADOS
Camut: 1873, 1878, 1929.
Chort-Mutel: 1905.
Groult: 1865, *Ancestral, Doyen d'Age.*

Huet: 1865, 1893, 1900, 1924, 1929, 1945.
Lemorton: 1926, 1944.
Morin: 1895.

● CHARTREUSE
Fourvoirie 1853, 1868, 1878, 1904, 1932.
Voiron: 1936,, 1940, 1941, 1944, 1951, 1956, 1964, 1966, 1975.
Tarragone 1904, 1921, 1945, 1960, 1965, 9167, 1968, 1969, 1970, 1971, 1972, 1973, 1974, 1975, 1976, 1977.

● RHUM
Bally: 1900, 1924, 1929, 1939, 1947, 1950, 1957, 1966, 1987, 1990.
Clément: 1956, 1976.
Eldorado: 25-year collector's edition
JM: 1984, 1986, 1987, 1990.
Lameth: 1886.
Madinina: 1895.
Saint-Benoît: 1830.

GERMANY 德国

[TBA=trockenbeerenauslese, BA=beerenauslese.]
Burkling Wolf: *TBA* 1990.
Hermann Dünnhoff: *BA Hermannshöhle* 2006, *eiswein oberhaüser Brüke* 2007.
Weingut Fritz Haag: *Riesling brauneberger Juffer Sonnenuhr TBA* 1994, 2000.
Johannisberg: *TBA* 1971, 1991, 1996, 2003, 2005, *auslese* 1977, *spatlese* 1998, *eiswein* 1999.
Weingut Egon-Müller: *Scharzhofberger auslese* 1959, *Scharzhof riesling TBA* 1975, 1994, 2005, 2007, *Scharzhofberger cabinet* 2007, *auslese* 2007, *spatlese* 2007.
Weingut Müller-Catoir: *Kult-Breumel Riesling TBA* 2007.
Weingut Joh.Jos.Prum: *Wehlener Sonnenuhr TBA* 1959, *Graacher Himmelreich L-G-K auslese* 2005, 2007.
Weingut Willi Schaefer: *Graacher Domprobst Riesling BA* 2005, *Riesling auslese* N°14 2006, *Riesling auslese* 2007.
Weingut Selbach-Oster: *Zeltinger Sonnenuhr Riesling TBA* 2006.
Weingut Robert Weil: *Kiedrich Gr.*

GREECE 希腊

Samos: *muscat* 1993.
Santorin: *vino santo* 1982, 2000.
Skourias: *Mega oenos* 1997, *Labyrinth* '9903'.

HUNGARY 匈牙利

Aszu Eszencia: 1906, 1957, 1959, 1963.
Eszencia: 1947.
Hetszolo: 5 *puttonyos* 1993, *late harvest* 1996.
Oremus: 6 *puttonyos* 1972.

Nyulaszo Royal: 6 *puttonyos* 1993.
Pazos: *eszencia* 1993, 1997, 5 *puttonyos* 1988.
Samorodnl: 1963.
Sarospatak: 6 *puttonyios* 1901, 1972, 1988.

ITALY 意大利

Elio Altare: *Barolo Brunate, Arborina* 2001.
Marchesi Antinort: *Solaia Tignarello,* 1995, 1997.
Castello dei Rampolla: *Vigna d'Alceo* 1999, 2001.
Brunetto Ceretto: *Barbaresco Bricco Asili, Barolo Bricco Rocche* 1988, 1989, 1990, 1995, 1996.
Dal Formo Romano: *Amarone della Valpolicella* 1996, 1997, 2003.
Domenico Clerico: *Barolo Mosconi Percristina et Pajana* 2000.
Giacomo Conterno: *Barolo riserva Monfortino* 1990, 2001.
Falesco: *Montiano-Macillano* 1999.
Angelo Gaja: *Barbaresco Sori San Lorenzo Costa Russi, Sorri Tildin,* 1961, 1990, 1995, 1997.
Galardi(Terra dl Lavoro): 2003.
Bruno Glacosa: *Barolo Falletto* 2000, *Barbaresco Asili* 2000.
Le Macchiole: *Massorio* 2004.
Montevetrano: 2000.
Luciano Sandrons: *Barolo Cannubi boschiset Le Vigne,* 1989, 1990, 1995.
Livio Sassetti (Pertimali): *Brunello di Montalcino Riserva* 1997, 2001.
Paolo Scavino: *Barolo Rocche dell'Annunziata* 1997, 1998, 2000.
Quintareli: *Amarone* 1985, 1988, 1990, 1997, 2003.
Soidera: *Brunello di montalcino Case Basse* 1999, 2001.
Tenuta dell'Ornellaia: *Masseto* 1999, 2001, 2004, 2006.
Tenuta di Argiano: *Solengo* 1995, 1996, 1997.
Tenuta San Guido: *Sassicaia* 1977, 1985, 1987, 1988, 1989, 1990, 1991, 1992, 1993, 1994, 1995, 1996, 1997, 1998, 1999, 2000, 2001, 2002, 2003, 2004, 2005, 2006.
Tua Rite: *Nostri* 2004, *syrah* 2006, *Redigafi* 2004.
Roberto Voerzio: *Barolo Brunate Cerequio La Serra,* 1995, 1996, 2006.
● MARSALA
De Boetoli: *Riversa* 1830, 1860, 1900, 1935, 1945, 1955, 1966, 1986.
Florio: 1939, 1944, 1963, 1964.

LEBANON 黎巴嫩

Kefraya: *Comte de 'M'* 2002.
Messaya: 2003.
Château Musar: 1954, 1959, 1981, 1982, 1983, 1985, 1988, 1989, 1990, 1991, 1994, *special vinatge* 2000.

MEXICO　墨西哥

La Cetto: 2000(1928-2003).

MOLDAVIA　摩尔达维亚

Cojusna: *aouriou* 1979, *marsala* 1979.
Crivova: *ayriou* 1975, 1979, *cahors* 1987.
Miceski-Mici: *ayuriou* 1970, *iratiesti* 1970, *Frondafir* 1970, *cahor* 1975, *riesling* 1979, *Cadrou* 1975, *cabernet* 1975.
Murtaflar: 1970.

NEW ZEALAND　新西兰

Stonyridge: *Larose* 1997, *cabernet* 1999.
Te Mata: *Coleraine* 1994, 1997, 1998.
Te motu: *cabernet merlot* 1996, 1997, 1998.
Matua: *riesling Botrytis* 1991.

PORTUGAL　葡萄牙

Barca Velha: 1983, 1985, 1991.
Buçaco Palace: 1990 *red and white*
Setubal: *muscat* 1900, 1934, 1965, *old Muscat 20 years.*
Vale Meao: 2000, 2001, 2004, 2006.

● PORT

Croft: 1945.
Dow's: 1977, 1985, 2000.
Fonseca: 1948, 1963, 1977, 1985, 1997, 2000, 2003.
Graham's: 1948, 1985, 1994, 2000, 2007.
Quinta do Crasto: 2000.
Quinta do Noval National: 1931, 1932, 1963, 1966, 1985, 1994, 1997, 2000, 2001, 2003, 2007.
Ramos Pinto: 1911, 1937, 1985.
Taylor's: 1927, 1945, 1977, 1985, 1992, 1994, 2000, 2003, 2007.

● MADEIRA

Barbeito: *bual* 1860, 1863, 1885, 1908, 1910, 1912, 1978, *malvasia* 1860, 1875 1916, 1954, Sercial 1925.
Funchal: *old sercial* 1835.
Nicolas: *Brown Imperial* 1835, 1875.
Madère: *Sercial* 1830.

ROMANIA　罗马尼亚

Cotnati: *Grassa sélecation de grains nobles* 1977, 1988.

SLOVENIA　斯洛文尼亚

Kraski: *Teran* 1997.
jagodni Isbor: *pinot* 1999.
Kerner Isbor: 2003.
Kogl: *Laski Riesling sélection de grains nobles* 2003, *icewine* 2001.
Ledeno: 1992, 1993, 1999.
Radgonski: 1997.
Renski: *riesling* 1961.
Simcic: *chardonnay* 1999, *Leonardo* 1999, *meriot* 2003, *riboulot* 2002, *Theodor* 2001, 2004.
Suhi Jagodni Izbor: *trockenbeerenauslese* 1999.
Teraton: 1987.
Traminer: 1960.
Vrunsko Vino: 1999.

SOUTH AFRICA　南非

De Weltreve: *Edel Laatoes, sélection de grainsnobles* 1988.
B.Finlayson: *pinot* 1997.
Fleur du Cap: 1990.
Groot Constancia: 1991.
Kanonkop: *pinotage* 1995.
Klein Constancia: 1989, 1991, 1995, 2001, 2004.
K.W.V.: *Noble harvest* 1988.
Seneja: 1998, 2000.
Steleryk: *Bergkelder* 1989.
Stellenzicht: *syrah* 1997, 1998.
Sadie Family: *columella* 2005.

SPAIN　西班牙

Alto: *Ps* 2003, 2004, 2005, 2006.
Allende: *Aurus* 2004, 2005.
Artadi: *Ei Pison* 1996, 1998, 2001, 2004, 2005.
Casa Cisca: *Castano* 2003.
Cims Porrera: *1996, 1998, 2001, 2004, 2005.*
El Nido: *Jumila* 2006.
Dominio de Pingus: 2000, 2004.
Enate: 1995, 2001.
Clos Erasmus: 2000, 2001, 2003, 2004.
Marques de Riscal: 1925.
Clos Mogador: 1995, 1999, 2000, 2001, 2003, 2006, *Espectacle* 2006.
Alvaro Palacios: *L'Ermita* 1994, 1998, 1999, 2001, 2004.
Hermanos Sastre: *Pesus* 2005.
Tinto Pesquera: *Janus* 1986, 1989.1991, 1994, 1996, 2002.
Thermentia: 2003, 2005.
Torrès: *Reserva Real* 1989, 1994, 1996, 1998, 2001, 2003, *Grans Muraille.*
Bodegas Vega Sicilia: 1942, 1968, 1979, 1981, 1985, 1986, 1990, 1994, 1998.

● SHERRY

Barbadillo: *Relique* 1921.
Friedner: 1870.

Garvey: *Sacristia, Palo Cordado, Brandy conde Garveu* 1780.
Gonzalez Byass: *Brandy* 1886, 1940;30ans.
Lustau: 20 ans, 30 ans, *cordado,* 1996.
Nicoias: *Nelson* 1805, *Impérial* 1811.
Pezez Baquero: 1805.
Pilar Arenda: *Cavebar* 1946.
Xérès Roux: 1870.
PEDRO XIMENEZ
Toro Albala: *Montilla Moriles* 1844, 1897, 1910, 1947, 1950, 1960, 1971, 1976.PX.1971, 1972. *Cuvée Don PX-Bacchus* 1939, *cuvée Marques de Poley* 1945.

● MALAGA

Enriques: 1986, 1996.
Lopez Hermanos: 25 ans.
'Marie-Thérèse': 1800.

SWITZERLAND　瑞士

Castagnoud: *Avigne flétrie* 2005.
Chappaz: *Marie-Thérèse grains nobles* 2002, 2003, 2004.
Corbassières: *Noble* 2000, *Cornulus, cornalin cornulus and Coeur de clos Grainsnobles.*
S.Maye: *syrah* 2003.
Rouvirez: *selection de grains nobles* 2000.

UKRAINE　乌克兰

(CRIMEA, MASSANDRA)
Aï-Danil: *Madeira* 1837, 1892, *pinot gris* 1929, 1938, 1945, *redport* 1893, 1899, 1901, *tokaj* 1929, 1937.
Alupka: *rose muscat* 1937, *white port* 1937, *Madeira* 1947, *white Port* 1947, 1948.
Ayu-Dag: *Cahors* 1933.
Crimea: *Madeira* 1969, 1975, *redport* 1947, 1969, 1975, *white port* 1945, 1969, 1975.
Dessert rose muscat: 1945, 1975.
Dessert white muscat: 1946.
Gurauf: *rose muscat* 1937, *tokaj* 1924, *white muscat* 1931.
Honey of Altea Pastures: 1886.
Kastel: *white muscat* 1943, 1947.
Kotke bel: *Madeira* 1947.
Kron Brothere: *Madeira* 1913.
Kuchuk Usen: *Madeira* 1923.
Kutchuk Lambat: *black muscat* 1923.
Lacrima Christi: 1894, 1896, 1897.
Liqueur White Muscat: 1944, 1945.
Livadia: red Port: 1891, 1903, 1930, 1938, 1972, **rose muscat:** 1895, 1905, 1929, *white muscat* 1905, 1928, 1947, 1950, 1959, 1975, 1994, *white Port* 1891, 1892.
Madeira N°83: 1915.
Massandra: black muscat 1966, 1975, Madeira 1900, 1903, 1905, 1906, 1909, Malaga 1918, pinot girs 1888, white muscat 1910, 1923, 1929, redPort 1897, 1900, 1903, 1923, 1975, riesling 1929, Sherry 1969, 1972, 1975, white Port 1916.

Muscat N°35 Golitzin: 1907.
Pedro Ximenez Liqueur Malaga: 1913, 1914, 1945.
Red Stone White Muscat: 1947, 1948, 1975.
Rose Muscat Dessert: 1975.
Selected Sherry: 1840.
Selected Tokay: 1945.
South Coast: red Port 1945, 1964, 1975, rose muscat 1945, 1975, tokay 1957, 1958, 1975, white muscat 1945, 1975, white port 1945.
Su-Dag: white Port 1940.
Sunlit Valley: 1975.
Surozh: Kokour 1965, 1975, white Port 1944, 1975.
Tavrida: black muscat 1937, 1938, red Port 1944.

UNITED STATES   美国

Abreu Vineyard: *Madrona Ranch abernet sauvignon* 1993, 2005.
Alban Vineyard: *Reva syrah, Lorraine syrah, Seymour's syrah, genache, roussane, viognier* 2004, 2005, 2006, 2007.
Araujo Estate Wines: *Eisle, cabernet and syrah* 1995, 2002, 2003, 2004, 2005, 2006.
Beringer Vineyards: *cabenrnet-sauvigoon* 1991.
Bond: *Vecina, Eden, Matriarch, Melbury, Pluribus* 2005.
Bryant Family Vineyard: *cabernet-sauvianon* 1992, 1995, 1998, 2000, 2004, 2005, 2006.
Cayuse: *syrah, chamberlin, bionic, frogcabernet Widowmaker* 2005.
Colgin Cllars: *Herb Lamb cabernet-sauvigoon* 1992, 1995, 1998, 2000, 2004, 2005, 2006.
Dalla Valle Vineyards: *Maya* 1995.
Dominus Estate: *cabernet, merlot, verdot* 1989, 1990, 1991, 1994, 1998.
Dunn Vineyards: *cabernet-sauvignon Howell Mountain* 2004.
Grace Family: *cabernet-sauvignon* 2000, 2001, 2002, 2005, 2006, 2007.
Harlan Estate: *cabernrt-sauvignon, merlot, verdot* 1990, 1994, 2006, 2007.

Kistler Vineyards: *chardonnay, Cathleen, Durell, Wine Hill* 1994, 1997, 1998.
Marcassin: *chardonnay* 1993, 1995.
Robert Mondavi Winery: *cabernet-sauvignon Opus One* 1985, 1990.
Château Montelena: *cabernet-sauvignon* 1992, 1997, 2002.
Newton Vineyards: *cabernet-sauvignon* 2002.
Ridge Vineyards: *cabernet-sauvignon, Monte Bello, Geyserville, Lytton Spring* 1992, 1994, 1995, 1996, 1997, 1999, 2001, 2002, 2005.
Rochioll: *West Block, River Block* 1997, 1999, 2000, 2001, 2002.
Saxum: *James Berry, Bone Rock* 2006.
Screming Eagle: *cabernet-sauvignon* 1997, 1999, 2001, 2002, 2003, 2004, 2005, 2006.
Shafer Vineyards: *cabernet-sauvignon Hill Side Select* 1995, 1996, 1997, 1999, 2001, 2002.
Sine Qua Non: *grenache, rouanne, TBA, syrah, viognier* 2002, 2004, 2005.
Philip Togni Vineyard: *cabernet-sauvignon* 2006.
Quilcada Creek{Washington}: *cabernet-sauvignon Reserve* 2004, 2005.

Jeroboam Romanée-Conti 2000.

WINE in CHINA

闻香识酒 品味生活

中国 葡萄酒
WINE IN CHINA

世界最佳葡萄酒杂志

Best in the World
GOURMAND
World Cookbook Awards

定价：人民币 **30**元 每月1日出版

◆ 订阅本刊的读者，即可成为中国葡萄酒读者俱乐部的会员，同时您将获得以下优惠：
   订阅半年《中国葡萄酒》杂志，您将享受 **9** 折优惠：原价 **180**元 会员价 **162**元
   订阅全年《中国葡萄酒》杂志，您将享受 **8** 折优惠：原价 **360**元 会员价 **288**元

◆ 本杂志的投递方式采取平邮/挂号/快递方式：
   平邮邮资由杂志社承担，由于平邮无法在邮局进行查询，请您提供便于收取杂志的详细地址；
   半年6期，总计挂号费为**18**元；全年12期，总计挂号费为**36**元；请随订阅款一并寄到杂志社。

电话：010-64455742/64459465-843
传真：010-64459004
邮箱：work@wineinchina.com.cn
网址：www.wineinchina.com.cn
新浪微博：weibo.com/wineinchina
通讯地址：北京市朝阳区北苑路乙108号北美国际商务中心C座216室,100101

国际标准刊号 ISSN1673-9515   国内统一刊号 CN11-5567/TS   邮发代号 80-727

红酒势力特别推荐：酒美网 www.winenice.com

酒美网是中国最大的、最专业的进口葡萄酒电子商务网站，首创进口葡萄酒直购平台模式，由深圳市创新投资集团和北京临空创业投资有限公司共同投资。酒美网将健康生活方式与葡萄酒文化传承相结合，开导"私人随身酒窖式"经营理念之先河，倡导一个以葡萄酒为中心的多元化健康快乐的生活方式。

酒美网明星酒款推荐：

1 木兰德维堡2010干红葡萄酒

2 法国波尔多大卢梭堡2009干红葡萄酒

3 舞芭侬堡2006干红葡萄酒

4 法国蓝精灵专利蓝色起泡酒

5 法国波尔多奥吉2010干红葡萄酒

6 法国波尔多雷里松堡2009干红葡萄酒

7 法国爱之花2010干红葡萄酒

8 宝雅堡2010干红葡萄酒

9 莎桐之花2010干红葡萄酒

10 法国新感觉黑加仑风味汽酒

酒美网官网网址：http://www.winenice.com

酒美网订购热线：400-010-9991

红酒势力 www.hong91.com——本书网络媒体首发合作伙伴

红酒势力是由一群红酒爱好者为推动葡萄酒文化在中国的普及而建立的，是"中国红酒势力榜"的官方媒体发布平台。

我们旨在建立一个葡萄酒行业的权威媒体，坚持媒体的独立性，坚持不卖酒，客观评测各种国外、国内葡萄酒的质量、价值、价格的合理性，客观报道红酒行业相关事件，引导红酒的理性消费，帮助推动优秀国内外葡萄酒商家的品牌推广。

通过对葡萄酒文化的传播，让更多人爱上葡萄酒。

通过对葡萄酒行业信息的报道，让更多人关注葡萄酒在中国的发展。

通过对葡萄酒产品的评测，让消费者更理性选择适合自己的葡萄酒。

通过对葡萄酒市场的分析，助力商家制定更清晰的营销方向和策略。

通过对葡萄酒品牌的推广，帮助优秀葡萄酒品牌更快提高知名度。

出 品 人：东方出版社

总 策 划：傅跃龙

总 顾 问：[法]爱德华·君度(Edouard Cointreau)

　　　　　刘丽华 张亚萍

责任编辑：傅跃龙

文字编辑：王伟

版权经理：张双子 申珺 高晓璐

版式设计：彭淑凤 李巧凤

图书在版编目（CIP）数据

世界最珍贵的100种绝世美酒/(法)米歇尔－雅克·卡瑟耶著；王丝丝译.－北京：东方出版社，2012

ISBN 978-7-5060-4426-4

Ⅰ.①世… 　Ⅱ.①卡… 　②王 　Ⅲ.①葡萄酒-基本知识-世界 　Ⅳ.①TS262.6

中国版本图书馆CIP数据核字（2011）第001834号

世界最珍贵的100种绝世美酒

SHIJIE ZUIZHENGUI DE 100 ZHONG JUESHI MEIJIU

（法）米歇尔－雅克·卡瑟耶　著

王丝丝　译

东 方 出 版 社　出版发行

（100010　北京朝阳门内大街192号东单明珠大厦5楼）

网址：http://www.peoplepress.net

总发行：人民东方出版传媒有限公司发行部

联系电话：65210064 65210057 65210007

北京华联印刷有限公司印刷　新华书店经销

2012年7月第2版　2012年7月北京第2次印刷

开本：630毫米×1092毫米 1/8　印张：31.75

字数：158千字　印数：3,001-6,000册

ISBN 978-7-5060-4426-4　定价：598.00元

邮购地址：100010　北京朝阳门内大街192号东单明珠大厦5楼

Musigny Roumier | L'Extravagant de Doisy-Daëne | Les Sens du chenin, Patrick Baudouin | Screaming Eagle | Corton-Charlemagne, Coche-Dury | Champagne Krug | Harlan Estate | Ermitage Cathelin, Jean-Louis Chave | Penfold's Grange | Amarone, Quintarelli | Work, André Ostertag | Jéroboam Clos Windsbuhl, Olivier Humbrecht | Sassicaia | Impériale Château Mouton-Rothschild | Magnum Château Le Pin | Montrachet, Ramonet | Richebourg, Henri Jayer | La Mouline, Marcel Guigal | Trockenbeerenauslese, Egon Müller | Martha's Vineyard, Napa Valley | La Tâche | Magnum Château Lafleur | Magnum Château La Mission-Haut-Brion | Château Dassault | Barbaresco, Angelo Gaja | Hermitage La Chapelle, Jaboulet | Château l'Evangile | Château Lafite-Rothschild | Château Rayas | Grands Echezeaux, Leroy | Trockenbeer-enauslese, Joh.Jos. Prüm | Brunello di Montalcino, Biondi-Santi | Château Musar | Grasevina | Tokay de Hongrie Eszencia | Magnum Château Cheval Blanc | Magnum Château Lafleur | Château Trotanoy | Magnum Petrus | Château Haut-Brion | Magnum Château Mouton-Rothschild | Muscat de Massandra | Châteauneuf-du-Pape, Célestins, Henri Bonneau | Vega Sicilia Unico | Clos des Lambrays | La Grande Rue | Muscat de Massandra | Cagore de Massandra | Chambertin, Armand Rousseau | Quinta do Noval, Nacional | Château Latour à Pomerol | Salon blanc de blancs | Champagne Bollinger, V.V.F. | La Romanée | Muscat de Magaratch | Maury Mas Amiel | Château Ausone | Châteauneuf-du-pape, Domaine Roger Sabon | Romanée-Conti | Petrus | Armagnac Laberdolive | Tokay 6 puttonyos, Otto de Habsbourg | Magnum Château Margaux | Cognac Rémy Martin Louis XIII | Château Coutet | Château d'Arche | Château Suduiraut | Château Latour | Lacrima Christi, Massandra | Château-Chalon, Bourdy | Vin de paille du Jura, Bouvret | Armagnac, Lamaëstre | Red Port, Massandra | Massandra, The Honey of Altea Pastures | Klein Constantia | Cognac Dudognon | Château Feytit-Clinet | Grenache | Château Gruaud-Larose | Vin de Zucco, duc d'Aumale | Cognac Hine Louis-Philippe d'Orléans | Vinaigre balsamique, Leonardi | Syracuse | Château Bel-Air Marquis d'Aligre – Marquis de Pommereu – 1848 Vin de Louise | Muscat de Lunel | Porto King's Port | Château Palmer | Commanderia de Chypre | Pedro Ximénez, Toro Albala | Madére de Massandra | Madère Impérial, Nicolas | Marsala De Bartoli | Pommard Rugiens, Félix Clerget | Xérès, Nicolas | Château d'Yquem | Xérès de La Frontera, Trafalgar | Cognac Napoléon, Grande Fine Champagne Réserve d'Austerlitz | Malaga de la Marie-Thérèse | Cognac | Porto Hunt's | Whisky MaCallan | Marie-Brizard du Titanic | Bénédictine début XXe siècle, collection Maurice Chevalier | Rhum Lameth | Calvados Huet | Chartreuse | Gouttes de Malte

Musigny Roumier | L'Extravagant de Doisy-Daëne | Les Sens du chenin, Patrick Baudouin | Screaming Eagle | Corton-Charlemagne, Coche-Dury | Champagne Krug | Harlan Estate | Ermitage Cathelin, Jean-Louis Chave | Penfold's Grange | Amarone, Quintarelli | Work, André Ostertag | Jéroboam Clos Windsbuhl, Olivier Humbrecht | Sassicaia | Impériale Château Mouton-Rothschild | Magnum Château Le Pin | Montrachet, Ramonet | Richebourg, Henri Jayer | La Mouline, Marcel Guigal | Trockenbeerenauslese, Egon Müller | Martha's Vineyard,Napa Valley | La Tâche | Magnum Château Lafleur | Magnum Château La Mission-Haut-Brion | Château Dassault | Barbaresco, Angelo Gaja | Hermitage La Chapelle, Jaboulet | Château l'Evangile | Château Lafite-Rothschild | Château Rayas | Grands Echezeaux, Leroy | Trockenbeer-enauslese, Joh.Jos. Prüm | Brunello di Montalcino, Biondi-Santi | Château Musar | Grasevina | Tokay de Hongrie Eszencia | Magnum Château Cheval Blanc | Magnum Château Lafleur | Château Trotanoy | Magnum Petrus | Château Haut-Brion | Magnum Château Mouton-Rothschild | Muscat de Massandra | Châteauneuf-du-Pape, Célestins, Henri Bonneau | Vega Sicilia Unico | Clos des Lambrays | La Grande Rue | Muscat de Massandra | Cagore de Massandra | Chambertin, Armand Rousseau | Quinta do Noval, Nacional | Château Latour à Pomerol | Salon blanc de blancs | Champagne Bollinger, V.V.F. | La Romanée | Muscat de Magaratch | Maury Mas Amiel | Château Ausone | Châteauneuf-du-pape, Domaine Roger Sabon | Romanée-Conti | Petrus | Armagnac Laberdolive | Tokay 6 puttonyos, Otto de Habsbourg | Magnum Château Margaux | Cognac Rémy Martin Louis XIII | Château Coutet | Château d'Arche | Château Suduiraut | Château Latour | Lacrima Christi, Massandra | Château-Chalon, Bourdy | Vin de paille du Jura, Bouvret | Armagnac, Lamaëstre | Red Port, Massandra | Massandra, The Honey of Altea Pastures | Klein Constantia | Cognac Dudognon | Château Feytit-Clinet | Grenache | Château Gruaud-Larose | Vin de Zucco, duc d'Aumale | Cognac Hine Louis-Philippe d'Orléans | Vinaigre balsamique, Leonardi | Syracuse Château Bel-Air Marquis d'Aligre – Marquis de Pommereu – 1848 Vin de Louise | Muscat de Lunel | Porto King's Port | Château Palmer | Commanderia de Chypre | Pedro Ximénez, Toro Albala | Madére de Massandra | Madère Impérial, Nicolas | Marsala De Bartoli | Pommard Rugiens, Félix Clerget | Xérès, Nicolas | Château d'Yquem | Xérès de La Frontera, Trafalgar Cognac Napoléon, Grande Fine Champagne Réserve d'Austerlitz | Malaga de la Marie-Thérèse | Cognac | Porto Hunt's | Whisky MaCallan | Marie-Brizard du Titanic | Bénédictine début XX\u1d49 siècle, collection Maurice Chevalier | Rhum Lameth | Calvados Huet | Chartreuse | Gouttes de Malte